高等学校大数据专业系列教材

Python程序设计与数据分析

财经类

廖汗成 编著

清华大学出版社
北京

内 容 简 介

本书通过大量与金融场景相关的 Python 例程，循序渐进地介绍了 Python 在经管（金融）领域常用的知识点。从最基本的程序设计思想入手，按照实用、够用的原则，系统地介绍了使用 Python 进行编程的方法和技术。对每个知识点，使用多个示例或从不同角度对同一个示例进行描述和解析，提高读者的学习兴趣，增加读者对知识点的理解。全书共 12 章，涵盖了 Python 基础、面向对象编程、数据可视化以及常用模块的使用等内容。

本书可以作为全国高等学校非计算机专业"Python 程序设计"课程的教材，也可作为"计算机＋"的计算机相关专业（如金融科技专业）的"程序设计"基础课程教材，以及大数据、数据科学或相关专业的教材。同时，也适合从事与数据分析相关的各行业专业人士及 Python 爱好者等阅读。

版权所有，侵权必究。举报：010-62782989，beiqinquan@tup.tsinghua.edu.cn。

图书在版编目（CIP）数据

Python 程序设计与数据分析：财经类 / 廖汗成编著. -- 北京：清华大学出版社，2025.3.
（高等学校大数据专业系列教材）. -- ISBN 978-7-302-68674-3

Ⅰ．TP312.8

中国国家版本馆 CIP 数据核字第 2025V3U117 号

责任编辑：陈景辉　薛　阳
封面设计：刘　键
责任校对：申晓焕
责任印制：杨　艳

出版发行：清华大学出版社
网　　址：https://www.tup.com.cn，https://www.wqxuetang.com
地　　址：北京清华大学学研大厦 A 座　　邮　编：100084
社 总 机：010-83470000　　邮　购：010-62786544
投稿与读者服务：010-62776969，c-service@tup.tsinghua.edu.cn
质量反馈：010-62772015，zhiliang@tup.tsinghua.edu.cn
课件下载：https://www.tup.com.cn，010-83470236

印 装 者：三河市天利华印刷装订有限公司
经　　销：全国新华书店
开　　本：185mm×260mm　　印　张：17.75　　字　数：469 千字
版　　次：2025 年 3 月第 1 版　　　　　　　印　次：2025 年 3 月第 1 次印刷
印　　数：1～1500
定　　价：59.90 元

产品编号：106296-01

高等学校大数据专业系列教材
编 委 会

主　任：
　　王怀民　中国科学院院士、国防科技大学教授

副主任：
　　周志华　南京大学副校长
　　卢先和　清华大学出版社总编辑、编审

委员（按姓氏拼音顺序）：
　　柴剑平　中国传媒大学副校长、教授
　　陈云亮　中国地质大学(武汉)计算机学院副院长、教授
　　崔江涛　西安电子科技大学计算机科学与技术学院执行院长、教授
　　冯耕中　西安交通大学管理学院院长、教授
　　胡春明　北京航空航天大学软件学院院长、教授
　　胡笑旋　合肥工业大学党委副书记、教授
　　黄海量　上海财经大学信息管理与工程学院院长、教授
　　蒋运承　华南师范大学计算机学院兼人工智能学院院长、教授
　　金大卫　中南财经政法大学信息工程学院院长、教授
　　刘　挺　哈尔滨工业大学副校长、教授
　　饶　泓　南昌大学软件学院院长、教授
　　孙笑涛　天津大学数学学院院长、教授
　　唐加福　东北财经大学管理科学与工程学院学科带头人、教授
　　王国仁　北京理工大学计算机学院院长、教授
　　王建民　清华大学软件学院院长、教授
　　王　进　重庆邮电大学计算机科学与技术学院副院长、教授
　　王兆军　南开大学统计与数据科学学院执行院长、教授
　　吴　迪　中山大学计算机学院副院长、教授
　　闫相斌　北京科技大学副校长、教授
　　杨　晗　西南交通大学数学学院院长、教授
　　尹　刚　湖南智擎科技有限公司博士
　　俞度立　北京化工大学信息科学与技术学院院长、教授
　　于元隆　福州大学计算机与大数据学院院长、特聘教授
　　於志文　西北工业大学副校长、教授
　　张宝学　首都经济贸易大学统计学院院长、教授
　　张　孝　中国人民大学信息学院副院长、教授
　　周　烜　华东师范大学数据科学与工程学院副院长、教授

前　言

近年来，随着大数据和人工智能技术的发展，越来越多行业的工作人员都需要掌握数据处理和分析技能。Python 作为一种高效、灵活的编程语言，成为各类数据分析工具的佼佼者，特别是在金融领域的应用越来越广泛。因此，面向金融的 Python 程序设计课程成为金融科技专业本科教育中不可或缺的一部分。

本书主要内容

本书可视为一本以问题为导向的书籍，适合具备一定经管类专业基础知识和较弱计算机相关知识的读者学习。

全书共有 12 章。

第 1 章 Python 程序语言概述。内容包括 Python 的特性、Python 的应用领域、Python 与 R 语言、Python 程序的编辑与运行、计算机系统简介、Python 程序的语句规范、Python IDE 简介。

第 2 章 Python 变量与基本数据类型。内容包括 Python 变量的概念、Python 基本数据类型、Python 基本运算符与表达式。

第 3 章 Python 列表。内容包括列表的定义、列表的基本操作、列表推导式及列表在金融领域的应用。

第 4 章 Python 元组。内容包括元组的定义、元组的基本操作及元组在金融领域的应用。

第 5 章 Python 字典。内容包括字典的定义、字典的基本操作及字典在金融领域的应用。

第 6 章 Python 集合。内容包括集合的定义、集合的基本操作、集合在金融领域的应用，以及列表、元组、字典和集合的区别。

第 7 章 Python 程序结构。内容包括程序流程图、顺序结构、分支（选择）结构、循环结构。

第 8 章 Python 函数与模块。内容包括函数的定义、函数的调用、变量的作用域、函数的参数、系统内置函数、lambda 函数、装饰器、生成器，以及 map()、reduce()、zip() 和 filter() 函数，还包括 Python 模块及 Python 函数在金融场景下的应用。

第 9 章面向对象编程。内容包括面向对象概述、Python 类、Python 对象及引用、Python 类的继承与多态，以及 Python 类在金融场景下的应用。

第 10 章异常。内容包括异常介绍、Python 异常的处理方式、异常处理在金融场景中的应用，以及异常处理进阶。

第 11 章 Python 文件操作。内容包括文件与文件操作、.csv 文件和 .txt 文件的读取与操作，以及 .csv 文件和 .txt 文件在金融领域的应用。

第 12 章 Python 数据分析可视化简介。内容包括可视化的概念、Python 可视化库 Matplotlib，以及金融场景下数据分析可视化图的实现等。

本书特色

（1）贴近实际，由浅入深。

针对金融领域的特点，本书讲解了诸多金融场景的 Python 案例，旨在让学生更好地掌握

Python 的概念及编程技术。

（2）突出重点，注重实用性。

本书兼顾知识的系统化、合理化的要求，突出重点，注重实用性，旨在满足非计算机专业学生的学习需求。

（3）专业融合，联系实际。

本书为重要的知识点配备了大量的案例，主要以金融场景下的问题作为知识媒介，所有示例均已运行通过。

（4）思维训练，图文并茂。

本书针对大部分的知识点案例，均绘制了程序流程图，并作详细解释，易于读者理解程序设计的基本思想和方法。

配套资源

为便于教与学，本书配有源代码、教学课件、教学大纲、教学进度表、习题题库、期末试卷及答案。

（1）获取源代码和全书网址方式：先刮开并用手机版微信 App 扫描本书封底的文泉云盘防盗码，授权后再扫描下方二维码，即可获取。

源代码

全书网址

彩色图片

（2）其他配套资源可以扫描本书封底的"书圈"二维码，关注后回复本书书号，即可下载。

读者对象

本书主要面向广大从事数据分析、机器学习、数据挖掘或深度学习的专业人员，从事高等教育的专任教师，高等院校的在读学生及相关领域的广大科研人员。

在编写本书的过程中，作者参考了诸多相关资料，在此对相关资料的作者表示衷心的感谢。同时感谢廖运豪、林政烨、胡纪鸿、游龙辉、王申等在文稿校验方面给予的帮助。限于作者个人水平和时间仓促，书中难免存在疏漏之处，欢迎广大读者批评指正。

作　者

2025 年 1 月

目 录

第 1 章　Python 程序语言概述 ·· 1

1.1　Python 的特性 ·· 2
1.2　Python 的应用领域 ·· 3
1.3　Python 与 R 语言 ·· 4
1.4　Python 程序的编辑与运行 ·· 6
　　1.4.1　Python 程序的开发与编辑 ·· 6
　　1.4.2　Python 程序的运行 ··· 7
　　1.4.3　Python 程序的发布 ··· 7
　　1.4.4　Python 中常见的文件类型 ·· 8
1.5　计算机系统简介 ·· 9
　　1.5.1　计算机的硬件组成 ··· 9
　　1.5.2　计算机软件 ·· 10
1.6　Python 程序的语法 ·· 10
　　1.6.1　Python 程序的基本组成 ·· 10
　　1.6.2　Python 程序的语句规范 ·· 11
1.7　Python IDE 简介 ··· 12
　　1.7.1　Python 程序常用的开发工具 ·· 12
　　1.7.2　Anaconda 的安装 ·· 13
　　1.7.3　Spyder 的使用 ·· 16
习题 1 ··· 20

第 2 章　Python 变量与基本数据类型 ·· 21

2.1　Python 变量的概念 ·· 21
　　2.1.1　变量与内存的关系 ··· 21
　　2.1.2　Python 变量的命名规则 ·· 24
　　2.1.3　变量的命名法 ··· 26
2.2　Python 基本数据类型 ··· 27
　　2.2.1　Python 数字类型 ··· 27
　　2.2.2　Python 字符串 ·· 34
　　2.2.3　Python 布尔类型 ··· 38
　　2.2.4　Python 日期类型 ··· 39
　　2.2.5　随机数生成模块 random 的使用 ·· 43
2.3　Python 基本运算符与表达式 ·· 45
　　2.3.1　算术运算符 ·· 45

     2.3.2　字符串运算符 …………………………………………………… 47
     2.3.3　比较(关系)运算符 ……………………………………………… 49
     2.3.4　逻辑运算符 ……………………………………………………… 52
     2.3.5　成员运算符 ……………………………………………………… 54
     2.3.6　赋值运算符 ……………………………………………………… 54
     2.3.7　三元运算符 ……………………………………………………… 55
     2.3.8　运算符的优先级与结合性 ……………………………………… 56
     2.3.9　类型转换 ………………………………………………………… 57
     2.3.10　Python 表达式 ………………………………………………… 58
  习题 2 ……………………………………………………………………………… 58

第 3 章　Python 列表 …………………………………………………………… 59

  3.1　列表的定义 ………………………………………………………………… 59
  3.2　列表的基本操作 …………………………………………………………… 59
  3.3　列表推导式 ………………………………………………………………… 64
  3.4　列表在金融领域的应用 …………………………………………………… 66
  习题 3 ……………………………………………………………………………… 71

第 4 章　Python 元组 …………………………………………………………… 72

  4.1　元组的定义 ………………………………………………………………… 72
  4.2　元组的基本操作 …………………………………………………………… 72
  4.3　元组在金融领域的应用 …………………………………………………… 75
  习题 4 ……………………………………………………………………………… 78

第 5 章　Python 字典 …………………………………………………………… 80

  5.1　字典的定义 ………………………………………………………………… 80
  5.2　字典的基本操作 …………………………………………………………… 80
  5.3　字典在金融领域的应用 …………………………………………………… 84
  习题 5 ……………………………………………………………………………… 88

第 6 章　Python 集合 …………………………………………………………… 89

  6.1　集合的定义 ………………………………………………………………… 89
  6.2　集合的基本操作 …………………………………………………………… 89
  6.3　集合在金融领域的应用 …………………………………………………… 92
  6.4　列表、元组、字典和集合的区别 …………………………………………… 94
  习题 6 ……………………………………………………………………………… 95

第 7 章　Python 程序结构 ……………………………………………………… 96

  7.1　程序流程图 ………………………………………………………………… 96
  7.2　顺序结构 …………………………………………………………………… 97
     7.2.1　输入语句 …………………………………………………………… 98

| | 7.2.2 输出语句 | 102 |

7.3 分支(选择)结构 ... 106
7.3.1 单分支结构 ... 108
7.3.2 双分支结构 ... 109
7.3.3 多分支结构 ... 112
7.3.4 分支嵌套结构 ... 116
7.3.5 分支结构在金融场景下的应用 ... 119

7.4 循环结构 ... 123
7.4.1 for 循环语句 ... 124
7.4.2 while 循环语句 ... 126
7.4.3 break 语句与 continue 语句 ... 129
7.4.4 循环嵌套结构 ... 133
7.4.5 循环结构在金融场景下的应用 ... 136

习题 7 ... 138

第 8 章 Python 函数与模块 ... 139

8.1 函数的定义 ... 140
8.2 函数的调用 ... 141
8.3 变量的作用域 ... 143
8.4 函数的参数 ... 147
8.4.1 位置参数 ... 148
8.4.2 默认参数 ... 149
8.4.3 关键字参数 ... 151
8.4.4 可变长参数 ... 153
8.5 系统内置函数 ... 157
8.6 lambda 函数 ... 158
8.7 装饰器 ... 159
8.8 生成器 ... 163
8.8.1 生成器函数 ... 163
8.8.2 生成器表达式 ... 165
8.9 map()、reduce()、zip()和 filter()函数 ... 167
8.9.1 内置函数 map() ... 167
8.9.2 functools 模块中的函数 reduce() ... 168
8.9.3 内置函数 zip() ... 170
8.9.4 内置函数 filter() ... 172
8.10 Python 模块 ... 174
8.10.1 Python 模块的使用 ... 174
*8.10.2 创建自定义 Python 模块 ... 175
8.11 Python 函数在金融场景下的应用 ... 175
习题 8 ... 180

第 9 章　面向对象编程 …… 182

9.1　面向对象概述 …… 182
9.2　Python 类 …… 183
9.3　Python 对象及引用 …… 187
9.3.1　Python 对象 …… 187
9.3.2　Python 对象的引用 …… 189
9.3.3　迭代器 …… 191
9.4　Python 类的继承与多态 …… 194
9.4.1　Python 类的继承 …… 194
9.4.2　Python 类的多态 …… 197
9.5　Python 类在金融场景下的应用 …… 199
习题 9 …… 201

第 10 章　异常 …… 202

10.1　异常介绍 …… 202
10.1.1　程序异常 …… 202
10.1.2　Python 异常的分类 …… 203
10.2　Python 异常的处理方式 …… 205
10.3　异常处理在金融场景中的应用 …… 208
*10.4　异常处理进阶 …… 210
10.4.1　异常链：raise from 语句 …… 210
10.4.2　异常处理器 sys.excepthook() …… 211
10.4.3　上下文管理器：with 语句和 contextlib 模块 …… 212
习题 10 …… 213

第 11 章　Python 文件操作 …… 215

11.1　文件与文件操作 …… 215
11.1.1　文件内数据的组织形式 …… 215
11.1.2　文件的操作方法 …… 216
11.2　.csv 文件和.txt 文件的读取与操作 …… 219
11.2.1　.csv 文件的操作 …… 219
11.2.2　.txt 文件的操作 …… 222
11.3　.csv 文件和.txt 文件在金融领域的应用 …… 223
习题 11 …… 226

第 12 章　Python 数据分析可视化简介 …… 228

12.1　可视化的概念 …… 228
12.2　Python 可视化库 Matplotlib …… 229
12.2.1　Matplotlib 简介 …… 230
12.2.2　Matplotlib 安装 …… 231

12.2.3　基本绘图 ……………………………………………………………… 231
　　　12.2.4　高级绘图 ……………………………………………………………… 242
　　　12.2.5　文字与注释 …………………………………………………………… 247
　　　12.2.6　自定义样式 …………………………………………………………… 249
　　　12.2.7　常见问题与解决方法 ………………………………………………… 257
　12.3　金融场景下数据分析可视化图的实现 ………………………………………… 259
　习题12 ………………………………………………………………………………… 270

参考文献 ………………………………………………………………………………… 271

第 1 章

Python程序语言概述

  Python是一种简单易学、可读性强、应用广泛、支持包括面向对象、命令式、函数式和过程式等多种编程范式的计算机高级编程语言。尽管Python出现的时间不长,但自从2020年首次跃升为计算机编程语言最受欢迎排行榜第一以来,始终占据榜首的位置,成为最受欢迎的编程语言之一。

  Python的发展历程可以分为以下几个阶段。

  (1) 诞生:1989—1994年。

  Python语言的前身可视为ABC语言。ABC语言作为一种教学语言,用于讲授计算机编程基础,旨在让初学者更容易理解编程概念,能够快速动手实践。由于其性能不足、不支持面向对象编程等原因,未能得到业界的认可。但它对后来的程序设计语言产生了很多影响。作为ABC语言开发团队成员的荷兰程序员Guido van Rossum,采纳了很多ABC语言的设计理念,在1989年圣诞节期间开始设计编写Python。1991年,发布了Python第一个公开发行版。1994年,Python 1.0发布。Python作为ABC语言的继承者,由于其易学易用,受到了很多专业人士的青睐。

  (2) 发展:1995—2008年。

  1995年,Python 1.2发布,引入了函数式编程和Lambda表达式;1999年,Python 1.6发布,引入了列表推导式和垃圾回收机制;2000年,Python 2.0发布,引入了新的内存管理和垃圾回收机制;2001年,Python 2.1发布,引入了迭代器和生成器等特性;2008年,Python 2.6发布,引入了装饰器和with语句等特性。Python逐渐被人们熟悉和喜爱,Python用户和应用场景得到极大的拓展。

  (3) 成熟:2008年至今。

  为了解决Python 2.x版本的一些设计缺陷,2008年又发布了Python 3.0;2010年,Python 3.1发布,引入了新的I/O库和多核支持;2015年,Python 3.5发布,引入了异步编程的特性;2020年,Python 3.9发布,引入了新的语法特性和性能优化;2021年10月,Python 3.10发布,引入了模式匹配、带括号的上下文管理器,并对解释器进行了改进;2022年10月,Python 3.11发布,进行了许多改进,包括提升了代码的执行速度和效率;提供了更详细和有用的错误提示;引入了两个新的异步内置函数,函数aiter()和函数anext();对CPython进行了优化,提升了解释器的性能和效率。2023年10月,最新的Python版本是Python 3.12(截至2024年8月,已发布的版本是Python 3.12.5)。Python已经成为最受欢迎的计算机编程语言之一,在人工智能、数据分析和金融等领域占据优势地位。

  随着Python的不断发展,各种支持Python的第三方库和编程框架也在不断出现和更新发布,如 NumPy、Pandas、SciPy、Statsmodels、Sklearn、Django、Flask 等,这些库和框架为 Python 的应用领域提供了丰富的工具和资源,提升了 Python 应用程序开发的效率。

1.1 Python 的特性

Python 是快速发展的一种解释性、面向对象的通用高级编程语言,具有免费、跨平台等多种特性,其中,动态性、强类型性是其两个重要特性。

1. Python 是面向对象的编程语言

Python 支持类和实例的概念,具有封装、继承以及多态性等面向对象的编程特性。

(1) 一切皆对象。

在 Python 中,一切都被视为对象(对象的概念见 9.3 节),包括数值、字符串、函数等。对象是数据和操作的集合,可以通过调用对象的方法来实现相应的功能。

(2) 类和实例。

Python 支持类和实例的概念。类是对象的模板,定义了对象的属性和方法。实例是根据类创建的具体对象,可以通过实例来访问和操作类定义的属性和方法。

(3) 封装和继承。

Python 支持封装和继承(继承的概念见 9.4.1 节)等面向对象特性。封装是将数据和相关操作封装在一个类中,通过访问控制机制来保护数据的安全性。继承是通过创建一个新的类来继承已有类的属性和方法,实现代码复用。在新的类中可以添加、修改或覆盖父类的属性和方法。

(4) 多态性。

Python 支持多态性(多态的概念见 9.4.2 节),即不同对象对相同的方法调用可以产生不同的行为结果。多态性使得可以使用统一的接口来操作不同行为的对象,提高了代码的灵活性和可扩展性。

2. Python 是动态语言

Python 之所以被称为动态语言,是因为它具有变量类型的动态性、动态内存管理、动态函数和类、动态模块等特性。这些特性使得 Python 非常灵活和易于使用,适用于软件快速开发和迭代的场景。

(1) 变量类型的动态性。

Python 变量(变量的概念见 2.1 节)的类型是在运行时动态确定的,而不是在编译时确定的,即变量不需要提前声明或指定变量的类型,可以在程序运行过程中改变类型。

(2) 动态内存管理。

Python 使用自动内存管理机制,即垃圾回收机制。开发人员不需要在程序中显式地编写分配和释放内存的代码,Python 会自动管理内存的分配和释放。动态的内存管理使得程序员可以专注于业务逻辑,无须关心内存的具体分配和释放。

(3) 动态函数和类。

Python 允许在程序运行时动态地创建、修改和调用函数(函数的概念见第 8 章)和类(类的概念见第 9 章)。程序在运行过程中,可以动态地添加、修改和删除函数和类,增加了程序的灵活性和可扩展性。

(4) 动态导入库(或模块)。

Python 允许在运行时动态地导入和使用库(或模块)。程序可以根据需要在运行过程中动态地加载和使用库(或模块)，而不需要在程序开始时就将所有的库(或模块)，都导入。动态导入的特性使得程序可以更加灵活地组织和管理库(或模块)，提高资源的利用效率。

3. Python 是强类型语言

Python 被认为是一种强类型语言，其变量类型的严格性、隐式类型转换的限制、类型检查的严格性以及函数参数和返回值的类型注解等特点使得 Python 在类型处理方面更具严谨性和安全性。

(1) 变量类型的严格性。

Python 变量都有其特定的类型，不允许在不经过显式转换的情况下混合使用不同类型的变量。例如，不能将一个整数类型的变量直接与一个字符串类型的变量相加。

(2) 限制隐式类型转换。

在 Python 中，虽然可以进行类型转换(类型转换的内容见 2.3.9 节)，但是转换必须经过显式的操作。Python 不会自动进行隐式的类型转换。例如，如果要将一个字符串类型的变量转换为整数类型，必须使用 int()函数进行显式转换。

(3) 类型检查的严格性。

Python 在编译阶段就会对变量的类型进行检查，如果发现类型不匹配的错误，会立即报错。

(4) 函数参数和返回值的类型注解。

从 Python 3.5 开始，Python 引入了函数参数(函数参数的概念见 8.4 节)和返回值的类型注解的功能。通过在函数定义时使用注解，可以明确指定函数参数和返回值的类型。

接下来通过一个示例来演示 Python 面向对象的封装和方法调用的特性，如例 1-1 所示。

【例 1-1】 Python 面向对象编程的示例。

参考源码如下。

```
#定义一个矩形类
class Rectangle:
    def __init__(self, width, height):
        self.width = width
        self.height = height
    def area(self):
        return self.width * self.height

#创建一个矩形对象
rect = Rectangle(7, 3)
#调用矩形对象的方法
print(rect.area())              #输出结果为21
```

在本例中，定义了一个矩形类 Rectangle，其中包含实例属性：宽度(width)和长度(height)，以及计算矩形面积的方法 area()。通过创建一个给定宽度值和高度值的矩形对象 rect，调用对象 rect 的 area()方法来计算出该矩形的面积。

1.2 Python 的应用领域

Python 语法简单易懂，拥有丰富且功能强大的库和工具支持，成为许多开发人员和数据科学家的首选编程语言。它的主要应用领域包括但不限于以下几个方面。

(1) 科学计算。

科学计算通常涉及数值计算、模拟和优化等任务。其目的是解决科学和工程领域中涉及的大量数学和统计学知识、使用高效的算法和数据结构等的各种问题。Python 提供了许多的第三方库(如 SciPy、NumPy 和 SymPy 等),用于进行数值计算、统计和模拟优化计算等。

(2) 数据科学。

数据科学涵盖了数据收集、数据清洗、数据分析、机器学习、数据可视化等任务,需要使用各种不同的工具和技术来处理数据。重点是如何从数据中提取有用的信息。Python 的各类开发组织和个人提供了许多用于完成上述任务的专业库,如 NumPy、Pandas、Matplotlib、Seaborn、SciPy、Statsmodels 等。

(3) 机器学习和人工智能。

在当前大数据、机器学习和人工智能技术发展的热潮中,Python 备受关注,是占主导地位的、流行的编程语言,提供了许多专业的、功能强大的第三方库和工具,如 Sklearn、TensorFlow、Keras 等,用于构建和训练机器学习模型和神经网络模型等。

(4) 自动化。

Python 可以用于编写脚本来实现自动化重复性的任务,如文件处理和系统管理等。

(5) 网络开发。

Python 在 Web 开发方面有广泛的应用。例如,使用 Python 的 Django 和 Flask 等框架可以构建强大的 Web 应用程序和 API。

(6) 游戏开发。

Python 在游戏开发领域也有一定的应用。例如,Pygame 和 Pyglet 等库可以用于创建 2D 和简单的 3D 游戏等。

实际上,Python 还可以用于很多其他领域,如网络爬虫、自然语言处理、云基础设施建设、开发运维等。Python 的其他应用领域如表 1-1 所示。

表 1-1 Python 的其他应用领域

领 域	流 行 语 言	领 域	流 行 语 言
Web 项目开发	Python、Java、PHP	网络爬虫	Python、PHP、C++
云基础设施	Python、Java、Go	数据处理	Python、R、Scala
DevOps	Python、Shell、Ruby		

1.3 Python 与 R 语言

R 语言是目前流行的统计编程脚本语言之一。R 语言的前身是 AT&T 的 John Chambers 于 1976 年开始开发的用于统计计算的 S 语言(S 代表 Statistics,即统计)。R 语言于 1992 年开始开发,第一个版本发布于 1995 年,第一个较稳定的 beta 版本在 2000 年发布。R 语言的优势包括但不限于以下三个方面。

(1) R 语言是开源软件。

R 语言是为了 S 语言的开源实现而开发的,拥有一个丰富且响应迅速的在线开发者社区,备受科学家与统计学家的欢迎。

(2) R 语言与 Windows、macOS 与 Linux 兼容。

除了用于统计处理,R 语言还可以作为通用编程语言使用,进行函数式编程和面向对象编程,其开发环境在现行主要的操作系统上都可以运行。

(3) R 语言具有良好的可视化功能。

因为应用了 ggplot2 与 plotly 模块,用 R 语言生成的图像非常美观,受到学者的青睐。

虽然 R 语言有很多优点,但与其他高级编程语言语言一样,R 语言也有一些局限。

(1) R 语言学习曲线陡峭。

对初学者来说,命令行界面可能并不友好。尽管 RStudio 等集成开发环境(IDE)在一定程度上帮助用户克服了这个缺点,但是 R 语言种类繁多的专业软件包使一些初学者无所适从。

(2) R 语言程序运行需要较多的物理内存。

与其强大的竞争者 Python 不同,R 语言将所有数据存储在物理内存中,处理大数据集时较困难,对硬件条件要求较高。

(3) R 语言程序执行速度较慢。

R 语言程序的运行速度与 MATLAB 或 Python 代码运行速度相比有一定的差距。

Python 和 R 语言都是常用的数据分析和统计建模工具,它们具有一些区别和不同的应用领域。

(1) 语法和风格不同。

Python 的语法通用、灵活,更接近自然语言,而 R 语言的语法更加专注于数据分析和统计建模,适合统计学家和数据科学家。

(2) 生态系统和库支持不同。

Python 构建了一个庞大的生态系统,提供了许多通用的库,涵盖了各个领域专业的第三方库和工具,如 Web 开发、机器学习、人工智能等。而 R 语言的生态系统专注于数据分析和统计建模,提供了许多数据分析处理(含可视化)的库和工具,如 ggplot2 和 caret 等。

(3) 编程范式不同。

Python 是一种通用的编程语言,支持面向对象编程、函数式编程等多种编程范式,应用领域广泛。而 R 语言主要是一种面向数据分析和统计建模的语言,专注于数据处理和统计计算。

(4) 应用领域不同。

① 数据分析和统计建模。

R 语言提供了丰富的统计函数和绘图工具,适用于数据探索、统计推断和建立预测模型等任务。Python 借助一些库和工具(如 NumPy、Pandas 和 Sklearn 等)同样能进行数据分析和统计建模,可以媲美 R 语言。

② 机器学习和人工智能。

Python 在机器学习和人工智能领域非常流行,提供了丰富的机器学习库和框架,如 Sklearn、TensorFlow 和 PyTorch 等。R 语言也有一些机器学习库和工具,如 caret 和 randomForest 等,但相对较少。

③ Web 开发和应用程序开发。

Python 在 Web 开发和应用程序开发方面有广泛的应用,提供了许多框架和库,如 Django 和 Flask 等。R 语言在这方面的应用相对较少。

总之,Python 与 R 语言的主要区别在于 Python 是一种通用的高级编程语言,适用于完成各种编程任务,而 R 语言则起源于统计分析,更适合于数据分析和统计建模任务;Python 更适合于大数据、机器学习和深度学习等任务,而 R 语言更适合于数据分析和统计建模。Python 生态系统提供了更多的专业第三方库和工具支持,适用于各个领域的开发,而 R 语言则更专注于数据分析和统计计算。

Python 与 R 语言的选择取决于具体的需求和应用场景。在实际工作中,很多人会同时使用 Python 和 R 语言。Python 与其他软件的比较如表 1-2 所示。

表 1-2　Python 与其他软件的比较

名　　称	使用形式	版本更新	学习曲线	运用场景
Python	免费	快	平缓	广
R	免费	快	陡峭	中
MATLAB	收费	中	一般	广
SPSS	收费	中	平缓	窄
SAS	收费	慢	一般	窄
Excel	收费	中	较陡峭	窄

1.4　Python 程序的编辑与运行

Python 是解释型语言,它的解释器逐行解释编译执行代码,而不是将程序代码完整地编译成机器码后再执行。Python 程序在运行过程中会将源代码逐行解释编译为字节码,然后由解释器执行字节码。这种方式使得 Python 具有更高的灵活性和跨平台性,但相对于编译型语言来说,执行效率会稍低。

1.4.1　Python 程序的开发与编辑

1. Python 程序的开发过程

与其他编程语言类似,Python 程序的开发过程通常包括以下步骤。

(1) 安装 Python 环境。在开始编写 Python 程序之前,需要安装 Python 解释器。可以从官方网站下载并安装最新版本的 Python 解释器。

(2) 选择开发工具。选择合适的编辑器来编写 Python 代码。常用的开发工具包括 Anaconda、PyCharm、Sublime Text、VS Code 等。

(3) 编写代码。使用所选的开发工具新建一个文件,并开始编写 Python 代码。Python 代码通常以.py 文件扩展名结尾。

(4) 调试代码。使用调试工具来定位程序错误。

(5) 运行代码。在编辑器中运行 Python 代码,可以通过运行.py 文件或者在编辑器中直接执行代码来实现。

(6) 打包发布。如果需要将 Python 程序打包发布,可以使用打包工具如 PyInstaller 或者 cx_Freeze 等来将 Python 程序打包成可执行文件或者安装程序,供其他人使用。

2. Python 程序的编辑过程

Python 程序的编辑过程可以分为以下几个步骤,如图 1-1 所示。

(1) 编辑源码。按照 Python 的语法规则,将问题的处理逻辑用 Python 语句来实现,生成 Python 源代码文件。

(2) 词法分析。Python 解释器将源代码分解为一个个的词法单元,如标识符、关键字、运算符等,并对其进行分析判断。

(3) 语法分析和语义分析。解释器根据词法单元构建语法树,检查代码是否符合语法规则。对语法树进行语义检查,如类型检查、作用域检查等。

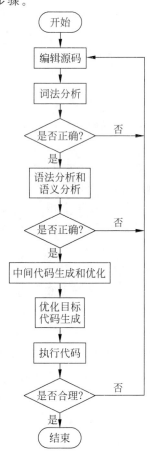

图 1-1　Python 程序的编辑过程

(4) 中间代码生成和优化。将语法树转换为中间代码,可以是抽象语法树或者其他形式的中间表示。对中间代码进行优化,提高程序的执行效率。

(5) 优化目标代码生成。将中间代码转换为可在计算机上运行的机器码或者字节码。不同的系统可能有不同的目标代码。

(6) 执行代码。执行目标代码,获得程序执行结果。

1.4.2 Python 程序的运行

Python 程序的运行方式有多种,可以根据具体的需求和场景选择适合的方式来运行 Python 程序。下面给出 4 种常见的运行方式。

(1) 命令行运行。

在命令行终端中输入 Python 命令,后面跟上要运行的 Python 脚本文件的路径。例如,假设有一个名为 hello.py 的 Python 脚本文件,可以在命令行中输入"python hello.py"来运行该脚本。

(2) 集成开发环境(IDE)运行。

使用 Python 的集成开发环境,如 Spyder、PyCharm、Visual Studio Code、Jupyter Notebook、IDLE 等,打开要运行的 Python 脚本文件,然后单击"运行"按钮或使用快捷键运行。

(3) 脚本文件运行。

将 Python 代码写入一个文本文件,并保存为.py 文件。调用 Python 解释器来执行该脚本。

(4) 交互式运行。

在命令行终端中直接输入 python 命令,进入 Python 解释器的交互模式,可以逐行输入和执行 Python 代码。

1.4.3 Python 程序的发布

Python 程序的发布流程通常包括以下步骤,如图 1-2 所示。

(1) 确定发布方式。根据实际需求和程序特点,选择合适的发布方式,例如,源代码发布、打包成可执行文件、发布到 PyPI 等。

(2) 准备发布文件。如果选择源代码发布,需要将程序源代码打包成压缩文件(如.zip 或.tar.gz 格式);如果选择打包成可执行文件,可以使用打包工具如 PyInstaller 或者 cx_Freeze 等来将 Python 程序打包成可执行文件或者安装程序。

(3) 编写程序文档。编写程序的文档,包括使用说明、API 文档等。

(4) 测试程序。在发布前进行充分的测试,确保程序能够正常安装(导入)运行,没有明显的错误或者异常。

(5) 发布程序。将程序发布到目标平台或者网站上,可以使用 FTP、HTTP、SSH 等协议进行上传和发布。

(6) 宣传推广。对于开源项目,可以在 GitHub 等社区网站上发布项目信息,吸引更多用户和贡献者;对于商业项目,可以通过广告等方式进行推广。

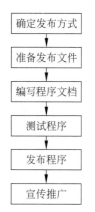

图 1-2 Python 程序的发布流程

1.4.4 Python中常见的文件类型

常用的 Python 文件类型有 Python 脚本文件(.py)、Jupyter Notebook 文件(.ipynb)、Python 模块文件(.py)、Python 包文件(init.py)、配置文件(.ini、.cfg、.yaml 等)、数据文件(.csv、.txt、.json 等)。

1. Python 脚本文件

Python 脚本文件是最常见的 Python 文件类型。通常以.py 为文件扩展名,用来存储可以实现各种功能和任务的 Python 代码。它还可以被其他程序导入和调用,实现代码的复用和模块化。

脚本文件可以在命令行或集成开发环境(IDE)中运行。在命令行中,可以使用 Python 解释器执行脚本文件。例如,在终端中输入"python script.py"来运行名为 script.py 的脚本文件。在 IDE 中,可以直接运行脚本文件或通过调试器逐行执行代码。

2. Jupyter Notebook 文件

Jupyter Notebook 是一种交互式的编程环境,可以在其中编写和运行 Python 代码,常用于交互式数据分析、可视化和文档编写。使用 Jupyter Notebook 编写的 Python 文件的扩展名为.ipynb。.ipynb 文件不能使用写字板和记事本打开。请读者想一想:.ipynb 文件是不是文本文件?

3. Python 模块文件

Python 模块是包含可重用代码的文件,通常包含一组相关函数、类、变量和常量等,可以在其他 Python 程序中被导入和使用。导入模块后,可以通过模块名加上函数或变量名的方式来访问其中的内容,例如,import package.module。

Python 提供的标准库中包含大量的模块,涵盖了各种各样的功能,例如,文件操作、网络通信、数学计算、日期时间处理等。同时,还有第三方模块可以通过安装包管理器如 pip 进行安装,扩展了 Python 的功能。具体解释见第 8 章相关内容。

4. Python 包文件

Python 包文件是一个包含一组相关模块的目录,用来组织和管理一组相关模块的文件夹。通常以一个顶级模块的名字命名,并且包含一个用于指示该文件夹是一个包的名为__init__.py 的文件。它可以包含一些初始化代码,例如,导入其他模块、定义包级别的变量和函数等。

5. 配置文件

Python 程序可以使用配置文件来存储参数和设置。配置文件通常以键值对的形式组织,每个配置项由一个唯一的键和对应的值组成。配置文件可以使用不同的格式,如 INI 格式(.ini)、配置文件格式(.cfg)或 YAML 格式(.yaml)等。

Python 提供了一些内置的库和模块,如 configparser、json、yaml 等,读取和解析不同格式的配置文件。通过读取配置文件,程序可以根据配置文件中的选项来进行相应的初始化和设置,使程序更加灵活和可配置,而不需要修改源代码。此外,通过修改配置文件来改变程序的行为,而无须重新编译,方便了程序的部署和维护。

6. 数据文件

Python 数据文件是用于存储和管理数据的文件,用于程序读取和写入数据。数据文件可以包含各种类型的数据,如文本、数字、日期、图像、音频等,用于数据的处理、分析、存储和交换共享。通常以.txt、.csv、.json、.xml 等扩展名命名。Python 提供了一些内置的库和模块，如 csv、json、xml.etree.ElementTree 等，读取和解析不同格式的数据文件。

1.5 计算机系统简介

计算机系统是由硬件和软件组成的复杂系统，用于处理和存储数据，并执行各种任务。它是现代社会中不可或缺的一部分，在科学计算、数据处理、自动控制、信息管理、设计、教育等领域都有广泛的应用。

1.5.1 计算机的硬件组成

计算机系统的核心是计算机硬件。计算机的硬件组成包括以下几个主要部分，它们各自承担着不同的功能和作用。

1. 中央处理器

中央处理器(Central Processing Unit, CPU)是计算机的大脑，负责执行指令和处理数据，包括算术逻辑单元(ALU)和控制单元(CU)，用于执行算术运算、逻辑运算和控制计算机的操作。

2. 内存

内存(Memory)是计算机用于存储数据和程序的临时存储器，提供了快速的读写速度，用于临时存储正在运行的程序和数据。内存是计算机软件的工作空间。内存具有如下特点。

（1）内存读写速度快。

相比于硬盘或其他外部存储设备，内存的读写速度快。内存中的数据可以直接被处理器访问，而不需要通过外部存储设备进行读取，这样可以大大提高数据的访问速度和响应时间。

（2）实时性。

通常计算机程序需要实时处理数据，如实时数据分析、实时图像处理等。由于内存的读写速度很快，将程序及数据加载到内存中可以保证数据的实时性和即时响应。

（3）可修改性。

内存中的数据可以被程序直接修改，方便进行计算、操作和修改。

3. 存储设备

存储设备用于长期存储数据和程序。常见的存储设备包括硬盘驱动器(HDD)、固态硬盘(SSD)和光盘驱动器。存储设备具有较大的存储容量，用于永久保存数据和程序。

4. 输入/输出设备

输入设备允许用户将数据和指令输入计算机系统中，用于将外部数据或指令输入计算机中，进行显示或交互操作。常见的输入设备包括键盘、鼠标、触摸屏和扫描仪等。

输出设备用于将计算机处理后的数据展示给用户。常见的输出设备包括显示器、打印机、音频设备和投影仪等。

5. 主板

主板是计算机的主要电路板，它将各个硬件组件连接在一起，包含 CPU 插槽、内存插槽、扩展插槽和各种接口，用于连接其他硬件设备。

6. 显卡

显卡负责计算机图形的处理和显示，包含图形处理单元(GPU)，用于加速图形计算和渲染。

7. 电源

电源提供计算机所需的动力。

8. 其他辅助设备

还有一些其他的辅助设备，如风扇、散热器、声卡、网络适配器等，它们用于保持硬件的正常运行和提供专用的功能。

这些硬件组件共同协作，使计算机能够执行各种任务，包括运行程序、处理数据、存储信息、输入/输出等。

1.5.2 计算机软件

软件是指在计算机硬件上运行的程序代码、相关的程序开发文档和数据的集合。软件可以分为系统软件和应用软件两类。系统软件是管理计算机系统的核心软件，如操作系统，负责管理硬件资源、提供用户界面、调度任务和保护系统安全等。应用软件是为特定任务或领域开发的软件，如文字处理软件、数据库管理软件和图像处理软件等。应用软件通过系统软件与硬件进行交互，使用户能够完成特定的任务。

计算机软件及要处理的数据存储在硬件上（如磁盘等），但是软件运行一定是在内存里运行。

从形式上看，计算机硬件是有形的，而软件是无形的；从功能上看，软件与硬件的功能泾渭分明。但是随着软硬件技术的发展，基于效率和成本的考虑，某些以前由软件实现的功能可以由硬件来实现，固化在硬件中的软件日益增多，硬件功能更加强大；同时，某些由硬件实现的功能，也可由软件实现，降低了硬件的制造成本。

1.6 Python 程序的语法

Python 以其简洁的语法和易于学习的特性而受到开发者们的广泛使用。统一的编程风格、规范的语句代码可以提高代码的可读性，促进软件开发的标准化，是保证程序代码质量的有效方式之一。

1.6.1 Python 程序的基本组成

通常一个典型的 Python 程序由多个组件组成，包括模块、函数和类。模块是一个包含变量、函数和类等的定义的 Python 源文件。模块的主要目的是将相关功能的各代码组织在一起，以便于重用和维护。Python 使用 import 语句将模块导入当前程序中，在当前程序中使用模块中的变量、函数和对象方法。

函数是一段可重用的代码块，它接收输入参数并执行特定的任务。通过将代码逻辑封装在函数中，提高了代码的可读性和可维护性。

类是一个面向对象编程的重要概念。它是一种数据结构，可以包含属性和方法。属性是类的特征，而方法是类的行为。通过定义类，可以创建对象并调用其方法来执行特定的操作。

除了模块、函数和类之外，Python 程序还可以包含条件语句、循环语句和异常处理语句等处理实际的业务过程。条件语句用于根据条件的真假执行不同的代码块。循环语句用于重复执行特定的代码块（语句块），直到满足特定的条件（这些程序控制语句在第 7 章介绍）。异常处理语句用于捕获和处理程序运行时可能出现的错误（异常处理在第 10 章介绍）。

Python 程序的基本组成包括以下 5 部分。

(1) 导入模块。

Python 使用 import 语句导入指定模块,以便在当前程序中使用它们的函数和数据。

(2) 定义变量。

定义程序中需要使用的变量,可以是整数、浮点数、字符串等。

(3) 定义函数或类。

使用 def 关键字来自定义函数,return 语句返回函数的结果。使用 class 关键字来自定义类,通过定义类,可以创建对象使用点符号等来访问类的属性和方法。

(4) 主程序。

编写主程序代码,包括创建对象、调用函数、处理数据等操作,反映程序的主业务逻辑。

(5) 注释。

添加注释,说明程序的目的、变量的含义、函数的功能等信息。

【例 1-2】 Python 程序结构的示例。

```python
"""
注释:这是一个可以遍历指定路径下所有文件的 Python 程序
"""

#导入模块
import os
#定义变量
path = "H:/"
#定义函数
def visitDir(path):
    if not os.path.isdir(path):
        print('Error:"',path,'" is not a directory or does not exist.')
        return

#主程序
listDirs = os.walk(path)
for root, dirs, files in listDirs:
    #遍历该元组的目录和文件信息
    for dPath in dirs:
        #获取完整路径
        print(os.path.join(root, dPath))

    for file in files:
        #获取文件绝对路径
        print(os.path.join(root, file))
#调用函数
visitDir(path)
```

1.6.2 Python 程序的语句规范

Python 的 PEP(Python Enhancement Proposals)8 风格指南提供了很多 Python 编程的规范建议。Python 程序的语句规范主要包括以下 7 个方面。

(1) 缩进。

Python 使用缩进来表示代码块(语句块),一般使用 4 个空格作为一个缩进层级。缩进建议使用空格,而不是制表符。

(2) 行长度限制。

建议每行代码不超过 80 个字符。如果一行代码过长,可以使用括号或续行符"\"进行换行。

(3) 注释。

注释是用来解释代码的功能、逻辑和目的的一段说明文本,是程序的重要组成部分。注释被解释器忽略,不会进行编译处理。注释应该清晰、简洁,可以出现在代码的任何位置,如在程序的开始行、程序的中间或程序结尾。只有一行说明文本的单行注释符是"♯","♯"符号后面的所有文本都被视为注释。有多行说明文本的多行注释符是三重引号"""…"""或'''…''',注释文本位于三重引号内。

(4) 空行。

在函数定义、类定义和语句块之间使用空行来提高代码的可读性。也可以使用空行来分隔相关的代码段。

(5) 命名规范。

变量、函数和类的命名应该具有描述性,遵循一定的命名规范。

(6) 导入规范。

每个导入库或模块的命令应该独占一行。推荐使用绝对导入,并将导入语句放在文件的开始行。

(7) 空格和括号。

Python官方文档建议,在运算符和逗号周围使用空格,以增加代码的可读性。在函数调用和控制结构中使用括号来提高代码的清晰度。

遵循这些规范可以提高Python代码的可读性、可维护性和一致性。

1.7 Python IDE 简介

为了提高Python编程的效率和便捷性,开发者们创建了许多集成开发环境(IDE),以便程序员能够更轻松地编写、调试和运行Python代码。

1.7.1 Python程序常用的开发工具

以下对一些流行的Python IDE做简单介绍。

1. Anaconda

一个开源的Python发行版,内置了Python及许多常用的科学计算和数据分析库,提供了一个用户友好的包管理器,可以方便地安装、更新和管理Python库。Anaconda可以从Anaconda官网下载安装。

2. PyCharm

JetBrains开发的一款功能强大的Python集成开发环境(IDE),提供了丰富的功能和工具,如代码自动补全、调试器、版本控制等。

3. Visual Studio Code

由Microsoft开发的代码编辑器,具有丰富的插件生态系统,可以根据需要进行扩展和定制,支持多种编程语言。

4. Jupyter Notebook

一种交互式笔记本环境,以网页的形式展示代码和结果,并支持实时编辑和运行。可用于数据分析、可视化和机器学习等任务。

5. Spyder

一个专注于科学计算的Python集成开发环境,集成了IPython控制台、变量浏览器和调试器等工具。提供了类似MATLAB的界面和功能。Spyder集成在Anaconda里。

6. Sublime Text

一款轻量级的文本编辑器,具有快速、灵活和可定制的特点,可以通过插件扩展其功能,支持多种编程语言。

Python 开发工具可根据个人需求和偏好进行选择。本书使用 Anaconda 中的 Spyder 进行程序的编辑和运行。

1.7.2 Anaconda 的安装

在 Anaconda 官网上下载安装文件,可能会需要较长时间。国内有些大学或大的软件公司提供了一些国内外开源或免费软件的镜像网站,以方便编程爱好者获取和体验新的软件。本书作者从清华大学的镜像网站下载了 Anaconda 安装包,进行 Anaconda 安装。

单击安装包图标,出现如图 1-3 所示的安装界面 1。

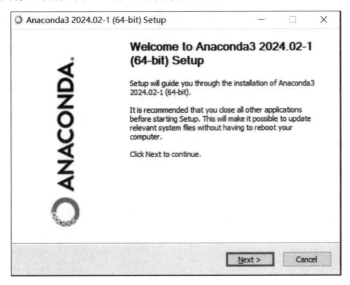

图 1-3　安装界面 1

单击 Next 按钮,出现如图 1-4 所示的安装界面 2。

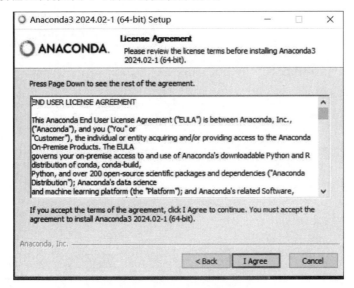

图 1-4　安装界面 2

单击 I Agree 按钮,出现如图 1-5 所示的安装界面 3。

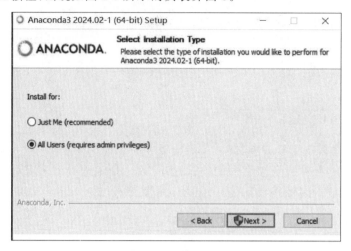

图 1-5　安装界面 3

单击 Next 按钮,出现安装界面 4-1 或安装界面 4-2,如图 1-6 和图 1-7 所示。

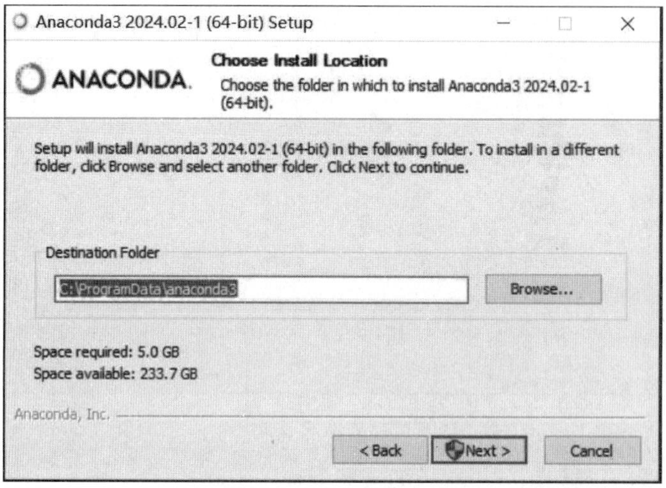

图 1-6　安装界面 4-1

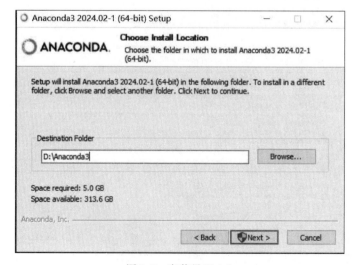

图 1-7　安装界面 4-2

可在任何磁盘自定义安装文件夹。注意，这个文件夹必须是空文件夹。

单击 Next 按钮，出现如图 1-8 所示的安装界面 5。

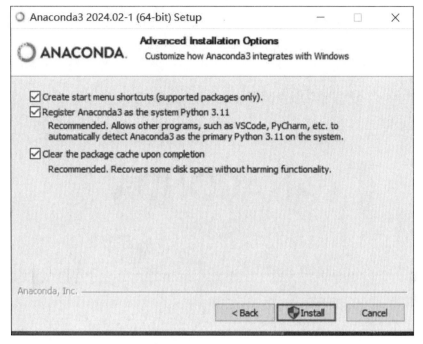

图 1-8　安装界面 5

将复选框全部选中后，单击 Install 按钮，出现如图 1-9 所示的安装界面 6。

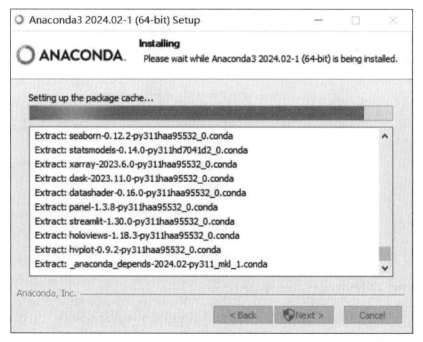

图 1-9　安装界面 6

等待安装结束后，出现如图 1-10 所示的安装界面 7。

单击 Next 按钮，出现如图 1-11 所示的安装界面 8，单击 Finish 按钮，完成安装。

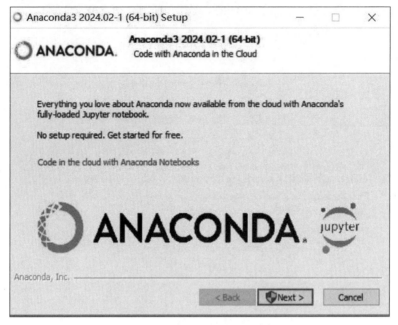

图 1-10　安装界面 7

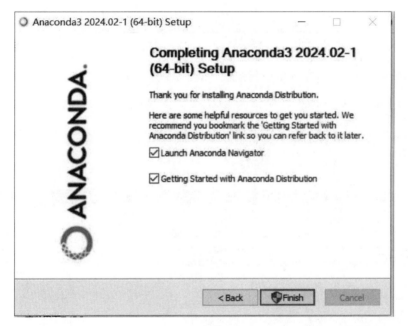

图 1-11　安装界面 8

1.7.3　Spyder 的使用

下面通过图示的方式，介绍如何使用 Spyder 进行 Python 程序的编辑与运行。

单击计算机桌面左下角的"开始"图标，选择 Anaconda 3 文件夹，单击 Spyder 图标，如图 1-12 所示，出现如图 1-13 所示的 Spyder 开始界面。

三引号中的文字是注释说明。从第 7 行开始，编写经典的 Hello World 程序，如图 1-14 所示。

也可以选择 File→New file 选项，新建一个 Python 程序，如图 1-15 所示。

第1章　Python程序语言概述

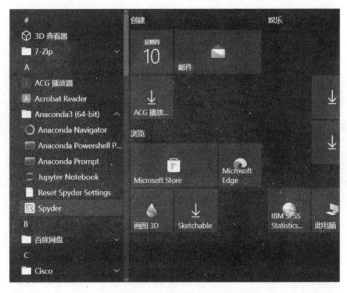

图 1-12　打开 Spyder

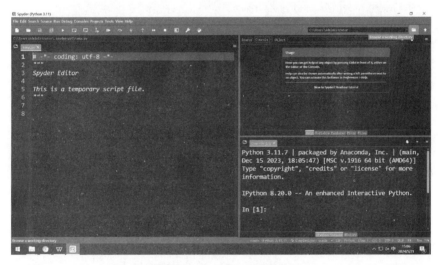

图 1-13　Spyder 开始界面

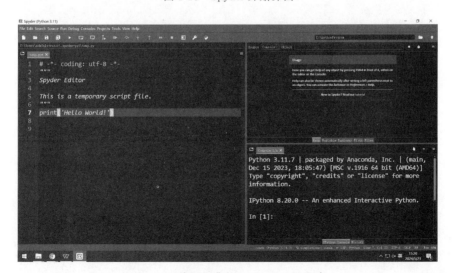

图 1-14　编写经典的 Hello World 程序

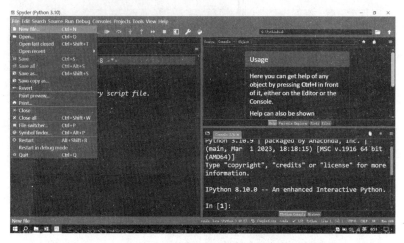

图 1-15　新建一个 Python 程序

为了将 Python 文件保存在指定位置（如不指定，系统默认将编写的 Python 程序保存在系统安装时所建的文件夹中），首先在选择的硬盘分区（或移动盘）上新建一个文件夹，将如图 1-14 所示的 Hello World 程序进行保存，如图 1-16～图 1-18 所示。

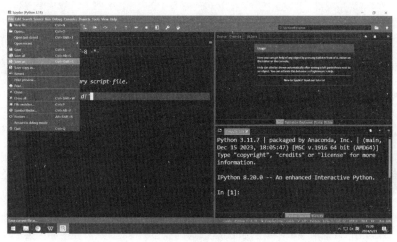

图 1-16　保存所编写的 Python 程序

图 1-17　指定位置保存编写的 Python 程序 1

图 1-18　指定位置保存编写的 Python 程序 2

在界面上部，文件名已从 temp.py 改为 Hello.py，如图 1-19 所示。

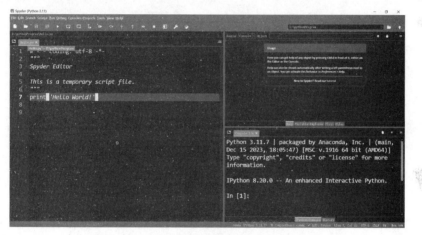

图 1-19　指定位置保存编写的 Python 程序 3

单击 Spyder 开始界面上部的 Run file 按钮或按 F5 键，运行 Hello.py，程序的运行结果出现在图 1-20 的右下部分。

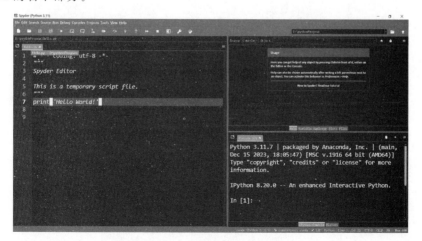

图 1-20　运行 Python 程序

出现一个提示，如图 1-21 所示。单击 Run 按钮，出现程序运行结果，如图 1-22 所示。

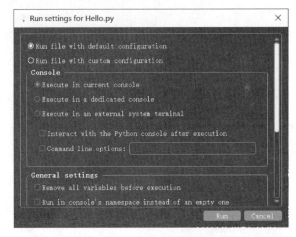

图 1-21　Hello.py 的运行提示框

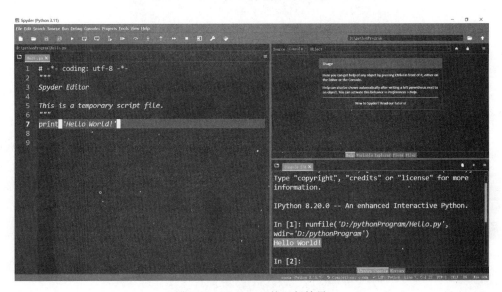

图 1-22　Hello.py 的运行结果

习题 1

1. 浏览 Python 官网，了解官网中对 Python 的介绍及最新消息。
2. 在计算机上安装 Anaconda 及设定自定义的存放 Python 文件的文件夹。
3. 试着以命令行方式，使用 import this 命令，看看会有什么结果。

习题 1

第 2 章

Python变量与基本数据类型

Python变量指代存储数据的内存单元,它的类型是根据所存储的值来确定的。Python基本数据类型包括数字类型(整数类型、浮点数类型、复数类型)、字符串类型、布尔类型和日期类型等。了解变量的概念和基本数据类型的应用与操作是编写Python程序的基础。

2.1 Python变量的概念

与其他计算机高级语言不同,在Python中,"变量"的准确称呼是"名称(name)"。变量是用来存储数据(对象)的标识符,没有类型信息。

根据Python官方文档的描述,变量是用于存储和操作数据的标识符,它们通过绑定来引用和修改数据。

2.1.1 变量与内存的关系

变量与内存地址之间存在着一种关联关系。根据PEP357,Python变量不占用内存地址,而只是所指内存空间的名称或标识符。在Python程序中声明一个变量,实际上是在创建一个分配给对象的内存地址的名称或标识符,本质上是将该对象的内存地址与变量名关联起来,变量名标识了存储对象的内存地址。

Python变量类型是动态的,在程序运行时根据赋值自动推断数据类型,这意味着可以将不同类型的对象分配给同一个变量名。例如,整数、字符串、列表或其他类型的对象可以拥有同一个变量名。例如,创建一个变量xNumber并将其赋值为整数2023,即xNumber=2023。Python会在内存中创建一个整数对象,并将其存储在某个内存地址中,如图2-1所示。

图2-1 Python变量与变量值的关系

其中:
矩形框表示内存中分配的一段存放对象数据的空间。
整数2023是存放在所分配的内存空间的具体对象(变量值)。
变量xNumber指向了存储整数2023的内存地址,也可以理解为了这个内存地址一个标签。

由图2-1可知,变量名是一个指向内存地址的标签,该内存地址存储了对象的数据。通过变量名xNumber,可以访问和操作存储在内存中的整数对象。

【例2-1】 理解变量与变量值的关系的示例。

参考源码如下。

```
xNumber = 2023
print('2023 所在的地址是：{}'.format(id(2023)))
print('xNumber 的值是：{}'.format(xNumber))
print('xNumber 所引用的地址是：{}'.format(id(xNumber)))
```

执行结果：

```
2023 所在的地址是：2170229811632
xNumber 的值是：2023
xNumber 所标识的引用是：2170229811632
```

程序的第一句：完成了给变量 xNumber 赋值，可以看到没有指定变量 xNumber 的类型。

程序的第二句：在屏幕上显示整数 2023 所在的"地址"，其中，Python 内置函数 id() 返回了对象的"标识值"，该值可以理解成指定对象或变量所引用的"地址"，这个"地址"只有 Python 解释器可以解析。

程序的第三句：用格式化输出变量 xNumber 的值。

程序的第四句：格式化输出变量 xNumber 所引用的地址。

注意：多个变量名可以指向同一个对象的内存地址，从而共享同一个对象。这意味着对一个变量的操作可能会影响到其他指向同一对象的变量。

例如，声明一个变量 yNumber，将变量 xNumber 的值赋给 yNumber，即 yNumber = xNumber。这条语句的语义是：xNumber 和 yNumber 都指向了同一个内存地址，共享同一个对象。Python 两个变量相互赋值的关系如图 2-2 所示。

由图 2-2 可知，Python 变量不占用内存，只是一个对象引用的概念。变量名只是一个指向存储对象内存地址的标签。通过这个引用，可以访问和操作存储在内存中的对象。

若将变量 xNumber 重新指向了一个新的整数对象 2024，即 xNumber＝2024，执行这句命令以后，变量 yNumber 仍然指向原来的整数对象 2023。这表明变量 xNumber 可以指向不同的对象，并且可以独立地修改它们所指向的对象，如图 2-3 所示。

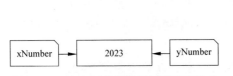

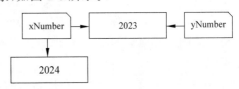

图 2-2 Python 两个变量相互赋值的关系　　图 2-3 变量 xNumber 重新赋值后的变量与内存的关系

【例 2-2】 变量 xNumber 重新赋值后的变量与内存的关系的示例。

参考源码如下。

```
xNumber = 2023
print('1: xNumber 所引用的内存地址：{}'.format(id(xNumber)))
xNumber = 2024
print('2: xNumber 所引用的内存地址：{}'.format(id(xNumber)))
yNumber = xNumber
print('3: yNumber 的值：{}'.format(yNumber))
print('3: yNumber 所引用的内存地址：{}'.format(id(yNumber)))
```

其中：

print 语句在 7.2.2 节详细说明，本节仅为演示。

id() 为 Python 的内置函数，它的功能是获取对象在内存中的唯一标识符。该标识符可理解成"内存地址"。

执行结果：

```
1: xNumber 所引用的内存地址：3236822843632
2: xNumber 所引用的内存地址：3236822843664
3: yNumber 的值：2024
3: yNumber 所引用的内存地址：3236822843664
```

可以看到，在"1：xNumber 所引用的内存地址：3236822843632"和"2：xNumber 所引用的内存地址：3236822843664"中，两个同名变量 xNumber 所引用的地址是不同的。

在执行 yNumber = xNumber 语句后，变量 xNumber 所引用的地址和 yNumber 所引用的地址是相同的。

【例 2-3】 理解变量与内存之间的关系的示例。

参考源码如下。

```
xNumber = 2023
yNumber = xNumber
print('1:xNumber 的值是：{}'.format(xNumber))
print('1:xNumber 所引用的地址是：{}'.format(id(xNumber)))
print('1:yNumber 的值是：{}'.format(xNumber))
print('1:yNumber 所引用的地址是：{}'.format(id(yNumber)))
xNumber = 2024
print('2:xNumber 的值是：{}'.format(xNumber))
print('2:xNumber 所引用的地址是：{}'.format(id(xNumber)))
print('2:yNumber 的值是：{}'.format(xNumber))
print('2:yNumber 所引用的地址是：{}'.format(id(yNumber)))
```

执行结果：

```
1:xNumber 的值是：2023
1:xNumber 所引用的地址是：1702020931312
1:yNumber 的值是：2023
1:yNumber 所引用的地址是：1702020931312
2:xNumber 的值是：2024
2:xNumber 所引用的地址是：1702020936976
2:yNumber 的值是：2024
2:yNumber 所引用的地址是：1702020931312
```

通过这三个例程可以看出，变量不占用内存空间，它只是一个标签或者引用，用来指向存储在内存中的对象。变量名存储了数据所在内存地址的引用，通过这个引用，可以访问和操作存储在内存中的对象。

Python 变量与内存之间的关系可以理解为变量名与内存地址的绑定。当创建一个变量时，Python 会在内存中分配一块空间来存储该变量的值，并将变量名与内存地址关联起来。当该变量不再被使用时，Python 会自动回收并释放其占用的内存空间（这个过程称为垃圾回收）。

综上所述，Python 变量具有以下特点。

（1）Python 是一种动态类型语言，变量的数据类型根据赋值的数据自动推断。也就是说，变量可以在任何时候被赋予不同类型的数据。即同一个变量名在不同的时间点可以指向不同类型的对象。

（2）通过赋值运算符(=)，可以将一个值或表达式赋给变量。

（3）通过变量名，可以引用和操作存储在内存中的数据对象。

变量所引用的对象在运行时被实时编译。当为变量赋值时，解释器会根据赋值语句右侧的表达式对对象进行编译和创建。即 Python 解释器根据表达式的类型和值来确定对象的类型,并为其分配内存空间;如果表达式是一个字面量,如整数、浮点数、复数、字符串或列表等,Python 解释器会根据字面量的值来创建相应类型的对象,并为其分配内存空间;如果表达式是一个变量或表达式,Python 解释器会先对该变量或表达式进行求值,然后根据求值结果的类型和值来创建相应类型的对象,并为其分配内存空间。

一旦对象被创建并分配了内存空间,Python 解释器会将对象的内存地址赋给变量名,即将变量名绑定到对象上。变量名就成为对象的引用,可以通过变量名来访问和操作存储在内存中的对象。

补充知识:

C 语言的变量占用内存空间。所有 C 变量本身占用的内存空间大小相同,存放的数据是变量根据数据类型被系统分配的内存空间的地址。当声明一个变量时,系统会为其引用的变量值分配相应的内存空间,该内存空间的大小取决于其数据类型。例如,字符变量通常占用 1B,整数变量占用 2B 或 4B。

在 C 语言中,变量的生命周期由其作用域决定。变量在程序执行期间保持不变,其内存空间在程序开始时分配,当变量超出其作用域范围时,其占用的内存空间将被释放,可以被其他变量或对象使用。与动态语言(如 Python)的内存管理方式不同,C 语言需要程序员编码管理内存。

2.1.2 Python 变量的命名规则

与其他编程语言一样,Python 变量也有其规范的命名规则。Python 变量的命名规则如下。

(1) 变量名只能包含字母(大小写均可)、数字和下画线,不能包含空格或其他特殊字符。

(2) 变量名以字母或下画线开头,不能以数字开头。具有单下画线和双下画线开始的 Python 变量,有约定成俗的含义:通常以单下画线开头的变量或函数是类的保护成员,表示这类变量或函数只能在本类或其子类中被引用;以双下画线开头和结尾的变量或函数表示它们是类的私有成员,意味着它们只能从类的内部访问,而不能从外部访问(详细内容见第 9 章)。

(3) 变量名区分大小写,例如,myVariable 和 myvariable 是不同的变量。

(4) 变量名不能是 Python 的关键字。

Python 规定:以下标识符为保留字,或称关键字,不可用作变量名。

and	as	assert	break	class	continue
def	del	elif	else	except	finally
for	from	False	global	if	import
in	is	lambda	nonlocal	not	None
or	pass	raise	return	try	True
while	with	yield			

按这些关键字在 Python 程序中的作用,可以进行如下分类。

① 数据类型相关关键字。

True,False:布尔值。

None:表示空值或者不存在。

del:删除一个变量。

② 控制流关键字。

if,else,elif:用于条件判断结构。

for,while：用于循环结构。

break：用于中断当前循环。

continue：用于跳过当前循环的剩余语句，继续下一次循环。

pass：占位符，一个空操作，不做任何操作。

③ 函数和模块关键字。

def：用于定义 Python 函数。

return：用于返回函数运算结果。

import,from：用于导入模块和模块中的方法和值。

as：用于为模块或者导入的内容指定别名。

lambda：用于定义 Python 匿名函数。

global：声明全局变量。

nonlocal：声明非局部变量，用于嵌套函数中。

④ 类和继承关键字。

class：用于定义 Python 类。

super：用于调用父类的方法。

⑤ 异常处理关键字。

try…except：用于捕获和处理异常。

finally：无论是否发生异常都将执行的代码块。

raise：用于抛出异常。

assert：用于调试目的，测试条件，如果条件为假则抛出异常。

⑥ 其他关键字。

with,as：常用于资源管理，如文件操作。

yield：用于定义一个生成器函数，返回迭代器。

in：用于判断值是否存在于序列中。

is：用于判断两个变量引用对象是否相同。

not：逻辑非。

and,or：逻辑与，逻辑或。

⑦ "软关键字"。

match case 和_。

补充知识：软关键字说明

有些标识符只在特定情况下保留。这些标识符被称为软关键词。在与模式匹配语句相关的上下文中，标识符 match、case 和_在语法上可以充当关键字，但这种区分是在解析器级别完成的，而不是在标记化时完成的。

作为软关键字，它们可以与模式匹配一起使用，同时还能与使用 match、case 和_作为标识符名称的现有代码保持兼容。

(5) 变量名建议"见名知意"，即具有描述性，能够清晰表达变量的含义。

以下是一些符合 Python 变量命名规则的示例。

Name、age、my_variable、score1、_score、myVariable

以下是一些不符合 Python 变量命名规则的示例。

```
my variable      #原因：包含空格
123abc           #原因：以数字开头
my-variable      #原因：包含特殊字符
class            #原因：Python 的保留关键字
```

2.1.3 变量的命名法

Python PEP8 推荐使用下画线（或称蛇形）命名法。考虑到和其他常用编程语言变量命名法的一致性，本书的 Python 变量命名采用驼峰命名法。通常使用小写字母开头来表示变量名和函数名，使用首字母大写的驼峰命名法来表示类名。

1．常用的命名法

1）下画线命名法（蛇形命名法）

这种命名法将单词用下画线分隔，是 Python 推荐的命名法。例如，interest_rate、loan_amount、investment_return。

2）驼峰命名法

该命名法是一种将单词首字母大写（小驼峰命名法的第一个单词的首字母小写）并去掉下画线的命名法。以下是一些与金融相关的以小驼峰命名法命名的变量名。

interestRate：表示利率。

loanAmount：表示贷款金额。

investmentReturn：表示投资回报。

startDate：表示开始日期。

endDate：表示结束日期。

使用驼峰命名法的优点是可以使变量名简洁和易读，同时也可以清晰地表达变量的含义。与匈牙利命名法相比，它更加灵活和易于维护。

3）匈牙利命名法

该方法是一种在变量名中加入前缀来表示变量类型的命名法。以下是一些常用的匈牙利命名法的形式。

str：表示字符串类型。例如，strName、strAddress。

int：表示整数类型。例如，intAge、intLoanAmount。

dbl：表示双精度浮点数类型。例如，dblInterestRate、dblInvestmentReturn。

dt：表示日期类型。例如，dtStartDate、dtEndDate。

arr：表示数组类型。例如，arrValues、arrData。

使用匈牙利命名法的优点是可以清晰地表明变量的数据类型，以及变量的用途。但是它也有一些缺点。首先，它会使变量名变得冗长，难以阅读和理解。其次，它可能会使代码更难维护，因为每当更改变量类型时，都必须更新变量名。

2．变量命名法应遵循的规则

无论使用哪种命名法，都应该遵循以下三个原则。

（1）变量名应该具有描述性，能够清晰地传达变量的含义。

（2）变量名应该尽可能简短，容易理解。

（3）变量名应该使用正确的拼写和语法，以免引起歧义或错误。

此外，使用 Python 变量时需要注意以下 6 点。

(1) 变量名要遵循 Python 的命名规则。

(2) 变量应该在使用之前进行初始化。即在声明一个变量的同时，要给它进行赋值。当变量未赋值时，默认值为 None。

(3) 变量名应该尽量短小，避免过长的变量名影响编码效率。

(4) 应该尽量避免在程序执行过程中改变变量的类型。

(5) 变量的作用域应该尽量小，避免全局变量的滥用。全局变量的概念见 8.3 节。

(6) 变量的命名应避免使用 Python 关键字。

2.2 Python 基本数据类型

数据类型是指变量可以存储的数据的类别。Python 提供了多种内置的数据类型。了解和正确使用数据类型是编写高效和可靠的 Python 代码的关键。

在 Python 官方文档中，数据类型是指变量可以存储的数据的种类。Python 常见的数据类型包括基本数据类型[数字类型(整数类型、浮点类型和复数类型)、字符串类型、布尔类型、日期类型等]和复合数据类型(列表、元组、字典和集合等)，它们决定了变量可以存储和表示的数据的大小和范围。每种数据类型都有其特定的操作和用途。Python 还有一些异于其他常用高级编程语言的数据类型。例如下面几种。

1. 序列类型

序列类型包括列表(list)、元组(tuple)、字符串和 range 对象等。

列表(list)：表示一组有序的元素，用方括号括起来，元素之间用逗号分隔，如[1,2,3]，['apple','banana','orange']。

元组(tuple)：类似于列表，但是元素不可变，用圆括号括起来。如果元组只有一个元素，元素后面的逗号","不可缺，如 (1,2,3), ('apple','banana','orange'),('apple',)。

2. 映射类型

映射类型通常指字典(dict)。表示键值对的集合，用花括号括起来，每个键值对之间用冒号分隔，如{'name':'John','age':25}。

3. 集合类型

集合类型包括集合(set)、冻结集合(frozenset)，表示一组唯一无序的元素，用花括号括起来，元素之间用逗号分隔，如{1,2,3,4}。

此外，还有一些其他的数据类型，如二进制类型(bytes、bytearray、memoryview)、自定义类型等。

2.2.1 Python 数字类型

数字类型包括整数类型(int)、浮点类型(float)和复数类型(complex)。整数类型(int)指的是数学中的整数概念，表示整数值，如－5，0，10。浮点类型(float)与数学中的小数概念在计算机中通常认为是等价的，表示带有小数点的数值，如 3.14，－2.5，0.0。复数类型(complex)表示具有实部和虚部的复数，可以使用 j 或 J 来表示虚部，如 3＋2j。

Python 的数字类型数据可以用来处理和表示各种与金融相关的数据，从而支持金融分析、风险管理、投资决策等各种金融任务。

(1) 价格和金额。

Python 的数字类型可以用来表示股票价格、货币金额等。例如，可以使用浮点数类型来表示股票的价格,如 price=10.5,或者使用整数类型来表示货币金额(最小单位为元),如 amount=1000。

(2)利率和百分比。

Python 的数字类型可以用来表示利率和百分比。例如,可以使用浮点类型来表示利率,如 interestRate=0.05,表示利率为 5%。可以使用整数类型来表示百分比,如 percentage=20,表示 20%。

(3)数量和份额。

Python 的数字类型可以用来表示数量和份额。例如,可以使用整数类型来表示股票的数量,如 quantity=100,表示持有 100 股。可以使用浮点类型来表示份额,如 share=2.5,表示持有 2.5 份。

(4)统计和指标。

Python 的数字类型可以用来表示各种统计和指标。例如,可以使用浮点类型来表示收益率,如 returnRate=0.1,表示收益率为 10%。可以使用整数类型来表示交易数量,如 tradeCount=100,表示交易数量为 100 次。

1. 整数类型

Python 的整数类型是一种用于表示整数值的数据类型。整数是没有小数部分的数值,可以是正数、负数或零。

Python 的整数类型是一种内置的数据类型,可以直接使用,无须导入任何模块。定义整数变量很简单,只需要使用赋值号将一个整数值赋给一个变量即可。

【例 2-4】 定义整数变量的示例。

参考源码如下。

```
x = 10
y = -5
z = 0
```

在本例中,定义了三个整数变量 x、y 和 z,分别赋予了整数值 10、-5 和 0。

整数类型可以进行各种数学运算,包括加法、减法、乘法和除法等,如表 2-1 所示。

表 2-1 Python 整数类型的部分运算符

运算符	描述	举例	金融场景下应用频率
+	加法	aRes=3+7	高
-	减法	aRes=3-7	高
*	乘法	aRes=3*7	高
/	除法	aRes=7/3 结果是浮点数	高
//	取商	aRes=7//3 结果是 2	高
%	求余	aRes=7%3 结果是 1	高
**	幂运算	aRes=7**3	高
>=	大于或等于	aRes=3>=7 结果是 False	高
<=	小于或等于	aRes=3<=7 结果是 True	高
==	等于	aRes=3==7 结果是 False	高

【例 2-5】 金融公司需要跟踪处理客户的账户余额。假设最小变动的金额为 1000 元。使用 Python 的整数类型来定义和处理账户余额的示例。

参考源码如下。

```
# accountBalance 是一个整数类型的变量,表示客户的账户余额为 10000 元
accountBalance = 10000

# 存款:+= 运算符用来将存款金额加到账户余额上
depositAmount = 5000
accountBalance += depositAmount

# 取款:-= 运算符用来从账户余额中减去取款金额
withdrawalAmount = 2000
accountBalance -= withdrawalAmount

# 使用整数类型进行比较操作,例如检查账户余额是否足够支付某个账单
billAmount = 8000
if accountBalance >= billAmount:
    print("账户余额足够支付账单。")
else:
    print("账户余额不足,无法支付账单。")
```

2. 浮点类型

Python 的浮点类型是一种用于表示带有小数部分数值的数据类型。浮点数是一种近似表示的数值,可以是正数、负数或零。

Python 浮点类型是一种内置的数据类型,可以直接使用,无须导入任何模块。定义浮点变量很简单,只需要使用赋值号将一个浮点值赋给一个变量即可。Python 浮点类型的部分运算符,如表 2-2 所示。

表 2-2 Python 浮点类型的部分运算符

运算符	描述	举例	金融场景下应用频率
+	加法	aRes=3.+7.	高
-	减法	aRes=3.-7.	高
*	乘法	aRes=3.*7	高
/	除法	aRes=7./3 结果是浮点数	高
**	幂运算	aRes=7.**3	高
>=	大于或等于	aRes=3>=7 结果是 False	高
<=	小于或等于	aRes=3<=7 结果是 True	高
==	等于	aRes=3==7 结果是 False	高

【例 2-6】 定义浮点变量的示例。

参考源码如下。

```
x = 3.14
y = -0.5
z = 0.0
```

在本例中,定义了三个浮点变量 x、y 和 z,分别赋予了浮点值 3.14、-0.5 和 0.0。

浮点类型可以进行各种数学运算,包括加法、减法、乘法和除法等。

【例 2-7】 浮点变量四则运算示例。

参考源码如下。

```
sum = 2.5 + 1.5              # 加法
minus = 4.8 - 3.2            # 减法
multi = 1.5 * 2.0            # 乘法
divid = 10.0 / 3.0           # 除法
```

在本例中,使用浮点类型进行了加法、减法、乘法和除法运算,并将结果赋给了变量 add、minus、multi 和 divid。

除了基本的数学运算,浮点类型还支持其他操作。

【例 2-8】 浮点数的取模运算(求余数)和幂运算的示例。

参考源码如下。

```
e = 15.5 % 7.0          # 取模运算      结果:1.5
f = 2.0 ** 4.0          # 幂运算        结果:16.0
```

在本例中,使用浮点类型进行了取模运算和幂运算,并将结果赋给了变量 e 和 f。

浮点类型还可以用于比较操作。例如,比较两个浮点数的大小。由于浮点数是近似表示的数值,在比较时要注意参与比较的数据的精度。

【例 2-9】 浮点数的比较运算的示例。

参考源码如下。

```
g = 3.14 > 2.71         # 大于
h = 1.23 <= 0.45        # 小于或等于
i = 2.0 == 2.0          # 等于
```

在本例中,使用浮点类型进行了大于、小于或等于和等于的比较操作,并将结果赋给了变量 g、h 和 i,它们的值分别为 True、False 和 True。

在 Python 中,浮点类型和整数类型的数据可以进行混合运算,也就是说,可以对一个浮点数和一个整数进行数学运算。

当对一个浮点数和一个整数进行运算时,Python 会自动将整数转换为浮点数(隐式类型转换)进行运算,结果的数据类型是浮点型。

【例 2-10】 浮点数和整数的四则运算的示例。

参考源码如下。

```
a = 3.14 + 2            # 浮点数和整数相加
b = 4.8 - 2             # 浮点数和整数相减
c = 1.5 * 2             # 浮点数和整数相乘
d = 10.0 / 3            # 浮点数和整数相除
```

在本例中,对一个浮点数和一个整数进行了加法、减法、乘法和除法运算。在运算过程中,整数被自动转换为浮点数,然后进行运算,并将结果赋给了变量 a、b、c 和 d,它们的值分别为 5.140、2.800 和 3.333。

另外,如果需要将浮点数转换为整数,可以使用内置的 int() 函数。这个函数将截断浮点数的小数部分,并返回整数部分。

【例 2-11】 浮点数强制转换成整数的示例。

参考源码如下。

```
x = int(3.14)           # 将浮点数转换为整数
```

在本例中,使用内置函数 int() 将浮点数 3.14 强制转换为整数,并将结果赋给了变量 x。结果是整数 3,小数部分被截断。

总之,Python 允许浮点类型和整数类型的数据进行混合运算。在进行混合运算时,整数会被自动转换为浮点数。如果需要将浮点数转换为整数,可以使用 int() 函数。

【例 2-12】 有一笔投资,初始金额为 1000 元,年利率为 5%(复利)。计算 5 年后的投资价值的示例。

计算公式：

$$投资终值 = 初始投资 \times (1 + 利率)^{投资期限}$$

参考源码如下。

```
initialAmount = 1000.0
annualInterestRate = 5.0 / 100
years = 5
finalAmount = initialAmount * (1 + annualInterestRate) ** years
print("投资在{}年后的价值为{:.3f}元。".format(years,finalAmount))
```

执行结果：

```
投资在5年后的价值为1276.282元。
```

在本例中，使用浮点类型来表示初始金额和年利率。使用浮点数进行计算，使用乘法运算符计算每年的增长，使用幂运算符计算投资在多年后的价值。最后，使用 print() 函数在屏幕上显示出结果。

在金融领域，浮点类型常用于表示和计算利率、金额、股票价格等涉及小数的数值。在进行金融计算时，需要注意精度问题，以避免由于浮点数的近似表示而产生误差。可以使用内置函数 round() 来保留指定精度的浮点类型数据（详见 8.5 节）。

round() 函数的语法如下。

```
roundedNumber = round(number, precision)
```

其中，

number 是要保留精度的浮点数，precision 是要保留的小数位数。

【例 2-13】 使用内置函数 round() 的示例 1。

参考源码如下。

```
number = 113.14159265359
precision = 2
roundedNumber = round(number,precision)
print(roundedNumber)
```

执行结果：

```
113.14
```

在本例中，有一个浮点数 number，其值为 113.14159265359。若希望保留 2 位小数，可以使用内置函数 round() 将 number 保留到 2 位小数，并将结果赋给 roundedNumber。最后，使用 print() 函数在屏幕上显示出结果。

注意：内置函数 round() 会根据指定的精度对浮点数进行四舍五入。如果要保留的小数位数为负数，则会对整数部分进行四舍五入。

【例 2-14】 使用内置函数 round() 的示例 2。

```
number = 113.14159265359
precision = -2
roundedNumber = round(number, precision)
print(roundedNumber)
```

执行结果：

```
100.0
```

3. 复数类型

在 Python 中,复数类型是由实部和虚部组成的数值类型。复数的虚部用字母"j"或"J"表示。实部和虚部可以是整数或浮点数。

Python 可以使用复数类型来进行加法、减法、乘法和除法等的运算。Python 复数类型的部分运算符,如表 2-3 所示。

表 2-3 Python 复数类型的部分运算符

运算符	描述	举例	金融场景下应用频率
＋	加法	aRes=(3+7j)+(2−3j)→(5+4j)	低
－	减法	aRes=(3+7j)−(2−3j)→(1+10j)	低
＊	乘法	aRes=(3+7j)＊(2−3j)→(27+5j)	低
/	除法	aRes=(3+7j)/(2−3j)→(−1.153846153846154+1.7692307692307692j)	低

【例 2-15】 复数四则运算的示例。

参考源码如下。

```
#定义复数
v1 = 2 + 3j
v2 = 4 - 5j

#复数运算
addV = v1 + v2
diffV = v1 - v2
prodV = v1 * v2
quotV = v1 / v2

#在屏幕上显示出的结果
print("和:", addV)
print("差:{}".format(diffV))
print(f"积:{prodV}")
print("商:", quotV)
```

执行结果:

```
和:(6-2j)
差:(-2+8j)
积:(23+2j)
商:(-0.17073170731707318+0.5365853658536587j)
```

在本例中,展示了如何使用复数类型进行复数运算。复数类型在数学、工程和科学等领域中经常用于表示和处理具有实部和虚部的数值。

【例 2-16】 复数的取值操作的示例。

参考源码如下。

```
z = 2 + 3j
print(z.real)          #输出结果为2.0
print(z.imag)          #输出结果为3.0
```

在金融领域中,Python 复数类型数据可以应用于波动分析,计算股票价格的波动率。假设某只股票的价格是 100 元/股,同时存在一种衍生品(如期权或期货)与该股票相关联,其价格为 10 元/股。此时,可以使用复数来表示该股票的价格,即 100+10i 元/股,其中,实部 100

表示股票价格,虚部 10i 表示衍生品价格。

注意：使用复数来表示股票价格并不常见,通常仅出现在特定的金融衍生品中。在实际应用中,应根据具体情况选择合适的数据类型来表示股票价格。

【例 2-17】 利用 Python 中的复数类型来计算股票价格的波动率的简单示例。

参考源码如下。

```
import numpy as np
#假设股票价格在 10 天内的变化如下
prices = np.array([10+1j,11+2j,13+3j,14+4j,15+5j,16+6j,17+7j,18+8j,19+9j,20+10j])
#计算价格变化
returns = np.diff(prices)/prices[:-1]
#计算波动率
volatility = np.sqrt(252) * np.std(returns)
print("波动率为: {}".format(volatility))
```

执行结果：

```
波动率为: 0.6711875575667461
```

在本例中,使用了 numpy 库来进行计算。定义了一个包含股票价格的复数数组 prices,并使用 np.diff() 函数计算价格变化。使用 np.std() 函数计算价格变化的标准差,并乘以 252 的平方根得到年波动率。最后,输出波动率的结果。

注意：这个例程只是一个简化的示例,实际上计算波动率需要更多的数据和更复杂的计算方法。

这些数值类型在 Python 中可以进行各种数学运算和逻辑操作,为程序员提供了丰富的数值处理功能。在使用 Python 数值类型时,需要注意以下三点。

(1) 整数和浮点数类型的区别。

整数是没有小数部分的数字,而浮点数则包含小数部分。在进行数字计算时,要注意使用正确的数值类型,否则可能会导致计算结果不准确。

(2) 数值类型的精度。

在进行浮点数计算时,要注意数值类型的小数位数。由于电子计算机内部使用二进制表示数字,在进行浮点数计算时可能会出现精度损失。例如：

```
0.1 + 0.2              #结果为 0.30000000000000004
```

为了避免精度损失,Python 使用 decimal 模块来进行高精度计算。

(3) 在进行数值类型转换时,需要注意数据的范围和精度。

【例 2-18】 将一个大于 sys.maxsize 的整数转换为浮点 float 类型时,可能会出现精度损失的示例。

参考源码如下。

```
import sys
x = sys.maxsize + 1
y = float(x)
print(x)                #输出结果为 9223372036854775808
print(y)                #输出结果为 9.223372036854776e+18
```

说明：在不同的机器上,运行此程序,得到的结果可能不同。

2.2.2 Python 字符串

字符串表示一串字符,用引号(单引号或双引号)括起来。例如,"Hello",'Python',"12345"。Python 中可以使用单引号、双引号或三引号来表示字符串。例如:

```
s1 = 'Hello, World!'
s2 = "Hello, World!"
s3 = """Hello,World!"""
```

在选择字符串引号时,需要根据实际情况进行选择。如果字符串中包含单引号,则可以使用双引号或三引号来表示字符串;反之亦然。如果字符串中既包含单引号又包含双引号,则可以使用三引号来表示字符串。

1. Python 字符串在金融领域中的应用

在金融领域中,Python 的字符串类型的数据可以用来表示各种与金融相关的文本数据,例如:

(1) 金融产品名称。

Python 的字符串类型可以用来表示金融产品的名称,如 productName="股票 A"。这样可以方便地对金融产品进行标识和处理。

(2) 交易记录。

Python 的字符串类型可以用来表示交易记录的文本信息,如 tradeRecord = "2021-08-03 购买股票 A 100 股"。这样可以方便地存储和处理交易记录的相关信息。

(3) 客户信息。

Python 的字符串类型可以用来表示客户的个人信息,如 customerInfo = "姓名:张三,年龄:22 岁,性别:男"。这样可以方便地存储和处理客户的相关信息。

(4) 报告和公告。

Python 的字符串类型可以用来表示金融报告和公告的文本内容,如 reportContent="本季度公司盈利情况良好"。这样可以方便地存储和处理金融报告和公告的文本信息。

(5) 数据格式化。Python 的字符串类型可以用来格式化金融数据的输出,如 formattedData=f"股票 A 的收盘价为{price}元"。这样可以方便地将数据和文本结合起来进行输出和展示。

同时,利用 Python 提供的丰富的字符串处理方法和函数,可以方便地进行字符串的拼接、格式化、截取等操作,进一步增强了对金融文本数据的处理能力。

字符串部分基本运算符如表 2-4 所示。

表 2-4 Python 字符串部分基本运算符

运算符	描述	举例	金融场景下应用频率
+	连接字符串	str1="Hello";str2="World" str1+str2→"HelloWorld"	高
*	重复输出字符串	str1 * 3→'HelloHelloHello' str3=str1 * 3	中
in/not in	成员运算符/非成员运算符	str1 in str3→True str1 not in str3→False	高
[ ]	索引运算符	str1[0]→'H'	高
[m:n]	切片运算符	str3[6:11]→'World';	高

续表

运算符	描述	举例	金融场景下应用频率
==、!=、<、>、<=、>=	比较运算符	见例2-19	高
%	格式化运算符	见例2-20	少
r	使用原始字符串	r"abcderg"	高

表2-4给出了部分Python字符串的运算符的功能及举例。

(1) 连接运算符(+): 用于连接两个字符串, 见例2-23。

(2) 重复运算符(*): 用于重复一个字符串多次。

(3) 成员运算符(in/not in): 用于判断一个字符串是否包含在另一个字符串中。

(4) 索引运算符([]): 用于获取字符串中指定位置的字符。

(5) 切片运算符([:]): 用于获取字符串中指定范围的子串。

(6) 比较运算符(==、!=、<、>、<=、>=): 用于比较两个字符串的大小关系。

【例2-19】 字符串比较运算示例1。

参考源码如下。

```
str1 = "Helloa"
str2 = "Hellaz"
result = str1 > str2
print("{}".format(result))
```

执行结果:

```
True
```

说明: 两个字符串做比较运算时, 是按照字符的顺序, 依次进行对应字符的ASCII码值的比较。当其中一对字符的ASCII码值不相等时, 就会给出相应的布尔值, 即True或False。本例中, 字符串变量str1与str2中的前4个字符相同, 第5对字符o的ASCII码值大于a的ASCII码值, 所以比较结果是True。

(7) 格式化运算符(%): 用于将变量的值插入字符串中。

【例2-20】 字符串比较运算示例2。

参考源码如下。

```
name = "Alice"
age = 20
result = "My name is %s and I am %d years old." % (name,age)
print(result)
```

执行结果:

```
My name is Alice and I am 20 years old.
```

说明: 格式化运算符(%)已较少使用。

2. Python字符串的常用操作

Python字符串的常用操作如下。

(1) 字符串转义字符的使用。

在字符串中, 可以使用反斜杠"\"来表示转义字符, 通常用于数据的输出控制。Python中常见的转义字符如表2-5所示。

表 2-5　Python 中常见的转义字符

转 义 字 符	描　　述	转 义 字 符	描　　述
\（行尾）	续行符	\n	换行
\\	反斜杠符号	\v	纵向制表符
\'	单引号	\t	横向制表符
\"	双引号	\r	回车
\a	响铃	\f	换页
\b	退格（BackSpace）	\yyy	八进制 yyy 代表的字符
\c	转义	\xyy	十六进制 yy 代表的字符
\0	空		

【例 2-21】　转义字符示例 1。

参考源码如下。

```
s = "Hello, \"World\"!"
print(s)                    #结果：Hello,"World"!
```

在本例中，使用"\"来转义双引号，使其成为字符串的一部分。

（2）字符串的格式化操作。

Python 可以使用％运算符、format()方法或 f 字符串来格式化字符串。

【例 2-22】　转义字符示例 2。

参考源码如下。

```
name = "思杰"
age = 30
print("My name is %s and I am %d years old." % (name, age))
print("My name is {} and I am {} years old.".format(name, age))
print(f"My name is { name } and I am { age } years old.")
```

执行结果：

```
My name is 思杰 and I am 30 years old.
My name is 思杰 and I am 30 years old.
My name is 思杰 and I am 30 years old.
```

在本例中，分别使用％运算符、format()方法和 f 字符串的方式对同一个字符串进行格式化字符串输出。

注意：在使用"％"运算符时，需要根据数据类型使用不同的占位符。

（3）字符串的连接操作。

Python 可以使用"＋"运算符或 join()方法来拼接字符串。

【例 2-23】　字符串的拼接示例 1，使用"＋"运算符。

参考源码如下。

```
s1 = "Hello"
s2 = "World"
s = s1 + ", " + s2 + "!"
print(s)
```

执行结果：

```
Hello, World!
```

【例 2-24】 字符串的拼接示例 2，使用 join()方法。

参考源码如下。

```
s1 = "Hello"
s2 = "World"
s = ''.join((s1 , "," , s2 , "!"))
print(s)
```

执行结果：

```
Hello, World!
```

在本例中，使用 join()方法来拼接字符串。

（4）字符串的切片操作。

在 Python 中，可以使用切片操作来获取字符串的子串。

【例 2-25】 使用切片操作来获取字符串的子串的示例。

参考源码如下。

```
s = "Hello, World!"
print(s[0:5])              #输出结果为"Hello"
```

在本例中，使用切片操作来获取字符串的前 5 个字符。注意：切片操作返回的是一个新的字符串，原始字符串并没有被修改。

3. Python string 模块中的常见方法

Python 中的标准 string 模块提供了大量的字符串运算方法和一些字符串常量。Python string 模块中部分常见方法如表 2-6 所示。

表 2-6 Python string 模块中部分常见方法

方　　法	功　　能
upper()	将指定字符串变为大写
lower()	将指定字符串变为小写
title()	将字符串所有单词的首字母大写，其他小写
capitalize()	将给定的字符串中首字母大写，其他小写
swapcase()	将原字符串中字母大写改为小写，小写改为大写
isdecimal()	判定给定的字符串是否全为数字
isalpha()	判定给定的字符串是否全为字母
isalnum()	判定给定的字符串是否只含有数字与字母
isupper()	判定给定的字符串是否全为大写
istitle()	判定给定的字符串是否首字母大写
isspace()	判定给定的字符是否为空格
isprintable()	判定给定的字符串是否为可打印字符
isidentifier()	判定给定的字符串是否符合标识符的命名规则（以字母或下画线开头，不含数字、字母和下画线之外的字符）
count(sub[,start[,end]])	在指定字符串中搜索是否具有给定的字符串 sub，若具有则返回出现次数。start 与 end 代表搜索边界，若省略则代表在整个字符串中搜索
startswith(prefix[,start[,end]])	判断给定的字符串的开始字符串是否为指定字符串
endswith(prefix[,start[,end]])	判断给定的字符串的开始末尾字符串是否为指定字符串

续表

方　　法	功　　能
find(sub[,start[,end]])	返回第一个指定子字符串在源字符串中的位置信息,若无则为-1
index(sub[,start[,end]])	返回第一个指定子字符串在源字符串中的位置信息,若无则报错
replace(old,new[,count])	将搜索到的子字符串改为新子字符串
partition(sep)	将给定的字符串切割成三部分。首先搜索到字符串 sep,将 sep 之前的部分作为一部分,sep 本身作为一部分,剩下的部分作为一部分
join()	将可迭代对象数据(如字符串、列表、元组、字典、集合等)用字符串连接起来。每个参与迭代的元素必须是字符串类型,不能包含数字或其他类型的数据
strip()	移除指定字符串中的字符,如果没传入参数则为移除空格、制表符、换行符

【例 2-26】 使用字符串的方法示例。

参考源码如下。

```
s = "Hello, World!"
print(s.upper())                    # 输出结果为"HELLO, WORLD!"
```

在本例中,使用 upper()方法将字符串转换为大写字母形式。

2.2.3　Python 布尔类型

布尔类型(有些专家认为布尔类型属于数字类型,本书将布尔类型单独列出进行说明)的值只有两个:True(真)和 False(假),用于逻辑判断。在 Python 中,布尔类型的默认值是 False。

在金融领域中,Python 的布尔类型的值可以用来表示和处理各种与逻辑判断相关的金融数据。例如:

(1) 交易信号。

Python 的布尔类型可以用来表示交易策略的信号,如 buySignal=True 表示买入信号, sellSignal=False 表示卖出信号。这样可以方便地进行交易决策和执行,支持对交易策略的回测和优化。

(2) 市场状态。

Python 的布尔类型可以用来表示市场的状态,如 bullMarket=True 表示牛市,bearMarket= False 表示熊市。这样可以方便地判断市场的走势和趋势,支持对市场风险的评估和资产配置的决策。

(3) 交易条件。

Python 的布尔类型可以用来表示交易的条件,如 conditionMet=True 表示交易条件满足,conditionUnmet=False 表示交易条件不满足。这样可以方便地进行交易的筛选和执行,支持对交易策略的优化和调整。

(4) 风险判断。

Python 的布尔类型可以用来表示风险的判断,如 highRisk=True 表示高风险,lowRisk= False 表示低风险。这样可以方便地评估资产的风险水平和风险偏好,支持对风险管理和投资决策的制定。

(5) 条件触发。

Python 的布尔类型可以用来表示条件是否触发,如 conditionTriggered=True 表示条件已经触发,conditionNotTriggered=False 表示条件尚未触发。这样可以方便地判断条件是否满足,支持对交易策略和风险管理的执行。

布尔类型的数据操作可以准确地表示金融领域的逻辑判断和条件判断,支持金融数据的逻辑运算、条件判断、交易决策等各种金融任务。

布尔类型的数据通常进行逻辑运算,逻辑运算符如表 2-7 所示。

表 2-7 逻辑运算符

运算符	使用方法	功能描述
and	x and y	如果 x 和 y 都为 True,则返回 True;否则,返回 False
or	x or y	如果 x 和 y 都为 False,则返回 False;否则,返回 True
not	not x	如果 x 为 True,则返回 False;如果 x 为 False,则返回 True

Python 布尔类型的值常用于逻辑运算和比较运算表达式中。

(1) 进行逻辑运算时,Python 会将非布尔类型的操作数转换为布尔类型。其中,任何非零值都会被视为 True,而零值则会被视为 False。

【例 2-27】 使用逻辑运算符进行逻辑运算示例。

参考源码如下。

```
a = True
b = False
print(a and b)          #输出结果为 False
print(a or b)           #输出结果为 True
print(not a)            #输出结果为 False
```

(2) 进行比较运算时,得到的结果是布尔类型的值 True 或 False。

【例 2-28】 使用比较运算符进行逻辑运算示例。

参考源码如下。

```
a = True
b = False
print(a == b)           #输出结果为 False
print(a != b)           #输出结果为 True
```

在进行比较运算时,Python 会将布尔类型转换为整数类型。其中,True 会被转换为 1,而 False 会被转换为 0。

在使用 Python 的布尔类型时,需要注意以下两点。

(1) 布尔类型的取值。

Python 中的布尔类型只有两个取值:True 和 False。这两个取值首字母必须大写。

(2) 布尔类型的逻辑运算。

在 Python 中,可以使用逻辑运算符 and、or 和 not 对布尔类型的表达式和值进行逻辑运算。

2.2.4 Python 日期类型

1. Python 日期类型的种类

Python 日期类型是用于表示日期和时间的数据类型,主要包括以下两种。

(1) date 类型。

用于表示日期,包括年、月、日三个字段。可以使用 date(year,month,day)来创建一个日期对象。

(2) datetime 类型。

用于表示日期和时间,包括年、月、日、时、分、秒、微秒 7 个字段。可以使用 datetime(year,month,day,hour=0,minute=0,second=0,microsecond=0)来创建一个日期时间对象。

注意:Python 中的日期类型是不可变类型,即一旦创建就不能修改。如果要对日期进行修改,可以创建一个新的日期对象。

2. 金融领域中日期类型的应用

在金融领域,日期类型常用于计算利息、计算到期日、分析时间序列等操作。使用 Python 的日期类型和相关模块,可以用来表示和处理各种与时间相关的金融数据。例如:

(1) 交易日期。

Python 的日期类型可以用来表示股票交易的日期,如 tradeDate=datetime.date(2024,1,30)。这样可以方便地对交易日期进行比较、排序和计算,支持对时间序列数据的处理和分析。

(2) 期权到期日。

Python 的日期类型可以用来表示期权合约的到期日期,如 expiryDate=datetime.date(2024,7,1)。这样可以方便地计算期权合约的剩余时间、到期时间等指标,支持对期权数据的分析和风险管理。

(3) 债券付息日。Python 的日期类型可以用来表示债券的付息日期,如 couponDate=datetime.date(2024,7,1)。这样可以方便地计算债券的付息周期、付息金额等指标,支持对债券数据的分析和估值。

(4) 统计周期。

Python 的日期类型可以用来表示金融数据的统计周期,如 startDate=datetime.date(2024,1,16)和 endDate=datetime.date(2024,7,1)。这样可以方便地筛选和计算指定统计周期内的金融数据,支持对时间序列数据的分析和比较。

(5) 事件日期。

Python 的日期类型可以用来表示金融事件的发生日期,如 eventDate=datetime.date(2023,7,1)。这样可以方便地计算事件发生后的时间间隔、影响等指标,支持对事件数据的分析和预测。

3. Python 中用于处理日期和时间的模块

Python 提供了一些用于处理日期和时间的模块,如 time 模块和 datetime 模块。这些模块提供了一些函数和类,可以用于获取当前时间、计算时间差、格式化日期等操作。time 模块的一些常用函数如表 2-8 所示。

表 2-8 time 模块常用函数

函 数 名	作 用
time()	返回时间戳格式的时间(相对于 1.1 00:00:00 以秒计算的偏移量)
ctime()	返回字符串形式的时间,可以传入时间戳格式时间,用来做转换
asctime()	返回字符串形式的时间,可以传入 struct_time 形式时间,用来做转换
localtime()	返回当前时间的 struct_time 形式,可传入时间戳格式时间,用来做转换
gmtime()	返回当前时间的 struct_time 形式,UTC 时区(0 时区),可传入时间戳格式时间

【例 2-29】 使用 time 模块运算示例。

```
import time
print(f'time.time() is {time.time()}')
print(f'time.ctime() is {time.ctime()}')
print(f'time.ctime(time.time()) is {time.ctime(time.time())}')
print(f'time.asctime(time.localtime()) is {time.asctime(time.localtime())}')
print(f'time.asctime() is {time.asctime()}')
# 生成 struct_time 类型的时间数据
print(f'time.localtime() is {time.localtime()}')
print(f'time.localtime(time.time()) is {time.localtime(time.time())}')
print(f'time.gmtime() is {time.gmtime()}')
```

运行结果：

```
time.time() is 1717813124.3898509
time.ctime() is Sat Jun 8 10:18:44 2024
time.ctime(time.time()) is Sat Jun 8 10:18:44 2024
time.asctime(time.localtime()) is Sat Jun 8 10:18:44 2024
time.asctime() is Sat Jun 8 10:18:44 2024
time.localtime() is time.struct_time(tm_year=2024, tm_mon=6, tm_mday=8, tm_hour=10, tm_min=18, tm_sec=44, tm_wday=5, tm_yday=160, tm_isdst=0)
time.localtime(time.time()) is time.struct_time(tm_year=2024, tm_mon=6, tm_mday=8, tm_hour=10, tm_min=18, tm_sec=44, tm_wday=5, tm_yday=160, tm_isdst=0)
time.gmtime() is time.struct_time(tm_year=2024, tm_mon=6, tm_mday=8, tm_hour=2, tm_min=18, tm_sec=44, tm_wday=5, tm_yday=160, tm_isdst=0)
```

说明：

struct_time 共有 9 个元素，其中前面 6 个为年、月、日、时、分、秒，后面 3 个代表的含义分别如下。
tm_wday: 一周的第几天(周日是 0)。
tm_yday: 一年的第几天。
tm_isdst: 是否是夏令时。

例如，使用 datetime.datetime.now()函数来获取当前日期时间；使用 datetime.timedelta (days=1)函数来表示一天的时间差；使用 strftime()方法来将日期格式化为字符串。

【例 2-30】 使用 datetime 模块运算示例。

参考源码如下。

```
import datetime
# 获取当前日期时间
now = datetime.datetime.now()
print(now)

# 计算一天后的日期
oneDay = datetime.timedelta(days=1)
tomorrow = now + oneDay
print(tomorrow)

# 将日期格式化为字符串
formattedDate = now.strftime("%Y-%m-%d %H:%M:%S")
print(formattedDate)
```

执行结果：

```
2024-02-13 15:19:28.049035
2024-02-14 15:19:28.049035
2024-02-13 15:19:28
```

4. Python 日期类型的常用操作

Python 日期类型的常用操作如下。

（1）日期类型的格式化。

Python 可以使用 strftime() 方法将日期类型格式化为字符串。

【例 2-31】 日期类型的格式化示例。

参考源码如下。

```python
import datetime
now = datetime.datetime.now()
formattedDate = now.strftime("%Y-%m-%d %H:%M:%S")
print(formattedDate)
```

执行结果：

```
2024-02-13 15:21:19
```

（2）日期类型的解析。

Python 可以使用 strptime() 方法将字符串解析为日期类型。

【例 2-32】 日期类型的解析示例。

参考源码如下。

```python
import datetime
dateStr = "2024-01-30 12:00:00"
dateObj = datetime.datetime.strptime(dateStr, "%Y-%m-%d %H:%M:%S")
print(dateObj)
```

执行结果：

```
2024-01-30 12:00:00
```

（3）日期类型的运算。

在 Python 中，可以对日期类型进行加减运算，得到新的日期类型。

【例 2-33】 日期类型的运算示例。

参考源码如下。

```python
import datetime
today = datetime.date.today()
oneDay = datetime.timedelta(days=1)
tomorrow = today + oneDay
yesterday = today - oneDay
print('yesterday is {}'.format(yesterday))
print('today is {}'.format(today))
print('tomorrow is {}'.format(tomorrow))
```

执行结果：

```
yesterday is 2024-02-12
today is 2024-02-13
tomorrow is 2024-02-14
```

在进行日期运算时，需要使用 timedelta 类型来表示时间差。其中，days、seconds、microseconds 等属性可以用于获取时间差的不同部分。

(4) 日期类型的时区。

可以使用 pytz 模块来处理时区信息。

【例 2-34】 日期类型的时区信息处理示例。

参考源码如下。

```
import datetime
import pytz
utc = pytz.utc
eastern = pytz.timezone('US/Eastern')
#创建带有时区信息的日期时间对象
utcDt = datetime.datetime(2023, 7, 20, 12, 0, 0, tzinfo = utc)
easternDt = datetime.datetime(2023, 7, 20, 12, 0, 0, tzinfo = eastern)
#转换为其他时区
pacific = pytz.timezone('US/Pacific')
pacificDt = easternDt.astimezone(pacific)
print(utcDt)
print(easternDt)
print(pacificDt)
```

执行结果：

```
2023 - 07 - 20 12:00:00 + 00:00
2023 - 07 - 20 12:00:00 - 04:56
2023 - 07 - 20 09:56:00 - 07:00
```

在上面的例子中，使用 pytz.timezone()方法创建时区对象，并使用 tzinfo 参数将其应用于日期时间对象。然后使用 astimezone()方法将日期时间对象转换为其他时区。

5. 使用 Python 日期类型的注意事项

Python 的日期类型的对象具有大量的日期操作方法和函数，可以进行时间序列数据的分析、日期计算等各种任务。

使用时，应注意以下两点。

(1) strftime()的使用。

strftime()方法中的格式化字符串中包含一些特殊的占位符，用于表示日期和时间的不同部分。例如，%Y 表示年份(四位数)，%m 表示月份(两位数)，%d 表示日期(两位数)，%H 表示小时(24 小时制)，%M 表示分钟，%S 表示秒数。strptime()方法中的第二个参数是格式化字符串，用于指定字符串的格式。要保证格式化字符串和字符串的格式一致，否则会抛出异常。

(2) 带时区信息的处理。

在处理带有时区信息的日期时，需要注意时区的转换。

2.2.5 随机数生成模块 random 的使用

在金融领域，随机数生成器通常用于模拟随机变量。Python 提供了 random 模块来生成随机数。注意：在使用随机数生成器时，设置种子值可以确保生成的随机数序列是可重复的。

random 模块提供了大量的函数来生成随机数。这些函数可以生成各种类型的随机数，包括整数、浮点数、字符串和列表。这些随机数可以用来模拟各种随机事件，如股票价格的波动、利率的变化和汇率的变动。random 模块常用的生成随机数的函数，如表 2-9 所示。

表 2-9 random 模块常用的生成随机数的函数

函 数 名	描 述	金融场景下应用频率
random()	生成一个 0~1 的随机浮点数	高
randint(m,n)	生成一个指定范围内的随机整数,第一个参数是下界,第二个参数是上界。下界必须小于上界	高
choice(seq)	从一个序列 seq 中随机选择一个元素	高
sample(seq,n)	从一个序列 seq 中随机选择 n 个元素	高
uniform(m,n)	返回 m~n 的随机浮点数	高
randrange([start],stop[,step])	返回指定递增基数集合中的一个随机数	高
shuffle(lst)	将列表中的元素打乱次序	高
seed(a)	初始化伪随机数生成器。如果未提供 a 或者 a=None,则使用系统时间为种子。如果 a 是一个整数,则作为种子,伪随机数生成模块。如果不提供 seed,默认使用系统时间。使用相同的 seed,可以获得完全相同的随机数序列	高

(1) 生成随机整数。

random 模块的 randint(m,n) 函数可以生成一个指定范围内的随机整数。randint() 函数的第一个参数是下界,第二个参数是上界。下界必须小于上界。

【例 2-35】 生成一个 1~10 的随机整数的示例。

参考源码如下。

```
import random
print(random.randint(1,10))
```

(2) 生成随机浮点数。

random 模块的 random() 函数可以生成一个 0~1 的随机浮点数。

【例 2-36】 生成一个 0~1 的随机浮点数的示例。

参考源码如下。

```
import random
print(random.random())
```

(3) 生成随机字符串。

random 模块的 choice() 函数可以从一个序列中随机选择一个元素。

【例 2-37】 从字符串 'a'、'b'、'c'、'd'、'e' 中随机选择一个字符的示例。

参考源码如下。

```
import random
letters = ['a','b','c','d','e']
print(random.choice(letters))
```

(4) 生成随机列表。

random 模块的 sample() 函数可以从一个序列中随机选择多个元素。

【例 2-38】 从列表 [1,2,3,4,5] 中随机选择三个元素的示例。

参考源码如下。

```
import random
numbers = [1,2,3,4,5]
print(random.sample(numbers,3))
```

在金融场景中,经常需要生成随机数来模拟各种随机事件。

【例 2-39】 使用 random 模块生成随机的股票价格、利率和汇率的示例。

参考源码如下。

```
import random
#生成一个随机的股票价格
stockPrice = random.randint(100,200)
#生成一个随机的利率
interestRate = random.random() * 10
#生成一个随机的汇率
exchangeRate = random.randint(1, 10)
```

【例 2-40】 使用 seed()函数,可使随机数重复出现的示例。

参考源码如下。

```
import random
random.seed(1)
randomNumber1 = random.random()
print(randomNumber1)              #输出结果为 0.9664535356921388

random.seed(1)
randomNumber 2 = random.random()
print(randomNumber2)              #输出结果为 0.9664535356921388
```

2.3 Python 基本运算符与表达式

Python 运算符是表示特定运算功能(或操作)的符号或符号组合,包括算术运算符、字符串运算符、比较(关系)运算符、逻辑运算符、成员运算符、赋值运算符、三元运算符等。下面分别进行介绍。

2.3.1 算术运算符

Python 的算术运算符可以用于执行各种数学运算。Python 算术运算符用于对数字进行基本的算术运算,如表 2-10 所示。常用的算术运算符包括+、-、*、/、//、%和**。

具体来说,+运算符用于加法运算,例如,2+3 的结果为 5;-运算符用于减法运算,例如,5-2 的结果为 3;* 运算符用于乘法运算,例如,2 * 3 的结果为 6;/运算符用于除法运算,例如,7/3 的结果为 2.3333…;//运算符用于整除运算,例如,7//3 的结果为 2;%运算符用于取模运算,例如,7%3 的结果为 1;** 运算符用于幂运算,例如,2 ** 3 的结果为 8。

注意:除法运算符和整除运算符的结果可能不同。如果两个操作数都是整数,则除法运算符返回一个浮点数,而整除运算符返回一个整数。如果至少有一个操作数是浮点数,则两个运算符的结果相同。

表 2-10 Python 算术运算符

运算符号	描述	实例	金融领域使用频率
+	加法	a=10,b=12,a+b→22	高
-	减法	a=10,b=12,a-b→-2	
*	乘法	a=10,b=12,a * b→120	
/	除法	a=10,b=12,a/b→0.8333	

续表

运算符号	描述	实例	金融领域使用频率
//	整数除法（取商）	a＝10,b＝12,a//b→0	低
%	取模（取余数）	a＝10,b＝12,a%b→10	低
**	幂运算	a＝3,b＝2,a**b—>9	高

下面给出 5 个常用的算术运算符的示例。

(1) 加法运算符(＋)：可以用于计算两个数的和。

【例 2-41】 加法运算符应用示例。

参考源码如下。

```
#计算两个数字的和
aNum = 10
bNum = 20
abNum = aNum + bNum
print(abNum)                    #输出结果为 30
```

(2) 减法运算符(－)：可以用于计算两个数的差。

【例 2-42】 减法运算符应用示例。

参考源码如下。

```
#计算两个数字的差
aNum = 10
bNum = 20
abNum = aNum - bNum
print(abNum)                    #输出结果为 -10
```

(3) 乘法运算符(＊)：可以用于计算两个数的积。

【例 2-43】 乘法运算符应用示例。

参考源码如下。

```
#计算两个数字的积
aNum = 10
bNum = 20
abNum = aNum * bNum
print(abNum)                    #输出结果为 200
```

(4) 除法运算符(/)：可以用于计算两个数的商。

【例 2-44】 除法运算符应用示例。

参考源码如下。

```
#计算两个数字的商
aNum = 10
bNum = 20
abNum = aNum/bNum
print(abNum)                    #输出结果为 0.5
```

(5) 取模运算符(%)：可以用于计算两个数相除后的余数。

【例 2-45】 取模运算符应用示例。

参考源码如下。

```
#计算两个数字相除后的余数
aNum = 10
```

```
bNum = 20
abNum = aNum % bNum
print(abNum)                              # 输出结果为 10
```

在使用 Python 算术运算符时,需要注意以下 6 点。

(1) 整数除法。

在 Python 2.x 版本中,整数除法会向下取整,即结果为整数类型。例如,5/2 的结果为 2。而在 Python 3.x 版本中,整数除法会得到浮点数结果。如果需要在 Python 3.x 版本中进行向下取整的整数除法,可以使用"//"运算符。例如,5//2 的结果为 2。

(2) 浮点数精度。

Python 浮点数的精度有限,可能会出现舍入误差。例如,0.2+0.1 的结果为 0.020000000000000004。如果需要进行高精度计算,可以使用 decimal 模块。

(3) 数值类型转换。

在进行算术运算时,需要注意数值类型的转换。如果操作数类型不同,Python 会自动进行类型转换。例如,整数和浮点数运算时,整数会被转换为浮点数。如果需要强制类型转换,可以使用 int()、float() 等内置函数。

(4) 除数为零。

在进行除法运算时,需要注意除数是否为零。如果除数为零,Python 会抛出 ZeroDivisionError 异常。

(5) 取模运算。

在进行取模运算时,需要注意被模数和模数的符号。Python 中的取模运算会遵循如下规则:如果被模数和模数都是正数,则结果为正数;如果被模数是负数,则结果的符号与模数相反。例如,-7%3 的结果为 2,7%-3 的结果是-2。

(6) 运算符优先级。

算术运算符具有优先级和结合性。与数学中的加减乘除法相同,Python 中的算术运算符也有优先级和结合性规则。例如,乘法和除法的优先级高于加法和减法,而同一优先级的运算符按照从左到右的结合性进行计算。如果需要改变计算次序,可以使用括号来明确优先级。Python 算术运算符的优先级如下。

① 括号:(),先计算括号内的表达式。
② 幂运算:**,先计算幂运算。
③ 正号和负号:+x,-x,先计算正号和负号。
④ 乘法、除法和取模:*、/、%,先计算乘法、除法和取模。
⑤ 加法和减法:+、-,最后计算加法和减法。

括号 > 幂运算 > 正、负号 > 乘、除和取模 > 加、减

在算术表达式中,如果有多种运算符,Python 会按照优先级从高到低的顺序依次计算。如果有相同优先级的运算符,则按照从左到右的顺序依次计算。例如,表达式 2+3*4 的结果为 14,因为乘法的优先级高于加法。

如果需要改变运算符的优先级,可以使用括号来明确表达式的计算顺序。例如,(2+3)*4 的结果为 20,因为括号内的表达式先计算。

2.3.2 字符串运算符

Python 字符串运算符可以对字符串进行处理,满足用户进行文本处理的需求。常用的部

分字符串运算符及方法如表 2-11 所示。

表 2-11 Python 字符串的部分常用运算符及方法

运算符	具体描述	金融领域使用频率
+	字符串连接	高
*	重复输出字符串	中
[]	获取字符串中指定索引位置的字符,索引从 0 开始	高
[start:end]	截取字符串中的一部分,从索引位置 start 开始到 end 结束	高
in	成员运算符,如果字符串中包含指定的字符则返回 True	高
not in	成员运算符,如果字符串中不包含给定的字符则返回 True	高
r 或者 R	指定原始字符串。原始字符串是指所有的字符串都是直接按照字面的意思来使用,没有转义字符、特殊字符或不能打印的字符。原始字符串的第一个引号前加上字母"r"或"R"	高
startswith()	判断字符串是否以指定子字符串开头,如果是则返回 True,否则返回 False。prefix 指定开始的子字符串,如果参数 start 和 end 指定值,则在指定范围内检查。startswith()方法语法:str.startswith(prefix,start=0,end=len(str));	中
endwith()	判断字符串是否以指定后缀结尾,如果以指定后缀结尾返回 True,否则返回 False。sufffix 指定结束的子字符串,可选参数 start 与 end 为检索字符串的开始与结束位置。endwith()方法语法:str.endwith(sufffix,start=0,end=len(str));	中

(1)连接运算符(+)。

用于字符串的连接。

【例 2-46】 字符串连接运算符应用示例。

参考源码如下。

```
#将两个字符串连接
aStr = 'Hello'
bStr = 'Python!'
abStr = aStr + bStr
print(abStr)                    #输出结果为 HelloPython!
```

(2)重复运算符(*)。

用于重复输出字符串。

【例 2-47】 字符串重复运算符应用示例。

参考源码如下。

```
#重复字符串
aStr = 'Hello'
bStr = aStr * 3
print(bStr)                     #输出结果为 HelloHelloHello
```

(3)取值运算符(切片运算符)([])。

获取字符串中指定索引位置的字符。

【例 2-48】 字符串取值运算符应用示例。

参考源码如下。

```
#取值字符串
aStr = 'Hello'
bStr = aStr[2]
cStr = aStr[1:4]
print(bStr,cStr)                    #输出结果为 l ell
```

(4) 成员运算符(in/not in)。

用于判断某个字符或字符串是否包含在原始字符串中。

【例 2-49】 字符串成员运算符 in/not in 应用示例。

参考源码如下。

```
#判断成员
aStr = 'Hello'
bBool = 'o' in aStr
cBool = 'a' not in aStr
print(bBool,cBool)                  #输出结果为 True True
```

2.3.3 比较(关系)运算符

Python 的比较(关系)运算符可以用于对数值进行比较,返回布尔值(True 或 False)。常用的比较(关系)运算符包括==、!=、>、<、>=和<=,如表 2-12 所示。

表 2-12 Python 的比较(关系)运算符

运算符号	描述	实例	金融领域使用频率
==	等于	a=10,b=20,a==b→False	高
!=	不等于	a=10,b=20,a!=b→True	高
>	大于	a=10,b=20,a>b→False	高
<	小于	a=10,b=20,a<b→True	高
>=	大于或等于	a=10,b=20,a>=b→False	高
<=	小于或等于	a=10,b=20,a<=b→True	高

具体来说,==运算符用于检查两个值是否相等,例如,2==2.0 的结果为 False;!=运算符用于检查两个值是否不相等,例如,2!=3 的结果为 True;>运算符用于检查左操作数是否大于右操作数,例如,3>2 的结果为 True;<运算符用于检查左操作数是否小于右操作数,例如,3<3 的结果为 False;>=运算符用于检查左操作数是否大于或等于右操作数,例如,3>=3 的结果为 True;<=运算符用于检查左操作数是否小于或等于右操作数,例如,3<=3 的结果为 True。

(1) 等于运算符(==)。

可以用于测试两个数是否相等。

【例 2-50】 等于运算符应用示例。

参考源码如下。

```
#测试两个数是否相等
a = 10
b = 20
if a == b:
    print("The numbers are equal")
else:
    print("The numbers are not equal")
```

执行结果:

```
The numbers are not equal
```

说明:在本例中,使用了双分支 if…else…语句,详解见 7.3.2 节。

(2) 不等于运算符(!=)。

可以用于测试两个数是否不相等。

【例 2-51】 不等于运算符应用示例。

```
#测试两个数是否不相等
a = 10
b = 20
if a != b:
    print("The numbers are not equal")
else:
    print("The numbers are equal")
```

执行结果:

```
The numbers are not equal
```

(3) 大于运算符(>)。

可以用于测试一个数是否大于另一个数。

【例 2-52】 大于运算符应用示例。

参考源码如下。

```
#测试一个数是否大于另一个数
a = 10
b = 20
if b > a:
    print("b is greater than a")
else:
    print("a is greater than b")
```

执行结果:

```
b is greater than a
```

(4) 小于运算符(<)。

可以用于测试一个数是否小于另一个数。

【例 2-53】 小于运算符应用示例。

参考源码如下。

```
#测试一个数是否小于另一个数
a = 10
b = 20
if a < b:
    print("a is less than b")
else:
    print("b is less than a")
```

执行结果:

```
a is less than b
```

(5) 大于或等于运算符(>=)。

可以用于测试一个数是否大于或等于另一个数。

【例2-54】 大于或等于运算符应用示例。

参考源码如下。

```
#测试一个数是否大于或等于另一个数
a = 10
b = 20
if b >= a:
    print("b is greater than or equal to a")
else:
    print("a is greater than b")
```

执行结果：

```
b is greater than or equal to a
```

(6) 小于或等于运算符(<=)。

可以用于测试一个数是否小于或等于另一个数。

【例2-55】 小于或等于运算符应用示例。

参考源码如下。

```
#测试一个数是否小于或等于另一个数
a = 10
b = 20
if a <= b:
    print("a is less than or equal to b")
else:
    print("b is less than a")
```

执行结果：

```
a is less than or equal to b
```

在使用Python比较运算符时，需要注意以下5点。

(1) 各种类型的值可以进行比较。

Python关系运算符可以用于不同类型的值可以进行比较，包括数字、字符串、列表、元组和字典等。当比较不同类型的值时，Python会进行类型转换来进行比较。通常情况下，数字可以与其他数字进行比较，字符串可以与其他字符串进行比较，但数字和字符串之间不能直接进行比较。

在比较两个字符串时，Python会按照字典顺序进行比较。例如，"apple"<"banana"，因为"a"在字典序中比"b"小。注意，不同字符集的编码方式可能会影响字符串比较的结果。因此，在进行字符串比较时，需要确保字符集的一致性。

在比较两个列表或元组时，Python会按照元素的顺序进行比较。例如，[1,2,3]<[2,3,4]，因为第一个列表的第一个元素1小于第二个列表的第一个元素2。

在比较两个字典时，Python会先比较字典的键，如果键相等，则比较对应的值。例如，{"a":1,"b":2} < {"b":3,"c":4}，因为"a"在字典序中小于"b"。

当比较两个对象时，Python会根据对象的类型和定义的比较方法来进行比较。如果对象没有定义比较方法，则会报错。

(2) 链式比较。

Python 可以使用多个比较运算符进行链式比较,例如,2<3<4 的结果为 True。这种链式比较使代码更简洁和易读。

(3) 在使用等于(==)和不等于(!=)运算符时,应注意数据类型的一致性问题。例如,"1"==1 返回 False,因为一个是字符串,一个是整数。

(4) 运算符的优先级。例如,a<b==c 等价于(a<b) and (b==c),而不是 a<(b==c)。

(5) Python 比较运算符的优先级如下。

① 括号():先计算括号内的表达式。

② 比较运算符(==,!=,>,<,>=,<=):先计算比较运算符。

③ 逻辑运算符(not,and,or):最后计算逻辑运算符。

在比较表达式中,如果有多种运算符,Python 会按照优先级从高到低的顺序依次计算。如果有相同优先级的运算符,则按照从左到右的顺序依次计算。例如,表达式 2+3<5 or 7>6 的结果为 True,因为比较运算符的优先级高于逻辑运算符。

与数学表达式相同,可以通过使用括号来明确表达式的计算顺序,改变运算符的优先级。

2.3.4 逻辑运算符

Python 的逻辑运算符可以用于对条件进行测试和判断。Python 逻辑运算符用于对布尔值进行逻辑运算。常用的逻辑运算符包括 and、or 和 not,如表 2-13 所示。

表 2-13 Python 逻辑运算符

运算符号	描述	实例	金融领域使用频率
and	与	a=10,b=20 a>5 and b<30→True	高
or	或	a=10,b=20 a>5 or b>30→True	高
not	非	a=10,b=20 not a>5→False	高

具体来说,and 运算符用于逻辑与运算,例如,True and False 的结果为 False;or 运算符用于逻辑或运算,例如,True or False 的结果为 True;not 运算符用于逻辑非运算,例如,not True 的结果为 False。

(1) 逻辑与运算符(and)。

可以用于测试两个条件是否都为真。

【例 2-56】 测试两个条件是否都为真应用示例。

参考源码如下。

```
#测试两个条件是否都为真
a = 10
b = 20
if a > 5 and b < 30:
    print("Both conditions are true")
else:
    print("At least one condition is false")
```

执行结果:

```
Both conditions are true
```

(2) 逻辑或运算符(or)。

可以用于测试两个条件是否至少有一个为真。

【例2-57】 测试两个条件是否至少有一个为真应用示例。

参考源码如下。

```
#测试两个条件是否至少有一个为真
a = 10
b = 20
if a > 5 or b > 30:
    print("At least one condition is true")
else:
    print("Both conditions are false")
```

执行结果：

```
At least one condition is true
```

（3）逻辑非运算符（not）。

可以用于对条件进行取反操作。

【例2-58】 对条件进行取反操作应用示例。

参考源码如下。

```
#对条件进行取反操作
a = 10
if not a > 5:
    print("The condition is false")
else:
    print("The condition is true")
```

执行结果：

```
The condition is true
```

在使用 Python 逻辑运算符时，需要注意以下三点。

（1）其他类型的布尔值。

Python 布尔类型有两个值：True 和 False。在进行逻辑运算时，Python 会自动将其他类型的值转换为布尔类型，被视为假（False）的对象有 None、空字符串（''）、空列表（[]）、空元组（()）、空字典（{}）、空集合（set()）和数字 0，其他对象都被视为真（True）。逻辑运算符的操作数必须是布尔值或可以转换为布尔值的对象。

（2）逻辑运算的短路求值。

在进行逻辑运算时，Python 采用短路求值的策略，即如果表达式的值已经可以确定，就不再计算后面的表达式。例如，在逻辑与运算中，如果第一个操作数为假，则不会计算第二个操作数；在逻辑或运算中，如果第一个操作数为真，则不会计算第二个操作数。

（3）逻辑运算符优先级。

在进行多个逻辑运算时，Python 逻辑运算符的优先级如下。

① 括号（）：先计算括号内的表达式。

② not 运算符：先计算 not 运算符。

③ and 运算符：其次计算 and 运算符。

④ or 运算符：最后计算 or 运算符。

在进行逻辑表达式的计算时，如果有相同优先级的运算符，则按照从左到右的顺序依次计算。例如，表达式 not True or False and True 的结果为 False，因为 not 运算符的优先级高于

and 和 or 运算符,and 运算符的优先级高于 or 运算符。

使用括号可以重新定义表达式的计算顺序,改变运算符的优先级。逻辑非运算优先级高于逻辑与和逻辑或运算。如果需要改变运算次序,可以使用括号来明确优先级。例如,not (True or False) and True 的结果为 False,因为括号内的表达式先计算。

2.3.5 成员运算符

判断对象(值)的归属时,可以使用 Python 的成员运算符。常用的成员运算符包括 in 和 not in,如表 2-14 所示。

表 2-14 Python 成员运算符

运算符号	描述	实例	金融领域使用频率
in	判断变量是否在一个可迭代对象(列表、字典和集合)内	3 in [1,2,3]→True	高
not in	判断变量是否不在一个可迭代对象(列表、字典和集合)内	4 not in [1,2,3]→True	高

例如,3 in [1,2,3] 的结果为 True,因为 3 是列表[1,2,3]的一个元素。如果一个值不属于一个列表(详见 3.1 节)、字典(详见 5.1 节)或集合(详见 6.1 节),则 in 运算符的结果为 False。

与 in 运算符相反,not in 运算符用于判断一个对象(值)是否不属于一个列表、字典或集合。例如,4 not in [1,2,3] 的结果为 True,因为 4 不是列表[1,2,3]中的任何一个元素。如果一个值属于一个序列、字典或集合,则 not in 运算符的结果为 False。

在使用 Python 成员运算符时,需要注意以下 4 点。

(1)成员运算符只能用于列表、字典、集合和字符串等可迭代对象。如果在其他类型的对象上使用成员运算符,Python 会抛出异常。

(2)成员运算符 in 与身份比较运算符 is 和 is not 的区别。成员运算符用于判断一个值是否属于一个序列、字典或集合,而身份比较运算符用于判断两个对象是否指向同一个内存地址。

(3)字典键归属的判断。

Python 中可以使用成员运算符来判断一个键是否属于一个字典,而不能用于判断一个值是否属于字典的值。例如,'name' in {'name':'Alice','age':20}的结果为 True。

2.3.6 赋值运算符

Python 赋值运算符用于将一个值或表达式赋给一个变量。常用的赋值运算符包括=,+=,-=,*=,/=,//=,%=和**=,如表 2-15 所示。

表 2-15 Python 赋值运算符

运算符号	描述	实例	金融领域使用频率
=	给变量赋值	x=2	高
+=	加赋值	x+=2 等价于 x=x+2	高
-=	减赋值	x-=2 等价于 x=x-2	高
*=	乘赋值	x*=2 等价于 x=x*2	高
/=	除赋值	x/=2 等价于 x=x/2	高
//=	求商赋值	x//=2 等价于 x=x//2	高
%=	取模赋值	x%=2 等价于 x=x%2	高
**=	幂赋值	x**=2 等价于 x=x**2	高

Python 的赋值运算符用于将值赋给变量,包括等于赋值运算符(=)、加赋值运算符(+=)、减赋值运算符(-=)、乘赋值运算符(*=)、除赋值运算符(/=)、求商赋值运算符(//=)、取模赋值运算符(%=)、幂赋值运算符(**=)、按位与赋值运算符(&=)、按位或赋值运算符(|=)、按位异或赋值运算符(^=)、左移赋值运算符(<<=)和右移赋值运算符(>>=)。

具体说明如下。

(1) 赋值运算符(=):用于将右侧的值赋给左侧的变量。例如,a=10。

(2) 加赋值运算符(+=):用于将右侧的值加上左侧的变量的值,并将结果赋给左侧的变量。例如,a+=10,相当于 a=a+10。

(3) 减赋值运算符(-=):用于将左侧的变量的值减去右侧的值,并将结果赋给左侧的变量。例如,a-=10,相当于 a=a-10。

(4) 乘赋值运算符(*=):用于将左侧的变量的值乘以右侧的值,并将结果赋给左侧的变量。例如,a*=10,相当于 a=a*10。

(5) 除赋值运算符(/=):用于将左侧的变量的值除以右侧的值,并将结果赋给左侧的变量。例如,a/=10,相当于 a=a/10。

(6) 取模赋值运算符(%=):用于将左侧的变量的值取模右侧的值,并将结果赋给左侧的变量。例如,a%=10,相当于 a=a%10。

(7) 幂赋值运算符(**=):用于将左侧的变量的值求幂右侧的值,并将结果赋给左侧的变量。例如,a**=10,相当于 a=a**10。

(8) 求商赋值运算符(//=):用于将左侧的变量的值与右侧的相除,并将结果商赋给左侧的变量。例如,a//=10,相当于 a=a//10。

*(9) 按位与赋值运算符(&=):用于将左侧的变量的值按位与右侧的值,并将结果赋给左侧的变量。例如,a&=10,相当于 a=a&10。

*(10) 按位或赋值运算符(|=):用于将左侧的变量的值按位或右侧的值,并将结果赋给左侧的变量。

在使用 Python 赋值运算符时,需要注意以下 4 点。

(1) 赋值运算符是从右向左进行计算。例如,x=y=z=1 等价于 z=1;y=z;x=y。建议在进行多重赋值时,尽量将每个变量单独赋值。

(2) 解包赋值。Python 可以使用多重赋值来同时给多个变量赋值,例如,x,y,z=1,2,3。在多重赋值中,赋值号右侧的值会被打包成一个元组(或其他可迭代对象),然后分别赋给赋值号左侧的变量。

(3) 可以使用赋值表达式。Python 中可以使用赋值表达式来简化代码。例如,x+=y*z,相当于 x=x+y*z。

(4) 赋值运算符不会创建新对象。如果一个变量被赋给另一个变量,它们将引用同一个对象。

2.3.7 三元运算符

Python 中也提供了三元运算符(条件表达式),可以用于根据条件返回不同的值。

三元运算符的语法如下。

```
valueIfTrue if condition else valueIfFalse
```

其中:

condition 表示一个布尔表达式,用于判断条件是否成立。
valueIfTrue 表示如果条件成立,则表达式的值为该部分的值。
valueIfFalse 表示如果条件不成立,则表达式的值为该部分的值。

注意:在使用三元运算符时,表达式要简单易懂,避免过度复杂。

【例 2-59】 三元运算符应用示例。

参考源码如下。

```
#根据条件返回不同的值
a = 10
b = 20
maxValue = a if a > b else b
print(maxValue)
```

执行结果:

```
20
```

在本例中,三元运算符使用了一个条件表达式(a>b),如果这个条件为真,则返回变量 a 的值,否则返回变量 b 的值。在本例中,由于变量 b 的值大于变量 a 的值,因此返回了变量 b 的值。

2.3.8 运算符的优先级与结合性

Python 运算符的优先级是控制表达式中各种运算符的执行次序的规则,决定了表达式中的计算顺序。Python 运算符的优先级如下。

括号>索引运算符>点运算符>符号运算符>乘方>乘、除、取模>加、减>按位左移、按位右移>按位与>按位异或>按位或>关系运算符> is 运算符> in 运算符>逻辑运算符>赋值运算符

Python 中的三元运算符是条件表达式,其优先级位于比较运算符和赋值运算符之间。即:比较运算符<条件表达式<赋值运算符。

Python 中逻辑(布尔)运算符的优先级比三目运算符的优先级更高。具体来说,逻辑运算符的优先级是:比较运算符<逻辑运算符<条件表达式<赋值运算符。

高优先级的运算符先被计算,低优先级的运算符后被计算。Python 部分常用运算符优先级如表 2-16 所示。

表 2-16 Python 部分常用运算符优先级

运算符说明	运 算 符	结 合 性	优先级顺序
括号	()	无	1
索引运算符	x[i]或 x[i1:i2 [:i3]]	左	2
点运算符(属性访问)	x.attribute	左	3
符号运算符	+(正号)、-(负号)	右	4
乘方	**	左	5
乘除	*、/、//、%	左	6
加减	+、-	左	7
关系运算符	==、!=、>、>=、<、<=	左	12
is 运算符	is、is not	左	13
in 运算符	in、not in	左	14
逻辑非	not	右	15

续表

运算符说明	运 算 符	结 合 性	优先级顺序
逻辑与	and	左	16
逻辑或	or	左	17
三目运算符	valueIfTrue if condition else valueIfFalse		18
赋值运算符	=,+=,-=,*=,/=,//=,%=和**=	右	19

2.3.9 类型转换

Python类型转换指的是将一个数据类型转换为另一个数据类型的过程。Python使用内置函数来进行类型转换,常用的类型转换函数包括int()、float()、str()、bool()、list()、tuple()和dict()等。

具体来说,int()函数用于将一个对象转换为整数类型,例如,int('123')的结果为123;float()函数用于将一个对象转换为浮点类型,例如,float('3.14')的结果为3.14;str()函数用于将一个对象转换为字符串类型,例如,str(123)的结果为'123';bool()函数用于将一个对象转换为布尔类型,例如,bool('')的结果为False;list()函数用于将一个可迭代对象转换为列表类型,例如,list((1,2,3))的结果为[1,2,3];tuple()函数用于将一个可迭代对象转换为元组类型,例如,tuple([1,2,3])的结果为(1,2,3);dict()函数用于将一个可迭代对象转换为字典类型,例如,dict([('a',1),('b',2)])的结果为{'a':1,'b':2}。Python内置类型转换函数,如表2-17所示。

表2-17 Python内置类型转换函数

内 置 函 数	描 述
int(x [,base])	将 x 转换为一个整数
long(x [,base])	将 x 转换为一个长整数
float(x)	将 x 转换为一个浮点数
complex(real [,imag])	创建一个复数
str(x)	将对象 x 转换为字符串
repr(x)	将对象 x 转换为表达式字符串
eval(str)	用来计算在字符串中的有效 Python 表达式,并返回一个对象
tuple(s)	将序列 s 转换为一个元组
list(s)	将序列 s 转换为一个列表
set(s)	转换为可变集合
dict(d)	创建一个字典。d 必须是一个序列(key,value)元组
frozenset(s)	转换为不可变集合
chr(x)	将一个整数转换为一个字符
unichr(x)	将一个整数转换为 Unicode 字符
ord(x)	将一个字符转换为它的整数值
hex(x)	将一个整数转换为一个十六进制字符串
oct(x)	将一个整数转换为一个八进制字符串

在使用Python类型转换时,需要注意以下两点。

(1) 类型转换可能会导致精度损失或数据丢失。例如,将浮点数转换为整数时,小数部分会被截断;将整数或浮点数转换为字符串时,可能会丢失一些信息。

(2) Python提供了内置函数来进行类型转换。类型转换函数int()、float()、str()、bool()、list()、tuple()和dict()不会修改原始对象,而是返回一个新的对象。

2.3.10　Python 表达式

根据 Python 12.5 官方文档,表达式是可以求出某个值的语法单元。换句话说,一个表达式就是表达元素,例如字面值、名称、属性访问、运算符或函数调用的汇总,它们最终都会返回一个值。

通常认为,Python 表达式是由运算符和运算对象组成的代码片段,用于计算、操作和求值。其中,运算对象就是在程序中要处理的各种数据。

任何一个表达式经过计算都应有一个确定的值和类型;一个表达式的类型由运算符和运算对象的类型决定。

表达式用于赋值、打印和其他计算。通过对表达式进行求值,可以得到结果并进行相关的操作。表达式可以包括字面量、变量、函数调用及各种运算符。

下面列出一些表达式的形式。

a+1,a//b+1,True and False,'jxufe',100,3>=2,2 in (1,3)

习题 2

一、填空题

1. 表达式 int('123') 的值为_____。
2. Python 3.x 语句 print(1,2,3,sep=':') 的输出结果为_____。
3. 表达式 int(9 ** 0.5) 的值为_____。
4. 表达式 17%3 的值为_____。
5. 表达式 'jxufe'.startswith('jx') 的值为_____。
6. 表达式 'jxufe'<'jxUfe'的值为_____。
7. 表达式 3>2 or 5<4 的值为_____。
8. 表达式 10+(2>3) 的值为_____。

二、编程题

1. 编写一个程序,实现在一组银行名单 bankList=['工行','建行','中国银行','农行','招商'] 中,随机选取三家银行的 Python 程序。
2. 用 join()方法将字符串'爱','Python!','我',拼接成"我 爱 Python!"词间有空格和"我爱Python!"词间无空格。
3. 请编写程序,实现根据键盘输入的身份证号,在屏幕上显示其生日。
4. 判断一个字符串是否是数字,如果是,则输出"这是一个数字",否则输出"这不是一个数字"。

习题 2

第 3 章

Python列表

Python 列表是一种强大和灵活的数据结构,可以用来存储和处理多个元素。掌握列表的操作和方法是 Python 编程的基础之一。

3.1 列表的定义

Python 列表是一种数据结构,可以包含任意数量的不同数据类型的元素,如数字、字符串、布尔值、列表、函数等。列表使用方括号[]来定义,每个元素之间用逗号分隔。列表支持索引和切片操作,可以对列表元素进行增加、删除、修改和访问等操作。

根据 Python 官方文档的描述,列表是一种有序的数据集合,用于存储多个元素。列表中的元素可以是不同的数据类型,包括数字、字符串、布尔值等。列表是可变的,可以通过索引进行访问和修改,也可以通过方法进行增加和删除操作。

列表具有有序、可变、可重复等特点。列表可以存储不同类型的元素,并且可以根据需要进行增加、删除、修改和访问操作。掌握列表的基本概念和操作方法,可以有效地处理和操作序列数据。

3.2 列表的基本操作

列表是一种有序的可变序列,允许包含任意类型的元素,并且可以根据需要对列表中的元素进行增加、删除和修改。

Python 列表的有序性表现为:列表中的元素按照被添加的顺序排列,即列表中元素的位置是确定的,可以使用索引访问列表中的任何元素。Python 列表的可变性表现为:可以更改列表中的元素,列表中的元素个数可以变化。Python 列表的可重复性表现为:列表中的元素是可重复的。Python 列表的常用操作如表 3-1 所示。

表 3-1 Python 列表的常用操作(含部分内置函数与列表方法)

操作符/函数/方法	功能描述	举 例
+	两个列表合并	[1,2]+[3,4]→[1,2,3,4]
*	重复列表元素	[1,2] * 3→[1,2,1,2,1,2]
in	判断元素是否在列表中	0 in [1,2]→False
len(seq)	返回对象 seq(如列表、字符串、元组、字典、集合等)的元素个数(长度)	len([1,2])→2
list(seq)	将 seq 转换为列表	list((1,2))→[1,2]

续表

操作符/函数/方法	功 能 描 述	举 例
all(iterable)	返回一个布尔值。如果 iterable 的元素都为真(或 iterable 自身为空)则返回 True,否则返回 False	all([0,1,2])→False
any(iterable)	返回一个布尔值。如果 iterable 的任一元素为真则返回 True,如果 iterable 的所有元素均为假(或 iterable 自身为空)则返回 False	any([0,1,2])→True
max(iterable)	返回可迭代对象 iterable 中最大的元素	max([0,1,2])→2
min(iterable)	返回可迭代对象 iterable 中最小的元素	min([0,1,2])→0
range(start,stop,step)	返回可序列对象(整数范围的整数序列)。其中,start(可选)的默认值为 0; stop 是整数上限(整数序列的最大值是 stop−1); step 是步长(整数序列的间隔)	list(range(3))→[0,1,2] list(range(1,3))→[1,2] ist(range(1,9,2))→[1,3,5,7]
sum(iterable[,start])	返回可迭代对象 iterable 从 start 位置开始向右所有元素的和,start 默认值为 0	sum([1,2,3],1)→7 sum([1,2,3])→6
enumerate(lst)	获取列表中每个元素的索引和值,返回值的类型是元组	numbers=[3,6,9] for index,value in enumerate(numbers): print("Index:",index,"Value:",value)
sorted(iterable[,cmp[,key[,reverse=False]]])	将可迭代对象 iterable 进行排序,返回一个新的列表。可选参数 cmp 是一个带有两个参数的比较函数,它根据第一个参数小于、等于还是大于第二个参数来返回负数、零或正数,默认值为 None。可选参数 key 是一个带有参数的函数,用于从列表元素中选出一个比较关键字,默认值是 None。reverse 若为 True,则列表逆序排序	sorted([2,3,1])→[1,2,3]
list.append(x)	添加一个元素 x 到列表的末尾。相当于 list=list+[x]	list1=[1,2] list1.append(3) list1 的值为[1,2,3]
list.extend(aList)	将列表 aList 中的元素添加到原列表的末尾。相当于 list=list+ aList	list1=[1,2] aList=[3,4] list1.extend(aList) list1 的值为[1,2,3,4]
list.insert(i,x)	将在列表 list 的第 i 处插入一个元素 x	list1=[1,2] list1.insert(1,0) list1 的值为[1,0,2]
list.remove(x)	将删除列表中第一个值为 x 的元素。如果没有这样的元素则报错	list1=[0,1,2,1] list1.remove(1) list1 的值为[0,2,1]
list.pop([i])	将弹出列表中位置为 i 的元素(即从列表中删除该元素并返回)。如果不指定 i,则删除最后一个元素	list1=[0,1,2,1] list1.pop(1) list1 的值为[0,2,1]
list.index(x,[start],[stop])	在索引值 start 和 stop 指定的范围内,返回列表中第一个值为 x 的元素的索引(下标)。如果没有这样的元素则报错。start 的默认值是 0,stop 的默认值是 len(list)	list=[0,1,2,1] list.index(1)的值是 1

续表

操作符/函数/方法	功 能 描 述	举　　例
list.count(x)	返回列表中 x 出现的次数	list=[0,1,2,1] list.count(1)的值是 2
list.reverse()	反转列表中所有元素的位置	list1=[0,1,2,3] list1.reverse() list1 的值为[3,2,1,0]
list.sort(cmp=None, key=None,reverse= False)	将列表重新排序。参数含义与内置函数 sorted()一致	list1=[0,1,3,2] list1.sort(reverse=True) list1 的值为[3,2,1,0]

以下是一些常见的 Python 列表基本操作的示例。

(1) 创建一个列表。

① 使用[]创建列表。

【例 3-1】 使用[]创建列表的示例。

参考源码如下。

```
#创建一个包含数字的列表
numbers = [1,2,3,4,5]
#创建一个包含字符串的列表
fruits = ["apple","banana","orange","grape"]
#创建一个包含布尔值的列表
flags = [True,False,True,False]
#创建一个包含函数的列表,函数名不要加引号。如果加了引号,则是字符串,不是函数名
funcs = [print,len,sum,max]
#创建一个包含数字、字符串、布尔值和函数名的列表
mixLst = [1,'jxufe',True,print]
```

② 使用内置函数 list()创建列表的示例。

【例 3-2】 使用内置函数 list()创建列表示例。

参考源码如下。

```
aList = list('abc')
print(aList)                    #结果:['a','b','c']
```

(2) 访问列表中的元素。

列表的有序性意味着列表元素的顺序是固定的,即元素在列表中的位置是固定的。列表中的每个元素都有一个与之对应的索引,索引从 0 开始,依次递增。通过索引,可以访问和操作列表中的元素。

例如,myList=[1,2,3,4,5]

在这个列表中,元素 1 的索引值是 0,元素 2 的索引值是 1,以此类推。

element=myList[2]   #获取索引值为 2 的元素,即 3。

myList[3]=10   #将索引值为 3 的元素修改为 10。

这些操作都是基于元素在列表中的位置进行的。

【例 3-3】 访问列表中元素的示例。

参考源码如下。

```
numbers = [1,2,3,4,5]
fruits = ["apple","banana","orange","grape"]
#访问列表中的元素
```

```
print(numbers[0])                    #输出结果为 1
print(numbers[3])                    #输出结果为 4
print(fruits[2])                     #输出结果为 "orange"
```

(3)修改列表中的元素。

【例 3-4】 修改列表中的元素示例。

参考源码如下。

```
numbers = [1,2,3,4,5]
#修改列表中的元素
numbers[0] = 10
numbers[3] = 40
```

(4)添加元素到列表末尾。

【例 3-5】 添加元素到列表末尾示例。

参考源码如下。

```
numbers = [10,2,3,40,5]
#添加元素到列表末尾
numbers.append(6)
print(numbers)                       #输出结果为[10,2,3,40,5,6]
```

(5)在列表指定位置插入元素。

【例 3-6】 在列表指定位置插入元素的示例。

参考源码如下。

```
numbers = [10,2,3,40,5,6]
#在指定位置插入元素,列表 numbers 的第二位(索引值为 1)插入新元素
numbers.insert(1,20)
print(numbers)                       #输出结果为 [10,20,2,3,40,5,6]
```

(6)删除列表中的元素。

【例 3-7】 删除列表中的元素示例。

参考源码如下。

```
numbers = [10,20,2,3,40,5,6]
#删除列表中的元素
del numbers[0]
print(numbers)                       #输出结果为[20,2,3,40,5,6]
numbers.remove(40)
print(numbers)                       #输出结果为[20,2,3,5,6]
```

Python 列表提供了切片操作来访问和操作列表中的子序列,即切片操作可以用于从列表中提取一部分元素,或者对列表中的一部分元素进行修改,包括以下 4 种。

(1)基本切片操作。

用来获取列表中的一段连续的子序列。

```
语法:lst[start:end]
```

其中:

```
start 表示起始索引,如果省略 start,则默认为 0。
end 表示结束索引(不包括该索引对应的元素),如果省略 end,则默认为列表的长度。
```

例如,lst[1:3]表示获取列表中从第 2 个元素到第 3 个元素的子序列。

(2) 步长切片操作。

用来获取列表中以指定步长间隔的子序列。

> 语法：lst[start:end:step]

其中：

start 表示起始索引。
end 表示结束索引(不包括该索引对应的元素)。
step 表示步长。

例如,lst[0:6:2]表示获取列表中从第 1 个元素～第 6 个元素以步长为 2 的子序列。
小技巧：可以利用指定步长切片操作,对列表中的元素进行逆序操作。
参考源码如下。

```
lst = [1,2,3,4,5,6,7]
lstRev = lst[::-1]          #利用步长切片操作,步长为-1,进行逆序操作
print('lst is:{}'.format(lst))
print(f'lstRev is:{lstRev}')
```

执行结果：

```
lst is:[1,2,3,4,5,6,7]
lstRev is:[7,6,5,4,3,2,1]
```

(3) 反向切片操作。

反向切片操作可以用来获取列表中倒数的子序列。

> 语法：lst[-start:-end]

其中：

start 表示起始索引。
end 表示结束索引(不包括该索引对应的元素)。

例如,lst[-3:-1]表示获取列表中倒数第 3 个元素～倒数第 2 个元素的子序列。

(4) 省略切片操作。

省略切片操作可以用来获取列表中的全部元素。

> 语法：lst[:]

例如,lst[:]表示获取列表中的全部元素。

注意：切片操作不会修改原始列表,而是返回一个新的列表。同时,在使用切片操作时,需要确保起始索引和结束索引都在列表的范围内,否则会导致 IndexError 异常。

以下是一些常见的 Python 列表切片操作的示例。

【例 3-8】 访问列表中的一部分元素的示例。

参考源码如下。

```
#访问列表中的一部分元素
numbers = [1,2,3,4,5,6,7,8,9,10]
print(numbers[2:6])                #输出结果为[3,4,5,6]
print(numbers[:5])                 #输出结果为[1,2,3,4,5]
print(numbers[-3:-1])              #输出结果为[8,9]
```

```
print(numbers[5:])                    #输出结果为[6,7,8,9,10]
print(numbers[:])                     #输出结果为[1,2,3,4,5,6,7,8,9,10]
```

这个例程创建了一个名为 numbers 的列表,其中包含 1~10 的整数。使用切片操作来访问列表中的一部分元素,例如 numbers[2:6]表示从索引 2~索引 5(不包括索引 6)的元素,输出结果为[3,4,5,6]。

通过灵活运用切片操作,可以从大量数据中自主地提取出所选的信息,进行进一步的分析和处理。

使用列表切片时的注意事项:

(1) 索引值应是整数类型的数据。

当索引值为非负整数时,表示从列表的第一个元素开始,向右计数(即正向计算);当索引值为负整数时,表示从列表的后一个元素开始,向左计数(即反序计算);当索引值为浮点数时,会报错。例如,列表 lst=[1,2,3,4,5,6],lst[1.5]会报错。

(2) 使用负数的结束索引。

索引值为-1时,表示列表倒数第一个元素。lst[-1]可访问列表 lst 的倒数第一个元素 6。但在切片操作中,lst[1:-1]和 lst[-5:-1]的结果相同,均为[2,3,4,5]。

3.3 列表推导式

列表推导式是一种在 Python 中创建列表的简洁方法。它使用现有序列中元素的某些子集来创建新列表。列表推导式可以使用 for 循环(见 7.4.1 节)和 if 语句(见 7.3 节)来筛选元素,也可以使用循环嵌套(见 7.4.4 节)来创建复杂的列表。

以下是列表推导式的一般形式。

```
[expression for item in iterable if condition]
```

其中,

expression 是任何有效的 Python 表达式,它将对每个元素进行求值并将结果存储在新的列表中。

iterable 是任何可迭代对象,例如,列表、元组、字符串等。

condition 是一个对列表元素进行筛选的条件表达式。

列表推导式由方括号[]包围,并使用 for 循环和条件判断组成。for 循环迭代现有序列中的每个元素,并将每个元素传递给 expression 表达式进行计算,把每个计算结果作为新列表中的一个元素。

(1) 省略 if 语句的列表推导式,生成一个列表。

【例 3-9】 利用列表推导式创建一个包含前 10 个整数的列表的示例。

参考源码如下。

```
numbers = [x for x in range(10)]
print(numbers)  #[0, 1, 2, 3, 4, 5, 6, 7, 8, 9]
```

在本例中,使用 for 循环迭代 range(10)中的每个元素,并将每个元素存储在 numbers 列表中。

(2) 使用 if 语句的列表推导式,生成一个列表。

【例 3-10】 创建一个包含所有偶数的列表示例。

参考源码如下：

```
evenNumbers = [x for x in range(10) if x % 2 == 0]
print(evenNumbers)
```

执行结果：

```
[0,2,4,6,8]
```

在本例中，使用 if 语句来过滤 range(10)中的所有奇数，并将所有偶数存储在 evenNumbers 列表中。

（3）使用循环嵌套的列表推导式，生成一个列表。

【例 3-11】 创建一个包含三位数的列表的示例。

参考源码如下。

```
itNumbers = [x * 100 + y * 10 + z for x in range(1,2) for y in range(3) for z in range(4)]
print(itNumbers)
```

执行结果：

```
[0,1,2,3,10,11,12,13,20,21,22,23,100,101,102,103,110,111,112,113,120,121, 122,123]
```

在本例中，使用三个嵌套循环来创建一个包含所有三位数的列表。第一个循环迭代 range(1,2)，第二个循环迭代 range(3)，第三个循环迭代 range(4)。for 循环的结果被传递给表达式，该表达式将对每个元素进行求值并将结果存储在新的列表中。

【例 3-12】 使用列表生成式来创建一个 3×4 的矩阵的示例。

参考源码如下。

```
testArray = [[x + y for x in range(3)] for y in range(4)]
print(testArray)
```

执行结果：

```
[[0,1,2],[1,2,3],[2,3,4],[3,4,5]]
```

在金融领域，列表生成式有很多应用，可以用来创建股票价格数据集、计算收益率、计算波动率等。

以下是三个列表推导式在金融场景下的应用。

【例 3-13】 使用列表推导式选取符合条件的股票名称的示例。

参考源码如下。

```
stocks = [{'stockName':'name1','marketCap':500},{'stockName':'name2','marketCap':300},{'stockName':
'name3','marketCap':360},{'stockName': 'name4','marketCap':550}]
selectedStocks = [stock['stockName'] for stock in stocks if stock['marketCap']> 360]
print(selectedStocks)
```

运行结果：

```
['name1','name4']
```

【例 3-14】 使用列表推导式计算股票收益率的示例。

$$收益率 = (当天的收盘价/昨天的收盘价) - 1$$

假设有一个包含每天股票价格的列表 stockPrices，可以使用列表生成式计算股票的收益率列表。

参考源码如下。

```
stockPrices = [100.01,99.50,99.80,100.02,100.5]
returns = [(price - stockPrices[i - 1]) / stockPrices[i - 1] for i, price in enumerate(stockPrices) if i > 0]
print(returns)
```

运行结果:

```
[-0.005099490050994951,0.0030150753768843934, 0.002204408817635259,0.004799040191961648]
```

注:内置函数 enumerate()的功能,见 8.5 节中的表 8-1。

【例 3-15】 使用列表推导式按股票价格排序的示例。

参考源码如下。

```
stockPrices = {'name1':150,'name2':1100,'name3': 300, 'name4':2500}
sortedPrices = [code for code, price in sorted(stockPrices.items(), key = lambda x: x[1])]
♯ lambda x: x[1]lambda 函数,详见 8.6 节
print(sortedPrices)
```

运行结果:

```
['name1', 'name3', 'name2', 'name4']
```

注:内置函数 sorted()的功能,见 8.5 节中的表 8-1。lambda 函数,详见 8.6 节。

列表推导式通常用于处理大量数据或筛选数据等场景,但它也有一些注意事项需要注意。

(1)在列表推导式中,列表元素的类型由列表推导式中的表达式的计算结果类型决定。例如,下面的代码会创建一个包含字符串"a"到"z"的列表。因为表达式 chr(i)的结果类型是字符串,所以列表元素的类型也是字符串。

```
letters = [chr(i) for i in range(97, 123)]
```

(2)列表推导式可以包含多个表达式和条件语句,可以使用类似于 if…else 的语法进行条件筛选。但是列表生成器中的代码不能包含赋值语句或 yield 语句(详见 8.8 节)。

(3)与生成器不同,列表推导式返回的是一个列表对象。如果需要将其转换为其他数据类型,可以使用内置函数 tuple()、set()等。

(4)当列表推导式中的可迭代对象为空时,会返回一个空列表。

列表推导式是一种非常强大的工具,但它也可能会降低程序的性能。如果列表推导式中的表达式很复杂,那么列表推导式可能会导致程序运行速度变慢。

3.4 列表在金融领域的应用

列表在金融场景下有很多应用场景,如创建股票价格列表、创建交易量列表、创建收益率列表、创建波动率列表、创建技术指标列表、创建回测结果列表、创建交易策略列表等。

(1)股票价格列表。Python 的列表类型可以用来表示一组股票的价格数据,如 stockPrices=[10.5,12.3,11.7,13.2],这样可以方便地对股票价格进行存储和处理。例如,计算平均价格、最高价格、最低价格等。

(2)财务报表数据。Python 的列表类型可以用来表示财务报表的数据,如 financialData=[1000,1200,1100,1300],表示每个季度的收入。例如,计算总收入、收入变化等。

（3）交易记录列表。Python 的列表类型可以用来表示一组交易记录的数据，如 tradeRecords=["2021-08-01 购买股票 A500 股","2021-08-02 卖出股票 B600 股"]，通过访问 tradeRecords 中的数据，可以进行各种分析处理，如筛选特定日期的交易记录、统计交易数量等。

（4）客户信息列表。Python 的列表类型可以用来表示一组客户信息的数据，如 customerInfo=["张三","李四","王五"]，通过编程可以对客户信息进行存储和处理，例如，查找特定客户、统计客户数量等。

（5）指标数据集合。Python 的列表类型可以用来表示一组指标数据，如 indicators=[0.1,0.2,0.15,0.3]，通过对 indicators 的访问，可以进行各种处理，如计算平均值、标准差、相关性分析等。

例如：

```
#创建一个包含股票价格的列表
stockPrices = [10.5,11.2,12.1,10.8,11.5,12.2,13.1,14.5,15.2,16.1]
```

创建了一个名为 stockPrices 的列表，其中包含 10 支股票价格。可以使用索引来访问列表中的每个元素，例如：

```
#访问列表中的元素
print(stockPrices[0])        #输出结果为10.5
print(stockPrices[5])        #输出结果为12.2
print(stockPrices[-1])       #输出结果为16.1
```

除了访问列表中的元素之外，还可以使用各种内置函数来处理列表。例如，可以使用 sum()函数来计算列表中所有元素的总和，使用 len()函数来计算列表中元素的数量，使用 sort()函数来按升序或降序排序列表中的元素等。

```
#计算列表中所有元素的总和
total = sum(stockPrices)
print(total)

#计算列表中元素的数量
count = len(stockPrices)
print(count)

#按升序排序列表中的元素
stockPricesSort()
print(stockPrices)

#按降序排序列表中的元素
stockPrices.sort(reverse = True)
print(stockPrices)
```

以下是 5 个典型的列表及操作在有关金融方面应用的示例。

【例 3-16】 假设有一支股票价格的列表，使用 Python 的内置函数和列表操作来进行统计分析的示例。

参考源码如下。

```
#股票价格列表
stockPrices = [10.2,11.5,12.3,11.8,10.5,9.8,10.1,11.2,12.5,14.2]
#计算平均价格
averagePrice = sum(stockPrices) / len(stockPrices)
```

```
print("平均价格: ", averagePrice)
#计算最高价格
maxPrice = max(stockPrices)
print("最高价格: ", maxPrice)
#计算最低价格
minPrice = min(stockPrices)
print("最低价格: ",minPrice)
#获取最近5天的价格
recentPrices = stockPrices[-5:]
print("最近5天的价格: ",recentPrices)
#获取涨幅超过10%的日期
riseDates = [i for i in range(len(stockPrices)) if stockPrices[i]/ stockPrices[i-1]>1.1]
print("涨幅超过10%的日期: ", riseDates)
```

执行结果:

```
平均价格: 11.41
最高价格: 14.2
最低价格: 9.8
最近5天的价格: [9.8,10.1,11.2,12.5,14.2]
涨幅超过10%的日期: [1,7,8,9]
```

【例3-17】 对财务报表进行计算总收入、净利润率的示例。

净利润率的计算公式:

$$净利润率 = 净收入 / 总收入$$

参考源码如下。

```
#定义财务报表,其中的列表元素是字典(详见第5章)
financialStatements = [
    {'year':2018,'revenue':1000000,'cost':800000,'netIncome':200000},
    {'year':2019,'revenue':1200000,'cost':900000,'netIncome':300000},
    {'year':2020,'revenue':1500000,'cost':1000000,'netIncome':400000}
]

#计算总收入和净利润率
totalRevenue = sum([fs['revenue'] for fs in financialStatements])
totalCost = sum([fs['cost'] for fs in financialStatements])
totalNetIncome = sum([fs['netIncome'] for fs in financialStatements])
profitMargin = totalNetIncome / totalRevenue
#输出结果
print("财务报表分析: ")
print("总收入: {}元".format(totalRevenue))
print("净利润率: {:.2%}".format(profitMargin))
```

执行结果:

```
财务报表分析:
总收入: 3700000元
净利润率: 24.32%
```

在本例中,定义了一个包含多个财务报表的列表financialStatements,列表元素(财务报表)是一个字典(字典的概念和操作见第5章),每个财务报表包含年份、收入、成本和净利润等信息。使用列表推导式和sum()函数,计算所有财务报表的总收入、总成本和总净利润。将总净利润除以总收入,得到净利润率。最后,使用print()函数输出结果。

【例3-18】 假设有一支股票交易记录的列表,使用Python的列表推导式和条件判断来筛选出符合条件的交易记录的示例。

参考源码如下。

```
#股票交易记录列表
tradingRecords = [
    {'date':'2021-01-01','amount':100,'price':10.2,'type':'buy'},
    {'date':'2021-01-05','amount':200,'price':11.5,'type':'buy'},
    {'date':'2021-01-10','amount':300,'price':12.3,'type':'sell'},
    {'date':'2021-01-15','amount':400,'price':11.8,'type':'buy'},
    {'date':'2021-01-20','amount':500,'price':10.5,'type':'sell'},
    {'date':'2021-01-25','amount':600,'price':9.8,'type':'sell'}
]
#筛选出买入交易记录
buyRecords = [record for record in tradingRecords if record['type'] == 'buy']
print("买入交易记录: ", buyRecords)
#筛选出卖出交易记录
sellRecords = [record for record in tradingRecords if record['type'] == 'sell']
print("卖出交易记录: ", sellRecords)
#筛选出交易金额大于1000的交易记录
highAmountRecords = [record for record in tradingRecords if record['amount'] * record['price'] > 1000]
print("交易金额大于1000的交易记录: ", highAmountRecords)
```

执行结果：

```
买入交易记录: [{'date': '2021-01-01', 'amount': 100, 'price': 10.2, 'type': 'buy'}, {'date': '2021-01-05', 'amount': 200, 'price': 11.5, 'type': 'buy'}, {'date': '2021-01-15', 'amount': 400, 'price': 11.8, 'type': 'buy'}]
卖出交易记录: [{'date':'2021-01-10','amount':300,'price':12.3,'type': 'sell'},{'date':'2021-01-20','amount':500,'price':10.5,'type':'sell'},{'date':'2021-01-25','amount':600,'price':9.8,'type':'sell'}]
交易金额大于1000的交易记录: [{'date':'2021-01-01','amount':100,'price':10.2,'type':'buy'},{'date':'2021-01-05','amount':200,'price':11.5,'type':'buy'},{'date':'2021-01-10','amount':300,'price':12.3,'type':'sell'},{'date':'2021-01-15','amount':400,'price':11.8,'type':'buy'},{'date':'2021-01-20','amount':500,'price':10.5,'type':'sell'},{'date':'2021-01-25','amount':600,'price':9.8,'type':'sell'}]
```

在本例中，定义了一个包含交易记录列表 tradingRecords，列表元素（交易记录）是一个字典（字典的概念和操作见第5章），每个记录包含交易时间、交易数量、交易方向等信息。使用列表推导式和条件判断，筛选并分别生成了三个列表：买入交易记录、卖出交易记录和交易金额大于1000的交易记录。最后，使用 print()函数输出结果。

【例3-19】 利用列表计算平均值、标准差等的示例。

参考源码如下。

```
#定义指标数据
data = [10,12,8,14,15,11,9,13,16,12]
#计算平均值
average = sum(data) / len(data)
#计算标准差
variance = sum([(x - average) ** 2 for x in data]) / len(data)
std_deviation = variance ** 0.5
#输出结果
print("指标数据分析: ")
print("平均值: {:.2f}".format(average))
print("标准差: {:.2f}".format(std_deviation))
```

执行结果：

```
指标数据分析：
平均值：12.00
标准差：2.45
```

在本例中，定义了一个包含多个指标数据的列表 data，例如，公司的每月销售额或每日股票收盘价等。使用 sum()函数和 len()函数，计算所有指标数据的平均值。使用列表推导式和 sum()函数，计算所有指标数据的方差，并将方差开方得到标准差。使用 print()函数输出结果。

【例 3-20】 查找特定客户、统计客户数量的示例。

参考源码如下。

```
#定义客户列表
customers = [{'name':'张三','age':30,'gender':'男','email':'zhangsan@example.com'},{'name':'李四','age':25,'gender':'女','email':'lisi@example.com'},{'name':'王五','age':40,'gender':'男', 'email':'wangwu@example.com'},{'name':'赵六','age':35,'gender':'女','email':'zhaoliu@example.com'}]
#查找特定客户
targetCustomer = '张三'
for customer in customers:
    if customer['name'] == targetCustomer:
        print("找到客户：", customer)
        break
else:
    print("未找到客户：",targetCustomer)
#统计客户数量
numCustomers = len(customers)
print(f"客户数量：{numCustomers}")
```

执行结果：

```
找到客户：{'name':'张三','age':30,'gender':'男','email': 'zhangsan@example.com'}
客户数量：4
```

在本例中，定义了一个包含多个客户信息的列表 customers，每个客户包含姓名、年龄、性别和电子邮件等信息。使用 for 语句遍历所有客户信息，查找特定的客户。如果找到了目标客户，则输出该客户的信息；否则输出"未找到客户"和目标客户的姓名。使用 len()函数统计客户数量，得到客户数量并输出。

这些例程说明了 Python 列表在金融方面的应用，通过灵活运用列表操作和条件判断，可以进行各种复杂的数据处理和分析。使用 Python 列表时需要注意以下 4 点。

（1）列表是可变的数据类型，列表中的元素可以是任何数据类型，包括其他列表。可以随时添加、删除或修改其中的元素。修改列表中的元素可能会影响到其他使用该列表的代码。

（2）列表是有序的数据类型，可以使用索引访问列表元素。列表的索引从 0 开始，可以使用负数索引反序访问列表的元素，也可以使用循环语句来迭代访问列表中的每个元素。

（3）列表使用切片操作来获取列表的子集。可以使用 list[start:end]来获取从索引 start 到 end-1 的元素。列表的长度可以使用 len()函数获取。

（4）列表的方法包括添加、删除、排序、反转等操作，需要根据具体需求选择合适的方法。列表可以使用内置函数进行操作：Python 提供了许多内置函数来操作列表，例如，len()用于获取列表的元素个数，append()用于在列表末尾添加元素，remove()用于删除指定元素等。

习题 3

1. 表达式[1,2,3]*3 的执行结果为_____。
2. 表达式 list(range(7))的执行结果为_____。
3. 表达式 list(range(2,10,3))的执行结果为_____。
4. 表达式 list(range(10))[::2]的执行结果为_____。
5. 用列表推导式得到 100 以内所有能被 11 整除的数的代码是_____。
6. 已知列表 lst=[1,2,3],执行语句 lst.insert(1,0)后,lst 的值为_____。
7. 已知列表 lst=[1,2,3],执行语句 lst.append(6)后,lst 的值为_____。
8. 已知列表 lst1=[1,2,3],lst2=[4,5,6],执行语句 lst2.extend(lst1)后,lst2 的值为_____。
9. 已知列表 lst=[1,2,3,2,2],执行语句 lst.remove(2)后,lst 的值为_____。
10. 已知列表 lst = list(range(10)),执行语句 del lst[::2]后,lst 的值为_____。
11. 已知列表 lst=[1,2,3,2,2],表达式 lst[::-1]的执行结果为_____。
12. 列表 stockPrices=[12.3,12.7,12.6,13.0,12.9,12.7,12.8,13.0,13.1,12.9,13.2,13.5,13.1,13.2,13.0]包含一支股票的若干个收盘价格。写出如下问题的表达式。

① 获取最近 5 天的股票价格:_____。

② 获取前 10 天的平均股票价格:_____。

③ 获取每周五的股票价格:_____。

④ 获取最近 15 天的股票价格:_____。

⑤ 获取前 7 天和最近 7 天的股票价格:_____。

习题 3

第 4 章

Python元组

Python 元组是一种有序的、不可变的数据类型。元组在处理多个相关的值、返回多个值的函数和在函数之间传递数据等场景中经常被使用。

4.1 元组的定义

Python 中的元组是一种有序的、不可变的序列结构,可以包含任意类型的数据,用圆括号()表示。元组一旦创建,其元素就无法修改,体现了其不可变的特性。

Python 官方文档对元组的定义:一个元组由多个逗号分隔的值组成,通常用括号包围。用于创建一个不可改变的值的序列,这些值可以是任意数据类型。例如:t=(12345,54321,'hello!')。

元组是一种有序的、不可变的序列。元组具有列表的许多特性。使用元组可以方便地存储和访问多个值,而不需要为每个值定义单独的变量。在金融场景中,经常需要处理多个相关的数据,如股票代码和收益率。使用元组可以将这些相关的数据组合在一起,并通过索引或解包来访问其中的值,使得代码更加简洁和高效。

4.2 元组的基本操作

Python 元组是一种有序的、不可变的数据结构。元组使用圆括号来定义,使用逗号分隔元素。元组中的元素可以是不同的数据类型,有序性表明可以通过索引访问元组元素。元组的不变性表现为元组不能修改元素的值。注意:如果元组的一个元素是可变的(如是一个列表),则这个可变元素是可修改的(见例 4-12)。Python 元组的常用操作及举例,如表 4-1 所示。

表 4-1 Python 元组的常用操作(含部分内置函数)

操 作 符	描 述	举 例
()	创建空元组	aTuple=()
+	两个元组连接	(1,2,3)+(4,5,6)→(1,2,3,4,5,6)
*	重复元组元素	(1,2)*3→(1,2,1,2,1,2)
in	判断元素是否在元组里	3 in (1,2) →False
[]	访问元组的元素	aTuple=(1,2,3) aTuple[1]→2
len(tuple)	计算元组的元素个数	len((1,2,3))→3
[m:n]	与列表切片相似,或元组的一部分	见例 4-8

续表

操作符	描述	举例
count(x)	计算元组元素 x,在元组中出现的次数	见例 4-9
index(x)	求出元组元素 x,第一次在元组中出现的位置	见例 4-10
del	删除元组	aTuple=(1,2,3) del aTuple→删除了元组 aTuple
max(tuple)	求出元组中最大的元素	max(1,2,3)→3
min(tuple)	求出元组中最小的元素	Min(1,2,3)→1

以下是一些常见的 Python 元组基本操作的示例。

1. 创建元组

(1) 使用圆括号()来创建一个元组,元素之间用逗号分隔。

【例 4-1】 使用圆括号()创建一个元组的示例。

参考源码如下。

```
myTuple = (1, 2, 3)
```

(2) 内置函数 tuple(),可将列表、字典和集合转换成元组。

【例 4-2】 使用 tuple()函数来创建元组示例。

参考源码如下。

```
aTuple = tuple([1,2,3])
print(aTuple)              #结果为(1,2,3)
```

2. 连接元组

与合并两个列表的方法相似,可以使用加号"+"来连接两个元组。

【例 4-3】 使用加号"+"来连接两个元组的示例。

参考源码如下。

```
myTuple = (1,2,3)
newTuple = myTuple + (4,5,6)
print(newTuple)
print(f"The newTuple's address is {id(newTuple)}")
print(f"The myTuple's address is {id(myTuple)}")
```

运行结果:

```
(1, 2, 3, 4, 5, 6)
The newTuple's address is 2076528574176
The myTuple's address is 2076533915456
```

在本例中,使用"+"连接了两个元组。元组 myTuple 和元组 newTuple 的地址是不同的,体现了元组的不变性。

3. 重复元组元素

与重复列表中的元素方法相似,可以使用乘号"*"来重复一个元组的元素。

【例 4-4】 使用星号"*"来重复一个元组的元素的示例。

参考源码如下。

```
myTuple = (1, 2, 3)
newTuple = myTuple * 2
print(newTuple)            #输出:(1,2,3,1,2,3)
```

4. 判断元素是否在元组中

与判断元素是否在列表中的方法相似,可以使用关键字 in 来检查一个元素是否在元组中。

【例 4-5】 检验一个元素是否在元组中的示例。

参考源码如下。

```
myTuple = (1,2,3)
print(2 in myTuple)                    #输出 True
```

5. 访问元组元素

与访问列表元素的方法相似,可以使用索引来访问元组中的元素。

【例 4-6】 使用索引来访问元组中的元素示例。

参考源码如下。

```
myTuple = (1, 2, 3)
print(myTuple[0])                      #输出 1
```

6. 计算元组长度

与计算列表中元素个数的方法相似,可以使用 Python 内置函数 len()来获取元组的长度(即元组元素的个数)。

【例 4-7】 使用内置函数 len()来获取元组的长度的示例。

参考源码如下。

```
myTuple = (1,2,3)
print(len(myTuple))                    #输出 3
```

7. 切片元组

与访问子列表的方法相似,可以使用切片操作符来获取元组中的一部分。

【例 4-8】 使用切片操作符来获取元组中的一部分的示例。

参考源码如下。

```
myTuple = (1, 2, 3, 4, 5)
print(myTuple[1:3])                    #输出(2, 3)
```

8. 计算某个元素在元组中出现的次数

与列表具有的 count()方法相同,使用元组的 count()方法来获取一个元素在元组中出现的次数。

【例 4-9】 使用 count()方法来获取一个元素在元组中出现的次数的示例。

参考源码如下。

```
myTuple = (1,2,3)
print(myTuple.count(2))                #输出 1
```

9. 确定元素在元组中的位置

与列表具有的 index()方法相同,使用元组的 index()方法来获取一个元素在元组中第一次出现的位置。

【例 4-10】 使用 index()方法来获取一个元素在元组中第一次出现的位置的示例。

参考源码如下。

```
myTuple = (1,2,3)
print(myTuple.index(2))                 #输出 1
```

10. 解包赋值

用一个赋值表达式,给多个变量赋值,称为解包赋值。

【例 4-11】 解包赋值的示例。

参考源码如下。

```
stockPrice,amount = 100.5,3000
```

等价于:

```
stochPrice = 100.5
amount = 3000
```

注意:由于元组是不可变的,因此不能对元组中具有不可变性元素值进行修改、添加或删除操作。如果需要修改一个元组中的元素值,可通过内置函数 list()先将元组转换为列表,使用列表的方法对列表元素进行更新,再通过内置函数 tuple()将列表转换回元组。

4.3 元组在金融领域的应用

使用元组可以方便地组织和操作金融数据。元组是不可变的,因此可以确保数据的完整性和安全性。此外,元组的索引和切片操作使得可以轻松地访问和处理元组中的元素。元组的拼接、重复和解包操作提供了灵活和高效的数据处理方式。

Python 的元组类型的数据可以用来表示和处理各种与金融相关的不可变数据集合,例如:

(1) 股票代码和名称。

Python 的元组类型可以用来表示股票的代码和名称的对应关系,如 stockInfo = ("600036","招商银行")。

(2) 财务报表数据。

Python 的元组类型可以用来表示财务报表的数据,如 financialData=(1000,1200,1100,1300)。

(3) 客户信息元组。

Python 的元组类型可以用来表示客户信息的数据,如 customerInfo=("张三",30,"男")。

(4) 交易记录元组。

在金融交易中,通常需要记录每一笔交易的信息,例如,交易日期、股票代码、交易价格等。可以使用元组来表示每一条交易记录,如 tradeRecord = ('2023-07-17','stock1',150.25,1000),这个元组表示在 2023 年 7 月 17 日,以每股 150.25 元的价格买入了 1000 股 stock1 股票。可以使用索引来访问元组中的每个元素,如 tradeRecord[0]表示交易日期,tradeRecord[1]表示股票代码。

在金融分析中,通常需要对多个交易记录进行计算和分析。可以将多个交易记录组成一个元组。例如:

```
trades = (('2023-07-17', 'stock1', 50.25, 1000),
          ('2023-07-16', 'stock2', 12.50, 500),
          ('2023-07-15', 'stock3', 80.00, 200))
```

这个元组包含三个交易记录,每个交易记录都是一个元组。可以使用索引来访问每个交易记录,例如,trades[0]表示第一条交易记录,trades[1][1]表示第二条交易记录中的股票代码。

(5) 历史股价数据元组。

在金融分析中,通常需要使用历史股价数据来进行技术分析和预测。可以使用元组来表示每一天的历史股价数据,如 priceData = ('2023-07-17',150.25,152.50,148.75,151.00,1000000)。这个元组表示在 2023 年 7 月 17 日,某支股票的开盘价为 150.25 元,最高价为 152.50 元,最低价为 148.75 元,收盘价为 151.00 元,成交量为 100 万股。可以使用索引来访问每个数据项,如 priceData[1]表示开盘价,priceData[5]表示成交量。

(6) 指标元组。Python 的元组类型可以用来表示一组指标的数据,如 indicators =(0.1,0.2,0.15,0.3)。

【例 4-12】 元组不可变性的示例。

参考源码如下。

```
tup = (1,2,['a',3],'aaa')
tup[2][1] = 4
print(tup)
```

执行结果:

```
(1, 2, ['a', 4], 'aaa')
```

在本例中,元组 tup 的第三个元素是列表['a',3],列表是可变的,语句 tup[2][1]=4 修改列表的第二个元素,符合 Python 列表的语法。对元组 Tupperware,元组的元素个数没有变化。

【例 4-13】 使用元组来存储股票的代码和收益率,进行解包赋值的示例。

参考源码如下。

```
stock1 = ('stock1', 0.02)
stock2 = ('stock2', -0.03)
stock3 = ('stock3', 0.04)
stocks = [stock1, stock2, stock3]
#使用了循环结构(详见 7.4.1 节)
for stock, returnValue in stocks:
    print(f"股票代码: {stock},收益率: {returnValue}")
```

执行结果:

```
股票代码: stock1,收益率: 0.02
股票代码: stock2,收益率: -0.03
股票代码: stock3,收益率: 0.04
```

在本例中,定义了三个元组,每个元组包含股票代码和对应的收益率。将这些元组放入一个列表 stocks 中。使用 for 循环来遍历 stocks 列表,并使用元组解包来同时获取股票代码和收益率。每次迭代在屏幕上显示一个股票代码和收益率。

【例 4-14】 使用元组存储每支股票的信息,进行解包赋值的示例。

参考源码如下。

```
#股票投资组合
portfolio = (("stock1",100,150.25),("stock2",50,1200.50),("stock3",75,2000.75))
#打印每支股票的信息,使用了循环结构(详见 7.4.1 节)
```

```
for stock in portfolio:
    print("股票代码: ", stock[0])
    print("股票数量: ", stock[1])
    print("股票价格: ", stock[2])
    print()
```

执行结果:

```
股票代码: stock1
股票数量: 100
股票价格: 150.25

股票代码: stock2
股票数量: 50
股票价格: 1200.5

股票代码: stock3
股票数量: 75
股票价格: 2000.75
```

在本例中,使用了一个元组来存储每支股票的代码、数量和价格。通过遍历元组,可以轻松地打印出每支股票的信息。

【例 4-15】 使用元组进行货币兑换的示例。

参考源码如下。

```
#货币兑换
exchangeRates = (("USD","EUR",0.95),("JPY","USD",108.50),("GBP","USD",1.01))
#用户输入金额和货币代码
amount = float(input("请输入金额: "))
currency = input("请输入货币代码: ")
#根据用户输入的货币代码找到对应的汇率,使用了循环结构(详见7.4.1节)
for rate in exchangeRates:
    if rate[0] == currency:
        convertedAmount = amount * rate[2]
        print("兑换后的金额: ", convertedAmount)
        break
else:
    print("找不到对应的汇率")
```

执行结果:

```
请输入金额: 100
请输入货币代码: USD
兑换后的金额: 95.0
```

在本例中,使用了一个元组来存储两种货币的名称及之间的汇率。用户可以输入金额和某种货币代码,程序会根据输入的货币找到其兑换的货币及汇率,并计算兑换后的金额。

【例 4-16】 使用元组计算股票市值的示例。

参考源码如下。

```
#金融数据分析
data = (("stock1",150.25,100000),("stock2",1200.50,50000),("stock3",2000.75,75000))
#计算每支股票的市值
marketValues = [(stock[0], stock[1] * stock[2]) for stock in data]
#打印每支股票的市值,使用了循环结构(详见7.4.1节)
for stock in marketValues:
```

```
        print("股票代码: ", stock[0])
        print("市值: ", stock[1])
        print()
```

执行结果:

```
股票代码: stock1
市值: 15025000.0

股票代码: stock2
市值: 60025000.0

股票代码: stock3
市值: 150056250.0
```

在本例中,使用了一个元组来存储每支股票的代码、价格和数量。通过列表推导式,可以方便地计算每支股票的市值,并打印出结果。

列表与元组都是有序序列,元组与列表的异同点,如表 4-2 所示。

表 4-2　元组与列表之间的异同点

数据结构类型	相 异 点	相 同 点
元组	元组比列表的访问和处理速度快,每个元素不可修改,用()表示; 元组不能够删除元素,只能删除整个元组; 元组可以作为字典的键	可以用 Python 的任何对象作为元素;
列表	每个元素可修改,用[]表示,元素可以任意修改和删除; 可以用 append()、extend()、insert()、remove()等函数修改列表; 列表不能作为字典的键	元素是有序的,即每个元素有一个索引值

使用 Python 元组时需要注意以下 5 点。

(1) 元组是不可变数据类型,元组中的元素可以是任何数据类型,包括其他元组。元组一旦创建就不能添加、删除或修改其中的元素。如果需要修改元素,可以先将元组转换为列表,修改后再转换回来。不可变性是依据元组中的元素的可变性决定的。如果元组中的元素是不可变的,则不能修改;如果元组中的元素是可变的,则可以修改。

(2) 元组是有序数据类型,可以通过索引来访问。元组的索引从 0 开始,可以使用负数索引反序访问元组的元素。

(3) 元组支持切片操作,可以通过切片获取元组的子集。

(4) 元组没有方法可以添加、删除或修改元素。可以使用内置函数对元组进行操作。例如,使用内置函数 sorted()对元组进行排序,使用内置函数 len()获取元组的元素个数等。

(5) 如果元组中只有一个元素,该元素后必须加逗号,如 singleTuple=(1,)。

习题 4

一、填空题

元组 stock=('stock1',0.02,100.0)记录了一支名为 stock1 的股票的收益率及价格,请填写下列 Python 表达式的结果。

1. 表达式 stock[0]的结果为_____,stock[1:]的结果为_____。

2. 表达式 len(stock)的结果为_____。

3. 如果 stock1=('stock1',0.02),stock2=('stock2',-0.03),则执行语句 stocks=stock1+stock2 后的 stocks 的值为_____。

4. 执行语句 stock=stock * 3 后,stock 的值为_____。

5. 执行语句 symbol,rate,value=stock 后,symbol 的值为_____,value 的值为_____。

二、编程题

编写一个程序,将列表 lst=['6000','6012','6000','6122','0001','6012']中的重复元素去除。

三、拓展题

观察下列代码的运行结果。请说明可变对象与不可变对象的含义。

参考源码:

```
print("列表的合并操作")
lst = [1,2]
print(f"1:lst' address is {id(lst)},value is {lst}")
lst1 = [3,4]
print(f"2:lst1' address is {id(lst1)},value is {lst1}")
lst.extend(lst1)
print(f"3:lst' address is {id(lst)},value is {lst}")
print("元组的合并操作")
tup = (1,2)
print(f"1:tup' address is {id(tup)},value is {tup}")
tup1 = (3,4)
print(f"2:tup1' address is {id(tup1)},value is {tup1}")
tup = tup + tup1
print(f"3:tup' address is {id(tup)},value is {tup}")
```

执行 lst=lst+lst1 后,lst 的"地址"会发生变化吗? 可以得到什么结论?

习题 4

第 5 章

Python字典

字典是 Python 中一种重要的数据结构,提供了以键值对形式存储数据的方式,具有灵活性和易用性。了解和掌握字典的基本概念和常用方法,可以更好地利用 Python 的字典来解决各种实际问题。

5.1 字典的定义

根据 Python 官方文档:字典(Dictionary)是一种可变容器模型,由键值对的集合组成,可存储任意类型对象。字典的每个键值对(key:value)用冒号分隔,每个键值对之间用逗号分隔,整个字典包括在花括号{}中。

字典的形式如下。

```
dict = {key1: value1, key2: value2, …}
其中,
key1、key2 等是键,键的数据类型必须是不可变类型。
value1、value2 等是值,值可以是任意数据类型。
```

字典用来存储 key:value(键值对)的数据。字典是无序的(插入有序)、可变的且无重复键值的 Python 数据类型,字典的键是不可变的,字典的值可以是可变的。总之,字典是 Python 用来存储数据的一种数据结构,由一系列键值对组成,每个键都对应一个值。键可以是任何不可变类型的数据,如字符串、数字或元组,值可以是任何类型的数据。

5.2 字典的基本操作

Python 字典是一种可变的数据类型,用于存储键值对形式的数据。字典的键值对结构将相关的数据组合在一起。通过添加、修改和删除键值对,可以动态地更新字典中的数据。这些基本操作使得字典成为处理金融数据的有力工具。Python 字典常用的操作,如表 5-1 所示。

表 5-1 Python 字典常用的方法(含内置函数和关键字)

函数或方法及操作符	描述
{}	创建空字典
dict()	使用内置函数 dict()创建字典
len()	获取字典的长度
clear()	用于清空字典中所有的 key:value 对,对一个字典执行 clear()方法之后,该字典就会变成一个空字典

续表

函数或方法及操作符	描述
get()	根据 key 来获取 value,它相当于方括号语法的增强版,当使用方括号语法访问并不存在的 key 时,字典会引发 KeyError 错误;但如果使用 get()方法访问不存在的 key,该方法会简单地返回 None,不会导致错误
del	从字典中删除指定键值的键值对
in	检查一个键是否在字典中
update()	使用一个字典所包含的 key:value 对来更新已有的字典。在执行 update()方法时,如果被更新的字典中已包含对应的 key:value 对,那么原 value 会被覆盖;如果被更新的字典中不包含对应的 key:value 对,则该 key:value 对被添加进去
items()	分别用于获取字典中的所有 key:value 对。返回 dict_items
keys()	分别用于获取字典中的所有 key。返回 dict_keys
values()	分别用于获取字典中的所有 value。返回 dict_values。Python 不希望用户直接操作 items()、keys()、values()方法,但可通过 list()函数把它们转换成列表
pop()	用于获取指定 key 对应的 value,并删除这个 key:value 对
popitem()	用于随机弹出字典中的一个 key:value 对。此处的随机其实是假的,正如列表的 pop()方法默认弹出列表中最后一个元素,实际上,字典的 popitem()其实也是默认弹出字典中最后一个 key:value 对。由于字典存储 key:value 对的顺序是不可知的,因此开发者感觉字典的 popitem()方法是"随机"弹出的,但实际上字典的 popitem()方法总是弹出底层存储的最后一个 key:value 对
setdefault()	用于根据 key 来获取对应 value 的值。但该方法有一个额外的功能,即当程序要获取的 key 在字典中不存在时,该方法会先为这个不存在的 key 设置一个默认的 value,然后再返回该 key 对应的 value
fromkeys()	使用给定的多个 key 创建字典,这些 key 对应的 value 默认都是 None;也可以额外传入一个参数作为默认的 value。该方法一般不会使用字典对象调用(没什么意义),通常会使用 dict 类直接调用

1. 创建字典

创建字典有三种方式:使用花括号{}、内置函数 dict()和内置函数 zip()。

【例 5-1】 创建字典的示例。

参考源码如下。

```
#使用{}创建字典
myDict1 = {'stock1':150.25,'stock2':1200.50,'stock3':800.00}
#使用内置函数 dict()创建一个空字典
myDict2 = dict()
#使用内置函数 zip()创建一个字典
keys = [1,2,3]
values = ('a','b','c')
aDict = dict(zip(keys,values))
print(aDict)
```

执行结果:

```
{1: 'a', 2: 'b', 3: 'c'}
```

2. 求字典长度(元素个数)

使用内置函数 len()来获取字典中键值对的数量。

【例 5-2】 获取字典中键值对的数量的示例。

参考源码如下。

```
myDict = {'stock2':1200.5,'stock3':800.0,'stock4': 3200.0}
print(len(myDict))
```

执行结果：

```
3
```

3. 从字典中获取键对应的值

使用 get() 方法获取字典中指定键的值。

【例 5-3】 获取字典中指定键的值的示例。

参考源码如下。

```
myDict = {'stock2':1200.5,'stock3':800.0,'stock4':3200.0}
#使用get()方法获取键对应的值
stock2Price = myDict.get('stock2')
#输出结果
print(f'stock2Price is :{stock2Price}')
```

执行结果：

```
stock2Price is :1200.5
```

在本例中，创建了一个字典 stockPrices，其中包含三个键值对。使用 get() 方法来获取 stock2 对应的值。

注意：get() 方法还可以接受一个可选参数，用于指定当指定的键不存在时返回的默认值。

【例 5-4】 使用指定默认值的 get() 方法来获取字典中指定键的值的示例。

参考源码如下。

```
myDict = {'stock2':1200.5,'stock3':800.0,'stock4':3200.0}
#使用get()方法获取键对应的值,指定默认值为0
stock1Price = myDict.get('stock1',0)
stock3Price = myDict.get('stock2',0)
#输出结果
print(f'stock1Price is :{stock1Price}')
print(f'stock3Price is :{stock3Price}')
```

执行结果：

```
stock1Price is :0
stock3Price is :1200.5
```

在本例中，获取 stock1 对应的值时，由于该键不存在于字典中，因此 get() 方法返回了默认值 0。

4. 访问字典

使用键来访问字典中的值。

【例 5-5】 使用键来访问字典中的值的示例。

参考源码如下。

```
myDict = {'stock1':150.25,'stock2':1200.50,'stock3':800.00}
print(myDict['stock1'])
```

执行结果：

```
150.25
```

5. 添加或修改键值对

使用赋值语句来添加或修改字典中的键值对。

【例 5-6】 更新字典中的键值对的示例。

参考源码如下。

```
myDict = {'stock1':150.25,'stock2':1200.50,'stock3':800.00}
#添加字典的值
myDict['stock4'] = 3200.00
#修改字典值
myDict['stock1'] = 1000.00
print(myDict)
```

执行结果：

```
{'stock1':1000.0,'stock2':1200.5,'stock3':800.0,'stock4':3200.0}
```

6. 删除键值对

使用 del 关键字来删除字典中的键值对。

【例 5-7】 删除字典中的键值对的示例。

参考源码如下。

```
myDict = {'stock1':1000.0,'stock2':1200.5,'stock3':800.0,'stock4':3200.0}
#删除字典中键为 stock1 的键值对
del myDict['stock1']
print(myDict)
```

执行结果：

```
{'stock2':1200.5,'stock3':800.0,'stock4':3200.0}
```

7. 判断键是否在字典中

使用关键字 in 来检查一个键是否在字典中。

【例 5-8】 检查一个键是否在字典中的示例。

参考源码如下。

```
myDict = {'stock2':1200.5,'stock3':800.0,'stock4':3200.0}
print('stock2' in myDict)
```

执行结果：

```
True
```

8. 获取所有键值对

使用 items()方法来获取字典中所有的键值对。

【例 5-9】 获取字典中所有的键值对的示例。

参考源码如下。

```
myDict = {'stock2':1200.5,'stock3':800.0,'stock4':3200.0}
print(myDict.items())
```

执行结果：

```
dict_items([('stock2',1200.5),('stock3',800.0),('stock4',3200.0)])
```

说明：字典的 items() 方法，返回值的数据类型是列表，列表中的元素是由键和值组成的元组。

9. 获取所有键或所有值

使用 keys() 或 values() 方法来获取字典中所有的键或所有的值。

【例 5-10】 获取字典中所有的键或所有的值的示例。

参考源码如下：

```
myDict = {'stock2':1200.5,'stock3':800.0,'stock4':3200.0}
print(myDict.keys())
print(myDict.values())
```

执行结果：

```
dict_keys(['stock2','stock3','stock4'])
dict_values([1200.5,800.0,3200.0])
```

说明：字典的 keys() 和 values() 方法，返回值的数据类型是列表。

5.3 字典在金融领域的应用

在金融领域中，Python 的字典类型的数据可以用来表示和处理各种与金融相关的键值对数据。例如，可以使用字典来存储股票代码和股价之间的映射关系；或者存储账户信息和账户余额之间的映射关系等。

(1) 股票信息字典。

Python 的字典类型可以用来表示股票的信息，如：stockInfo = {"AAPL":"Apple Inc.","GOOGL":"Alphabet Inc."}。

(2) 财务报表字典。

Python 的字典类型可以用来表示财务报表的数据，如：financialData = {"2021-01-01":1000,"2021-02-01":1200,"2021-03-01":1100}。

(3) 客户信息字典。

Python 的字典类型可以用来表示客户的信息，如：customerInfo = {"姓名":"张三","年龄":30,"性别":"男"}。

(4) 金融指标字典。

Python 的字典类型可以用来表示一组金融指标的数据，如：indicators = {"收益率":0.1,"波动率":0.2,"夏普比率":0.15}。

(5) 股票组合字典。

在金融投资中，通常需要管理多支股票的投资组合。可以使用一个字典来表示这个投资组合，其中，键是股票代码，值是投资金额，如：portfolio = {'stock1':10000,'stock2':20000,'stock3':15000}。这个字典表示了一个包含 stock1、stock2 和 stock3 三支股票的投资组合，其中，stock1 的投资金额为 10000 元，stock2 的投资金额为 20000 元，stock3 的投资金额为 15000 元。

【例 5-11】 使用字典的值来计算投资组合的总价值的示例。

参考源码如下。

```
portfolio = {'stock1':10000,'stock2':20000,'stock3':15000}
totalValue = sum(portfolio.values())
print(totalValue)
```

执行结果：

```
45000
```

（6）股票价格字典。

在金融分析中，通常需要使用股票价格数据来进行计算和预测。可以使用一个字典来表示每支股票的历史价格数据，其中，键是股票代码，值是一个列表，列表中包含每天的股价数据，如：priceData={'stock1':[150.25,152.50,153.75,154.2],'stock2':[1200.50,1210.00,1220.00,1221.0],'stock3':[800.00,810.00,820.00,821.07]}。这个字典表示 stock1、stock2 和 stock3 三支股票的历史价格数据，其中每个键对应一个包含该股票每天股价数据的列表。

（7）股票交易记录字典。

在金融交易中，通常需要记录每一笔交易的信息，如交易日期、股票代码、交易价格等。可以使用一个字典来表示每一笔交易记录，其中，键是交易日期，值是一个包含该日期所有交易记录的列表。例如：

```
tradeData = {'2023-07-17':[('stock1','buy',1000,150.25),
                           ('stock2','sell',500,1200.50),
                           ('stock3','buy',200,800.00)],
             '2023-07-16':[('1stock1','sell',500,152.50),
                           ('stock2','buy',1000,1210.00)],
             '2023-07-15':[('stock1','buy',500,153.75),
                           ('stock3','sell',100,820.00)]}
```

这个字典表示了三天内的所有交易记录，其中每个键对应一个包含该日期所有交易记录的列表。

【例 5-12】 使用字典的值计算每支股票的平均价格的示例。

参考源码如下。

```
priceData = {'stock1':[150.25,152.50,153.75,154.2],
             'stock2':[1200.50,1210.00,1220.00,1221.0],
             'stock3':[800.00,810.00,820.00,821.07]}
#下面的代码使用了 Python 的 for 循环结构，详见第 7 章
for stock, prices in priceData.items():
    avgPrice = sum(prices) / len(prices)
    print(f'{stock}: {avgPrice}')
```

执行结果：

```
stock1:152.675
stock2:1212.875
stock3:812.7675
```

在本例中，遍历 priceData 字典中的每个键值对，计算每支股票的平均价格，并输出结果。

【例5-13】 使用字典的值计算每支股票的总交易量的示例。

参考源码如下。

```
tradeData = {'2023-07-17':[('stock1','buy',1000,150.25),
                           ('stock2','sell',500,1200.50),
                           ('stock3','buy',200,800.00)],
             '2023-07-16':[('stock1','sell',500,152.50),
                           ('stock2','buy',1000,1210.00)],
             '2023-07-15':[('stock1','buy',500,153.75),
                           ('stock3','sell',100,820.00)]}
tradeVolume = {}
#下面的代码使用了Python的for循环嵌套结构,详见第7章
for date, trades in tradeData.items():
    for stock, action, quantity, price in trades:
        if stock not in tradeVolume:
            tradeVolume[stock] = 0
        if action == 'buy':
            tradeVolume[stock] += quantity
        else:
            tradeVolume[stock] -= quantity

print(tradeVolume)
```

执行结果：

```
{'stock1':1000,'stock2':500,'stock3':100}
```

在本例中,遍历tradeData字典中的每个键值对,计算每支股票的总交易量,并输出结果。

【例5-14】 使用字典来存储股票代码和对应的收益率的示例。

参考源码如下。

```
stocks = {'stock1':0.02,'stock2':-0.03,'stock3':0.04}
for stock,returnValue in stocks.items():
    print(f"股票代码:{stock},收益率:{returnValue}")
```

执行结果：

```
股票代码:stock1,收益率:0.02
股票代码:stock2,收益率:-0.03
股票代码:stock3,收益率:0.04
```

在本例中,定义了一个字典stocks,其中,键是股票代码,值是对应的收益率。使用for循环和items()方法来遍历字典中的键值对。在每次迭代中,使用解包的方式获取股票代码和收益率,并在屏幕上显示出来。

【例5-15】 使用字典来存储和访问股票信息的示例。假设有一个股票组合,其中包含多支股票的代码和对应的持仓量。

参考源码如下。

```
portfolio = {'stock1':100,'stock2':50,'stock3':75}
#访问股票持仓量
print("stock1的持仓量为: ",portfolio['stock1'])
#添加新的股票
portfolio['stock4'] = 200
#更新股票持仓量
```

```
portfolio['stock1'] = 60
print("更新后 stock1 的持仓量为: ",portfolio['stock1'])
#删除股票
del portfolio['stock2']
print(portfolio)
```

执行结果:

```
stock1 的持仓量为: 100
更新后 stock1 的持仓量为: 60
{'stock1':60, 'stock3':75, 'stock4':200}
```

在本例中,创建了一个字典 portfolio,其中包含三支股票的代码和持仓量。演示了如何通过键来访问字典中的值,并展示了如何添加、更新和删除字典中的元素。

【例 5-16】 使用字典来计算股票组合的市值的示例。

参考源码如下。

```
prices = {'stock1':150.25,'stock2':2500.50,'stock3':3500.75}
portfolio = {'stock1':100,'stock2':50,'stock3':75}
#计算股票组合的市值
totalValue = 0
for stock in portfolio:
    totalValue += portfolio[stock] * prices[stock]

print("股票组合的市值为: ", totalValue)
```

执行结果:

股票组合的市值为: 402606.25

在本例中,创建了两个字典,分别存储股票代码和股价以及股票代码和持仓量。使用一个循环来遍历股票组合中的每支股票,根据股价和持仓量计算每支股票的市值,并累加到总市值中。

【例 5-17】 使用字典来进行金融数据的统计分析的示例。假设有一份股票组合,其中每支股票的名称、股价和收益率都已知。可以使用字典来存储这些信息,其中,股票代码作为键,一个包含股价和收益率的列表作为值。

参考源码如下。

```
data = {'stock1':[150.25,0.05],'stock2':[2500.50,-0.02],'stock3':[3500.75,0.10]}

#计算股票组合的平均收益率和波动率
totalReturn = 0
totalVolatility = 0

for stock in data:
    totalReturn += data[stock][1]
    totalVolatility += data[stock][1] ** 2

averageReturn = totalReturn / len(data)
volatility = (totalVolatility / len(data) - averageReturn ** 2) ** 0.5

print("股票组合的平均收益率为: ", averageReturn)
print("股票组合的波动率为: ", volatility)
```

执行结果:

```
股票组合的平均收益率为:0.043333333333333335
股票组合的波动率为:0.049216076867444676
```

在本例中,创建了一个字典 data,其中存储了股票代码、股价和收益率的信息。使用一个循环来遍历股票组合中的每支股票,计算总收益率和总波动率。根据总收益率和总波动率的计算公式,计算股票组合的平均收益率和波动率。

字典类型的数据结构具有灵活性和高效性,可以根据需要动态地添加、修改和删除键值对,适用于存储和管理各种金融相关的数据。同时,Python 提供了丰富的字典操作方法和函数,可以方便地进行字典的访问、更新、遍历等操作,进一步增强了对金融数据的处理能力。

使用 Python 字典时需要注意以下 4 点。

(1) 字典是可变数据类型,可以随时添加、删除或修改其中的键值对。

(2) 字典中的键必须是唯一的且不可变;值可以是任何数据类型,包括其他字典。

(3) 字典支持通过键访问值,可以使用 get()、keys()、values()和 items()方法获取键、值和键值对的集合。字典的 keys()和 values()方法,返回值的数据类型是列表。

(4) 与列表、元组相同,要获取字典的长度(即字典的元素个数)可以使用内置函数 len()。

习题 5

一、填空题

1. 字典对象的_____方法返回字典的"键"列表,_____方法返回字典的"值"列表。

2. 下列程序的输出结果是_____。

```
kvs = {'a':3,'b':5}
theCopy = kvs
kvs['a'] = 6
sum = kvs['a'] + theCopy['a']
print('sum is {}'.format(sum))
```

3. 已知 dict={'a':'jxufe','c':1},那么表达式 'jx' in dict.values()的值为_____。

4. 已知一个投资组合 invDic={"股票":10,"债券":10}

① 写出股票的投资额增加 10 的 Python 语句_____。

② 写出在投资组合中,增加一个投资项"贵金属",投资额"10"的 Python 语句_____。

③ 写出计算投资总额的 Python 表达式_____。

④ 写出利用字典对象的 get()方法,获取投资项"股票"的投资额的表达式_____。

⑤ 写出在投资组合 invDic 中,利用字典对象的 get()方法,获取投资项房地产的投资额的表达式_____,如果房地产项不存在,则投资额为"未投资"。

⑥ 写出删除投资组合中股票项的语句_____。

二、编程题

1. 通过构建一个省份字典和性别字典,根据身份证号判断操作者的所属省份、年龄和性别。

2. 使用 zip() 函数创建一个字典,字典的键和值来自两个不同的列表,coup=['债券 1','债券 2','债券 3','债券 4','债券 5'],intrest=[0.03,0.04,0.035,0.045,0.05]。

第 6 章

Python集合

Python 中的集合是一种常用的数据结构,是 Python 内置的数据类型,提供了简单且高效的方法来处理和操作唯一的元素。

6.1 集合的定义

根据 Python 官方文档的描述:集合是由不重复元素组成的无序容器。创建集合可以使用花括号或 set()函数。集合中的元素可以是数字、字符串、元组、布尔值、函数名等,但不能是可变对象(如列表、字典等);集合中的元素是无序的,也就是说,集合中的元素不能通过索引来访问;集合中的元素是唯一的,即集合中不能有重复的元素;集合可以进行集合运算,如并集、交集、差集等。

集合是一个无序的、可变的容器,用于存储不重复的元素,并且具有去重、判断成员资格、交集、并集、差集等操作。具有如下特点:集合是无序的,集合元素是唯一的,集合是可以被修改的,但是集合元素必须是不可变类型。

6.2 集合的基本操作

Python 集合是一种无序的、可变的数据类型,用于存储一组无重复的元素。使用集合可以方便地存储和操作一组相关的元素,而无须关心元素的顺序。集合的一些常用操作,如表 6-1 所示。

表 6-1 Python 集合的常用操作

函数或方法及操作符	具体描述	实 例
set()	将列表、元组和字符串等转换成集合 aSet={}	aSet=set('Python')
len()	求出 aSet 中的元素个数	print(len(aSet))
frozenset()	创建不可变集合	frozenset(aSet)
add()	在集合中添加元素,aSet={1,'P','y','t','h','o','n'}	aSet.add(1)
remove()	从集合中删除一个元素,如果删除的元素不存在于集合中,会抛出 KeyError 异常	aSet.remove(1)
discard()	从集合中删除一个元素,如果删除的元素不存在于集合中,不会抛出 KeyError 异常	aSet.discard('P')
update()	将另外一个集合的元素添加到指定集合中	aSet.update({1,2})
clear()	清空指定集合中的所有元素	bSet={1,2} bSet.clear()

续表

函数或方法及操作符	具 体 描 述	实　　例
in	判断元素是否在集合中	't' in aSet
|	两个集合的并运算	aSet | {1,2}
&	两个集合的交运算	aSet & {1,2}
-	两个集合的差运算	aSet - {1,2}
==	如果setA等于setB,则返回True;否则返回False	setA==setB
!=	如果setA不等于setB,则返回True;否则返回False	setA!=setB
<	如果setA是setB的真子集,则返回True;否则返回False	setA < setB
<=	如果setA是setB的子集,则返回True;否则返回False	setA <= setB
>	如果setA是setB的真超集,则返回True;否则返回False	setA > setB
>=	如果setA是setB的超集,则返回True;否则返回False	setA >= setB

1. 创建集合

使用花括号{}或set()函数来创建一个集合。

【例6-1】 创建集合的示例。

参考源码如下。

```
mySet1 = {1,2,3}
mySet2 = set([1,1,2,3])                    #结果：{1,2,3}
```

注意：创建一个空集合必须用set()函数,而不能使用{},因为{}是用来创建一个空字典的。

2. 求集合长度(元素的个数)

使用内置函数len()来获取集合中元素的数量。

【例6-2】 获取集合中元素的数量的示例。

参考源码如下。

```
mySet = {1,2,3}
print(len(mySet))                          #输出 3
```

3. frozenset()方法

创建不可变集合,不可变集合是指集合中的元素不可变化。

【例6-3】 使用frozenset()方法创建不可变集合的示例。

参考源码如下。

```
mySet = {1,2,3}
fMySet = frozenset(myset)
print(type(fMySet))
```

执行结果：

```
<class 'frozenset'>
```

4. 添加元素

使用 add() 方法来向集合中添加一个元素。

【例 6-4】 向集合中添加一个元素的示例。

参考源码如下。

```
mySet = {1,2,3}
print(f"1:The mySet's address is {id(mySet)}")
mySet.add(4)                    #向集合中添加一个新元素 4
print(f"mySet is {mySet}")
print(f"2:The mySet's address is {id(mySet)}")
```

执行结果：

```
1:The mySet's address is 2284203002784
mySet is {1, 2, 3, 4}
2:The mySet's address is 2284203002784
```

在本例中，通过集合的 add() 方法，给集合 mySet 添加了一个元素 4。

注意：mySet 的地址没有发生变化，体现了集合的可变性。请与例 4-5 进行比较。

5. 删除元素

使用 remove() 或 discard() 方法可以从集合中删除一个元素。两个方法的区别在于，如果删除的元素不存在于集合中，remove() 方法会抛出 KeyError 异常，而 discard() 方法不会抛出异常。

【例 6-5】 从集合中删除一个元素的示例。

参考源码如下。

```
mySet = {1,2,3}
mySet.remove(3)                 #删除集合中的元素 3
mySet.discard(3)
print(mySet)
```

执行结果：

```
{1,2}
```

6. 判断元素是否在集合中

使用关键字 in 来检查一个元素是否在集合中。

【例 6-6】 检查一个元素是否在集合中的示例。

参考源码如下。

```
mySet = {1,2,3}
print(2 in mySet)               #输出 True
```

7. 集合运算

使用集合运算符（如并集、交集、差集等）来对集合进行运算。

【例 6-7】 集合运算的示例。

参考源码如下。

```
set1 = {1,2,3}
set2 = {2,3,4}
```

```
#计算并集
union = set1 | set2
print(union)                    #输出{1,2,3,4}
#计算交集
intersection = set1&set2
print(intersection)             #输出{2,3}
#计算差集
difference = set1 - set2
print(difference)               #输出{1}
```

执行结果:

```
{1,2,3,4}
{2,3}
{1}
```

在本例中,创建了两个集合 set1 和 set2,使用运算符计算了它们的并集、交集和差集,并将结果输出。

8. 获取所有元素

使用 for 循环来遍历集合中的所有元素。

【例 6-8】 访问集合中的所有元素的示例。

参考源码如下。

```
mySet = {1,2,3}
#依次输出集合中的每个元素
for element in mySet:
    print(element)
```

执行结果:

```
1
2
3
```

6.3 集合在金融领域的应用

在金融领域中,Python 的集合类型的数据可以用来表示和处理各种与金融相关的无序、唯一的数据集合。

(1) 交易员集合。

表示一组交易员的姓名,如 traderSet={"张三","李四","王五"}。

(2) 股票行业集合。

表示一组股票所属的行业,如 industrySet={"科技","金融","医药"}。

(3) 交易日期集合。

表示一组交易日期,如 dateSet={"2021-01-01","2021-01-02","2021-01-03"}。

(4) 金融指标集合。

表示一组金融指标的名称,如 indicatorSet={"收益率","波动率","夏普比率"}。

(5) 股票代码集合。

如 stocks={'stock1','stock2','stock3'},这个集合表示了 stock1、stock2 和 stock3 三支股票的代码。

(6)投资组合集合。

在金融投资中,通常需要管理多个投资组合,可以使用一个集合来存储这些投资组合。

通过使用Python的集合类型,金融领域的无序、唯一的数据集合可以被准确地表示、存储和处理,从而支持金融数据的去重、成员检查、集合运算等各种金融任务。

【例6-9】 利用集合计算所有投资组合的总价值的示例。

参考源码如下。

```
#集合portfolios表示了三个投资组合,其中每个投资组合由股票名称和投资金额组成
portfolios = {('stock1',10000),('stock2',20000),('stock3',15000)}
totalValue = sum([amount for _, amount in portfolios])
print(totalValue)
```

执行结果:

```
45000
```

在本例中,使用了列表生成式来获取所有投资组合的投资金额,并使用内置函数sum()来计算它们的总和。

【例6-10】 使用集合来存储股票名称的示例。

参考源码如下。

```
stocks = {'stock1','stock2','stock3'}
for stock in stocks:
    print(stock)
```

执行结果:

```
stock1
stock2
stock3
```

在本例中,定义了一个集合stocks,其中包含三支股票名称。使用for循环遍历集合中的元素,并在屏幕上显示出来。

【例6-11】 获取多支股票名称集合之间的交集的示例。

参考源码如下。

```
set1 = {'stock1','stock2','stock3'}
set2 = {'stock1','stock4','stock3'}
#获取交集
intersection = set1 & set2
print(intersection)
```

执行结果:

```
{'stock1', 'stock3'}
```

在本例中,使用了集合运算符&来获取set1和set2之间的交集,即包含stock1和stock3的新集合。

集合类型的数据结构具有高效的成员检查性能和去重功能,适用于处理大量的唯一数据。同时,Python提供了丰富的集合操作方法和函数,可以方便地进行集合的交集、并集、差集等操作,进一步增强了对数据的处理能力。

使用Python集合时需要注意以下三点。

（1）集合是可变数据类型，集合中的元素必须是唯一的且不可变，可以是任何不可变数据类型，如字符串、整数、元组等。

（2）集合支持交、并、差等操作，也可以使用 add()、remove() 和 update() 等方法添加、删除和更新集合中的元素。

（3）创建空集合时，只能使用内置函数 set()。

6.4 列表、元组、字典和集合的区别

列表、元组、字典和集合是 Python 编程语言中常用的数据结构。它们在存储和组织数据方面具有不同的特点和用途。了解它们之间的关系对于编写高效的程序至关重要。

（1）列表（List）是有序、可变的数据结构，用于存储多个元素。列表使用方括号[]来表示，元素之间使用逗号分隔。列表中的元素可以是不同类型的数据，可以通过索引访问和修改。列表常用于存储和处理有序的数据集合，如股票价格序列、交易记录等。

```
stocks = ['stock1','stock2','stock3']    # 列表存储股票代码
prices = [100.5,150.2,80.8]              # 列表存储股票价格
stocks[0]                                 # 访问列表中的第一个元素，输出 'AAPL'
prices.append(120.3)                      # 在列表末尾添加一个元素
```

（2）元组（Tuple）是有序、不可变的数据结构，用于存储多个元素。元组使用圆括号()来表示，元素之间使用逗号分隔。元组中的元素可以是不同类型的数据，一旦创建后就不能修改。元组常用于存储和传递不可变的数据，如日期、坐标等。

```
point = (3,4)                # 元组存储二维坐标
date = (2023,1,1)            # 元组存储日期
point[0]                     # 访问元组中的第一个元素，输出 3
```

（3）字典（Dictionary）是无序、可变的键值对数据结构，用于存储多个键值对。字典使用花括号{}来表示，键值对之间使用冒号分隔，键值对之间使用逗号分隔。字典中的键必须是唯一的，值可以是不同类型的数据。字典常用于存储和查找具有关联关系的数据，如股票代码和对应的价格。

```
#字典存储股票代码和价格
prices = {'stock1':100.5,'stock2':150.2,'stock3':80.8}
prices['stock1']                  # 根据键访问对应的值，输出 100.5
prices['stock4'] = 2000.0         # 添加新的键值对
```

（4）集合（Set）是无序、可变的数据结构，用于存储多个唯一的元素。集合使用花括号{}来表示，元素之间使用逗号分隔。集合中的元素必须是唯一的，重复的元素会被自动去重。集合常用于去重和集合运算，如交集、并集等。

```
numbers = {1,2,3,4,5}        # 集合存储数字
numbers.add(6)               # 添加一个新的元素
```

列表、元组、字典和集合是 Python 中常用的数据类型，它们之间有以下几个区别。

（1）列表和元组都是有序的数据类型，可以通过索引来访问其中的元素。列表使用方括号[]来创建，元素之间用逗号分隔；元组使用圆括号()来创建，元素之间也用逗号分隔。列表是可变的，即可以添加、删除和修改其中的元素；元组是不可变的，一旦创建就不能修改其中的元素。列表适用于存储有序且可变的数据集合，可以通过索引访问和修改。元组适用于存

储有序且不可变的数据集合,一旦创建后就不能修改。元组是可哈希的,因此可以作为字典的键或集合的元素;列表是不可哈希的,不能作为字典的键或集合的元素,因为列表是可变的,改变列表的值会改变其哈希值,破坏了哈希表的一致性。

(2)字典是一种无序的键值对数据类型,可以用来存储和访问各种数据。字典是可变的,即可以添加、删除和修改其中的键值对。字典适用于存储无序的键值对数据,可以根据键快速查找对应的值。

(3)集合是可变的,即可以添加、删除其中的元素。集合适用于存储无序且唯一的元素集合,支持集合运算和去重操作。

综上所述,列表和元组都是有序的数据类型,主要区别在于是否可变;字典和集合都是无序的数据类型,主要区别在于是否包含键值对。在实际应用中,可以根据需要选择不同的数据类型来存储和处理数据。例如,如果需要存储有序的数据并且需要修改其中的元素,可以使用列表;如果需要存储不可变的数据或者需要将多个值组合成一个整体,可以使用元组;如果需要存储键值对数据并且需要根据键来访问值,可以使用字典;如果需要存储一组唯一的元素并且需要进行集合运算,可以使用集合。

习题 6

1. 集合可以用{}或_____函数来创建。
2. 集合中的元素是_____的,即不允许重复。
3. 集合的方法_____可以添加一个或多个元素到集合中。
4. 集合的方法_____可以从集合中删除指定的元素。
5. 集合的操作符_____可以用于计算两个集合的并集。
6. 集合的操作符_____可以用于计算两个集合的交集。
7. 集合的操作符_____可以用于返回集合的差集。
8. 集合的操作符_____可以用于判断一个集合是否为另一个集合的子集。
9. 表达式_____用于判断集合是否为空。
10. 集合的操作符_____可以检查一个元素是否在集合中。

习题 6

第 7 章

Python程序结构

程序的顺序结构、分支(选择)结构和循环结构是程序的三种基本控制结构,在程序设计中起着重要的作用。

顺序结构是最简单、最基本的程序控制结构,程序代码的执行按照语句的书写顺序,依次执行。

分支(选择)结构是指根据条件判断的真假,选择执行不同的路径的程序控制结构。程序根据条件的结果,执行不同的语句块。Python 分支结构通常使用 if 语句实现。

循环结构是指重复执行某个程序中的某个(某些)语句块,直到满足设定条件才停止的程序控制结构。Python 循环结构通常使用 for 循环和 while 循环实现。

在实际编程活动中,程序员可以根据需求,将这三种结构组合使用,实现复杂的业务逻辑。

7.1 程序流程图

程序流程图是一种基本的程序设计工具。在程序编写过程中,合理使用程序流程图可以提高开发效率、减少逻辑错误、促进团队协作和维护程序。

程序流程图作为一种可视化工具,可以帮助相关人员理解和分析程序的逻辑。开发人员通过绘制程序流程图,厘清业务过程的顺序关系,明确算法的步骤,避免程序的逻辑错误。

程序流程图有助于团队协作和沟通。程序开发团队成员可以通过程序流程图快速了解程序的执行流程,有效地进行协同工作。

程序流程图有助于程序的文档化和维护。通过绘制程序流程图,可以将程序的逻辑和运行步骤清晰地记录下来,为后续的维护提供依据。

一个基本程序流程图通常由以下几个符号组成:开始(Start)符号、结束(End)符号、处理(Process)符号(包括流程框和循环框)、判定(Decision)符号、输入(Input)/输出(Output)符号以及连接线。开始和结束符号标识程序的入口和出口,任何程序的执行只有一个出口,即程序的运行只有一个执行结果;处理符号表示程序中的具体处理步骤;判断符号表示程序中的条件判断;输入/输出符号表示程序与外部环境的交互。这些符号通过连接线按照处理逻辑连接起来,形成一个完整的程序流程图。程序流程图的图符,如图 7-1 所示。

(1) 开始符号、结束符号。在 Visio 里,开始符和结束符用圆角矩形表示,这也是本书采用的符号。

(2) 处理符号是最常见的图符,表示程序中的一个步骤或操作。通常使用矩形表示。框内写明步骤的名称或操作的描述。一个处理框可以表示操作(含计算)、函数的调用等。

图 7-1 程序流程图图符

(3) 判定符号用菱形表示,表示程序中的条件判断。程序根据不同的条件选择不同的路径。

(4) 连接线符号表示程序中的控制流程,即程序的执行顺序路径方向。连接线从一个流程框指向另一个流程框,表示程序的执行路径。连接线的箭头可以有不同的类型,如直线箭头(从上到下表示顺序执行)、条件箭头、循环箭头等,用于表示不同的控制流。

(5) 输入/输出符号用平行四边形表示,表示程序中的键盘输入数据的步骤。

程序流程图的设计步骤如下。

(1) 确定程序的起点和终点。

(2) 根据程序的逻辑,设计执行流程中的每个步骤或操作。

① 根据程序的执行顺序,使用连接线将各个处理框(框内写明步骤的名称或操作的描述)关联起来。连接线箭头从一个流程框指向另一个流程框,表示程序的执行流程从一个步骤转移到另一个步骤。

② 可以使用条件判断和循环来表示程序的执行路径和重复执行的语句块。

7.2 顺序结构

Python 程序顺序结构是指程序中的每一条语句都会按照书写顺序依次执行,每条语句执行完毕后,程序会自动跳转到下一条语句执行,如遇到跳转语句(如 break、continue、return 等),则运行跳转语句指定位置的语句,直到程序结束为止。顺序结构是最简单、最基本的程序控制结构,也是所有程序结构的基础。

顺序结构通常包括若干条语句(如赋值语句、条件语句、循环语句等),这些语句按在程序中的顺序依次执行。

【例 7-1】 一个简单的 Python 程序顺序结构的示例。

程序流程图,如图 7-2 所示。

参考源码如下。

```
xVar1 = 1
xVar2 = 2
result = xVar1 + xVar2
print("result is {}".format(result))
```

执行结果:

```
result is 3
```

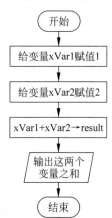

图 7-2 简单顺序结构的程序流程图

在本例中,程序按照代码的书写顺序依次执行。首先执行第一行代码,将变量 xVar1 赋值为 1;然后执行第二行代码,将变量

xVar2赋值为2；接着执行第三行代码,将变量xVar1和xVar2的值相加,并将结果赋值给变量result,最后执行第四行代码,在屏幕上输出变量result的值。

注意：在程序顺序结构中,每一行代码都会被执行,因此需要确保代码的正确性和逻辑性。如果代码存在逻辑错误,可能会导致程序运行错误或得到不符合预期的结果。

7.2.1 输入语句

Python的键盘输入语句实现了用户与计算机进行交互的功能。Python中常用的实现键盘输入功能的语句表现为对Python内置函数input()和sys.stdin.readline()函数的调用。本节主要介绍Python内置函数input()。

1. 内置函数input()

Python调用内置函数input(),完成从标准输入(键盘输入)中读取数据,并将此数据作为一个字符串被程序的后续语句使用的功能。语法如下。

```
input([prompt])
```

其中,

```
prompt是一个可选参数,用于指定输入时的提示信息。
```

【例7-2】 input()函数应用示例。

```
name = input("请输入您的姓名: ")
print("您好,{}!".format(name))
```

执行结果：

```
请输入您的姓名:JXUFE
您好,JXUFE!
```

在本例中,input()函数用圆括号内的字符串"输入你的姓名：",提示用户输入姓名。用户通过键盘将输入的字符串"JXUFE"赋值给变量name。程序会在屏幕上显示"你好,JXUFE!"。

使用input()函数有以下两个技巧。

(1) 一次输入多个字符串类型的数据。

input()函数和字符串方法split()结合使用,可以实现一次输入多个数据。其中,split()函数的作用是拆分字符串。通过指定分隔符对字符串进行切分,返回分隔后的字符串序列。input()函数可以输入多个数据,数据之间默认用空格隔开。

例如,需要输入银行账户开户信息,包括姓名、身份证号、手机号等多个数据。Python的键盘输入语句如下。

```
name, idCard, phone = input("请输入姓名、身份证号、手机号(用空格隔开): ").split()
```

在本例中,input()函数会提示用户输入姓名、身份证号、手机号,输入时这三个数据用空格隔开。字符串的split()方法将输入的字符串按字符串中的空格,分隔成三个子字符串(均不含空格),并将其分别赋值给变量name、idCard、phone。

说明：split(分隔符参数)是字符串的方法,分隔符的默认值是空格。分隔符参数可以是其他任意分隔符,如下为以逗号为分隔符的示例：

```
name, idCard, phone = input("请输入姓名、身份证号、手机号(用逗号隔开): ").split(',')
```

（2）当需要输入数字类型的数据时，可以使用内置函数 int()、float() 进行类型转换。

例如，需要输入成绩和年龄，其中，成绩是浮点型(实数)，年龄是整数。Python 语句如下。

```
grade = float(input("请输入成绩: "))
age = int(input("请输入年龄: "))
```

在本例中，input() 函数会提示用户输入成绩、年龄，由于成绩和年龄是数字型的数据，分别为浮点(实数)型和整数型，用内置函数 float() 将字符串型数据，强制变换为浮点(实数)型数据；用内置函数 int() 将字符串型数据，强制变换为整数型数据。

2. sys.stdin.readline() 函数

sys.stdin.readline() 函数可以从标准输入中读取数据，并将此数据作为一个字符串被程序后续语句使用。

与内置函数 input() 不同，sys.stdin.readline() 函数不会自动去除输入字符串末尾的换行符，因此，在使用时需要强制去除换行符。

【例 7-3】 sys.stdin.readline() 函数应用的示例。

```
import sys
line = sys.stdin.readline()
line = line.strip()              #字符串的 strip() 方法去除换行符
print("您输入的是: " + line)
```

执行结果：

```
这段代码可在 Python 3.12 下运行,不能在 Spyder 运行
您输入的是: 这段代码可在 Python 3.12 下运行,不能在 Spyder 运行
```

在本例中，sys.stdin.readline() 函数会读取用户输入的一行数据，并将其赋值给变量 line。由于输入字符串末尾可能包含换行符，因此需要调用字符串的 strip() 方法去除换行符。程序会在屏幕上输出用户输入的字符串。

【例 7-4】 一个简单的计算存款利息(单利)程序的示例。程序应提示用户输入存款金额和存款期限，并根据指定利率计算存款利息。使用 input() 函数获取用户输入。

计算存款利息(单利)的计算公式：

$$利息 = 存款金额 \times 利率 \times 存款期限$$

程序流程图如图 7-3 所示。

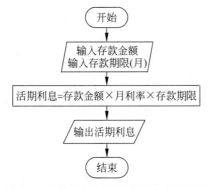

图 7-3　计算活期存款利息的程序流程图

参考源码如下。

```
principal = float(input("请输入存款金额："))
term = int(input("请输入存款期限(月)："))
rate = 0.03                                          #年利率
interest = principal * (rate/12) * term              #rate/12 是计算月利率
print("您的存款利息为：{:.2f}".format(interest))
```

执行结果：

```
请输入存款金额：10000
请输入存款期限(月)：6
您的存款利息为：150.00
```

在本例中，input()函数会提示用户输入存款金额和存款期限，通过 input()输入的数据的数据类型是字符串型。如果需要的是整数或浮点数或其他数据类型的数据，要进行强制类型转换。使用 int()、float()或其他的内置函数，将输入的字符串转换为整数、浮点数或其他类型的数据。程序会根据利率计算存款利息，并输出结果。

【例 7-5】 一个简单的用于计算贷款的月还款额(等额本息)计算器的示例。

计算贷款的月还款额(等额本息)的计算公式：

月还款额 = 贷款额 × 月利率 × $(1+月利率)^{还款月数}$ ÷ $((1+月利率)^{还款月数}-1)$

程序流程图如图 7-4 所示。

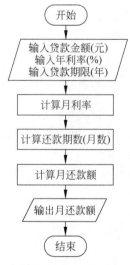

图 7-4 计算贷款月还款额的程序流程图

参考源码如下。

```
#输入贷款金额
loanAmount = float(input("请输入贷款金额(元)："))
#输入年利率
annualInterestRate = float(input("请输入年利率(%)："))
#输入贷款期限(年)
loanTerm = int(input("请输入贷款期限(年)："))
#计算月利率
monthlyInterestRate = annualInterestRate/12/100
#计算还款期数(月数)
loanPeriods = loanTerm * 12
#计算月还款额
```

```
monthlyPayment = (loanAmount * monthlyInterestRate * (1 + monthlyInterestRate) ** loanPeriods)/
((1 + monthlyInterestRate) ** loanPeriods - 1)
# 输出月还款额
print("每月还款额为: {:.2f}".format(monthlyPayment))
```

执行结果：

```
请输入贷款金额(元): 1000000
请输入年利率(%): 5
请输入贷款期限(年): 10
每月还款额为: 10606.55
```

在本例中，使用了三条键盘输入语句来获取贷款金额、年利率和贷款期限。用户在程序运行时，会看到提示信息，并可以通过键盘输入相应的数值。input()函数会将用户输入的内容作为字符串返回，使用 float()和 int()函数将其转换为需要的数据类型。

【例 7-6】 一个简单的计算银行存款的活期利息的示例。

程序流程图如图 7-5 所示。

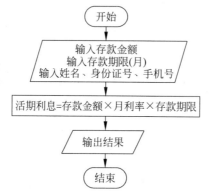

图 7-5 计算银行存款的活期利息的程序流程图

参考代码如下。

```
principal = float(input("请输入存款金额: "))
term = int(input("请输入存款期限(月): "))
rate = 0.03                    # 年利率
name, idCard, phone = input("请输入您的姓名、身份证号、手机号,空格隔开: ").split()
interest = principal * (rate/12) * term
print("您好,{}!您的存款利息为: {:.2f}".format(name,interest))
```

执行结果：

```
请输入存款金额: 120000
请输入存款期限(月): 36
请输入您的姓名、身份证号、手机号,空格隔开: jxufe 1000000 123456789
您好,jxufe!您的存款利息为: 10800.00
```

在本例中，input()函数用于获取用户输入的存款金额、存款期限、姓名、身份证号和手机号等信息。使用 split()函数将输入的字符串以空格为分隔符，将键盘输入的一个字符串分隔成三个子字符串，并将其分别赋值给变量 name、idCard 和 phone。程序会根据这些输入数据计算存款利息，并输出结果。

通过键盘输入语句，可以实现程序与用户的交互，程序获取用户输入的数据，然后进行相应的计算和处理。

Python 内置函数 input()提供了与用户交互的便捷方式。使用 input()函数时,需注意一些事项。

(1) 输入的数据类型。

input()函数接收的输入都是以字符串的形式返回的。无论用户输入的是数字、字母还是其他类型的数据,input()函数都将其作为字符串处理。因此,如果需要将用户输入的数据用于数值计算或其他类型的操作,必须将其转换为相应的类型。例如,如果需要将用户输入的数字相加,必须使用内置函数 int()函数将字符串转换为整数。同样,如果需要将用户输入的数字作为浮点数进行计算,必须使用内置函数 float()将字符串转换为浮点数。

(2) 输入的数据验证。

由于 input()函数接受用户的任何输入,要确保用户输入的数据符合预期。例如,如果需要用户输入一个整数,需要验证用户输入是否为整数。可以使用 Python 的内置函数和字符串的相关方法来验证输入的格式。例如,可以使用字符串的 isdigit()方法来检查输入的字符串是否只包含数字字符,可以使用字符串的 isalpha()方法来检查输入的字符串是否只包含字母字符。

(3) 在使用 input()函数时,要给用户提供清晰明确的提示。

良好的输入提示可以帮助用户正确理解程序的需求,并减少输入错误的可能性。

7.2.2 输出语句

Python 的输出语句用于将程序的执行结果输出到屏幕上或写入文件中。Python 中常用的输出语句是对内置函数 print()和 sys.stdout.write()函数的调用。本节主要介绍 print()函数。

1. 内置函数 print()

用于将指定的对象输出到标准输出设备(通常是屏幕)。语法如下。

```
print(*objects,sep=' ',end='\n',file=sys.stdout,flush=False)
```

其中:

```
objects:要输出的一个或多个对象,可以是字符串、数字、变量等。
sep:分隔符,用于将多个对象分隔开,默认为一个空格。
end:结束符,用于指定输出后要添加的字符,默认为一个换行符。如果设置 end='',则表示连续输出不换行。
file:输出流,用于指定输出到哪个设备,默认为标准输出设备。
flush:缓冲标志,用于指定是否立即刷新缓冲区,默认为 False。
```

【例 7-7】 print()函数的应用示例。

参考代码如下。

```
name = "张三"
age = 20
print("无格式化方式:姓名:",name,"年龄:",age)
print("格式化第一种方式:姓名:%s,年龄:%d" %(name,age))
print("格式化第二种方式:姓名:{},年龄:{}".format(name,age))
print(f"格式化第三种方式:姓名:{name},年龄:{age}")
```

执行结果:

```
无格式化方式:姓名:张三 年龄:20
格式化第一种方式:姓名:张三,年龄:20
格式化第二种方式:姓名:张三,年龄:20
格式化第三种方式:姓名:张三,年龄:20
```

在本例中，print()函数会将字符串"姓名："、变量name、字符串"年龄："、变量age依次输出到屏幕上，%s表示要输出一个字符串，%d表示要输出一个整数。程序会将变量name和age的值分别填充到占位符%s和%d中，并使用默认的分隔符和结束符进行分隔。

Python中的格式化输出语句用于将程序处理的结果按照指定的格式输出到屏幕上或写入文件中。常用的格式化输出语句有百分号(%)格式化、字符串.format()方法和f-string形式(见例7-7)。

(1) 百分号(%)格式化。

百分号(%)格式化是一种基于占位符的格式化方式，可以将指定的数据按照指定的格式进行输出。目前这种格式化的方法已不推荐使用。

语法如下。

```
print(string % values)
```

其中，

> string:格式化字符串,可以包含一个或多个占位符及数据显示控制格式。
> values:要输出的一个或多个值,可以是字符串、数字、变量等。
> 占位符以%字符开头,后跟一个或多个格式化字符,用于指定要输出的值的类型和格式。

常用的格式化字符如下。

> %s:表示字符串类型。
> %d:表示整数类型。
> %f:表示浮点数类型。
> %x:表示十六进制整数类型。

(2) 字符串.format()方法。

字符串.format()方法是一种基于位置或关键字的格式化方式，可以将指定的数据按照指定的格式进行输出。

语法如下。

```
print(string.format(*args,**kwargs))
```

其中，

> string:格式化字符串,可以包含一个或多个占位符。
> args:位置参数,用于指定要输出的值。
> kwargs:关键字参数,用于指定要输出的值。
> 占位符以花括号{}表示,可以使用位置或关键字指定要输出的值。

(3) f-string方法。

f-string格式化输出是从Python 3.6版本开始引入的一种新的字符串格式化方式，它可以让字符串中的变量直接被替换成对应的值。

语法如下：

```
print(f"字符串{变量}")
```

其中，

> f:表示使用f-string格式化输出,字符串中想要插入的变量用花括号{}括起来。

当需要输出指定小数位数的浮点型数据时,通常采用字符串.format()方法和f-string方法控制浮点型数据小数位数输出的格式控制。

(1) 字符串.format()方法。

采用对字符串中的占位符{}进行设置的形式。

格式如下。

```
{index:.mf}
```

其中，

index:表示此占位要放置的数据是.format()中的第几位的变量或表达式的值,index取值从零开始。
m:表示指定的小数位。

(2) f-string 方法。

同样采用对字符串中的占位符{}进行设置的形式。

格式如下。

```
{变量名:.mf}
```

其中，

m:表示指定的小数位。

【例 7-8】 format 格式化输出的示例。

参考代码如下。

```
import math
PI = math.pi
ompanyAsset = 21000329.78989
#保留小数点后两位
print("1:{:.2f} {:.4f}".format(PI,ompanyAsset))
#带符号保留小数点后两位,花括号中冒号前的 0 表示此位置放置 format 的第一个变量的值
print("2:{0:+.2f} {1:+.3f}".format(PI,ompanyAsset))
#输出浮点数百分比格式{:.2%}指数格式{:.2e},花括号中冒号前的 1 表示此位置放置 format 的第
#二个变量的值
print("3:{1:.2%} {0:.2e}".format(PI, ompanyAsset))
#指明对齐方式,填充
print("4:{0:*<10d}{1:+>10d}".format(2022,2027))
```

运行结果：

```
1:3.14 21000329.7899
2:+3.14 +21000329.790
3:2100032978.99% 3.14e+00
4:2022******+++++2027
```

2. sys.stdout.write()函数

sys.stdout.write()函数用于将指定的字符串输出到标准输出设备(通常是屏幕)。

语法如下。

```
import sys
sys.stdout.write(str)
```

其中，

str:要输出的字符串。

【例7-9】 一个简单的计算存款利息(单利),并将结果按照指定的格式输出到屏幕上的示例。参考代码如下。

```
principal = float(input('请输入存款金额: '))
term = int(input('请输入存款期限: '))
rate = float(input('请输入存款年利率: '))
name = input('请输入姓名: ')
idCard = input('请输入身份证号: ')
phone = input('请输入联系方式: ')
interest = principal * rate * term  # 计算存款利息
# 使用百分号(%)格式化输出
print("# 使用百分号(%)格式化输出")
print("姓名: %s,身份证号: %s,手机号: %s" % (name, idCard, phone))
print("存款金额: %d元,存款期限: %d月,存款利率: %.2f%%" % (principal, term, rate * 100))
print("存款利息: %.2f元" % interest)

# 使用字符串.format()方法格式化输出
print("使用字符串.format()方法格式化输出")
print("姓名: {},身份证号: {},手机号: {}".format(name, idCard, phone))
print("存款金额: {}元,存款期限: {}月,存款利率: {:.2f}%".format(principal, term, rate * 100))
print("存款利息: {:.2f}元".format(interest))

# 使用f-string格式化输出
print("使用f-string格式化输出")
print(f"姓名: {name},身份证号: {idCard},手机号: {phone}")
print(f"存款金额: {principal}元,存款期限: {term}月,存款利率: {rate * 100:.2f}%")
print(f"存款利息: {interest:.2f}元")
```

执行结果:

```
姓名: 张三,身份证号: 123456789012345678,手机号: 13812345678
存款金额: 10000元,存款期限: 12月,存款利率: 3.00%
存款利息: 300.00元
使用字符串.format()方法格式化输出
姓名: 张三,身份证号: 123456789012345678,手机号: 13812345678
存款金额: 10000元,存款期限: 12月,存款利率: 3.00%
存款利息: 300.00元
使用f-string格式化输出
姓名: 张三,身份证号: 123456789012345678,手机号: 13812345678
存款金额: 10000元,存款期限: 12月,存款利率: 3.00%
存款利息: 300.00元
```

在本例中,使用百分号(%)格式化、字符串.format()方法和f-string方法分别将结果按照指定的格式输出到屏幕上。

【例7-10】 编写一个简单的用于计算投资的年收益率的示例。
年收益率的计算公式:

$$年收益率 = (投资收益 \div 本金) \div 投资期限$$

程序流程图如图7-6所示。
参考源码如下。

```
# 输入投资金额
investmentAmount = float(input("请输入投资金额(元): "))
# 输入投资年数
investmentYears = int(input("请输入投资年数: "))
# 输入投资收益
investmentReturn = float(input("请输入投资收益(元): "))
```

```
# 计算年化收益率
annualReturnRate = (investmentReturn/investmentAmount)/investmentYears * 100
# 格式化输出结果
print("您的股票投资年化收益率为：{:.2f}%".format(annualReturnRate))
```

执行结果：

```
请输入投资金额(元)：100000
请输入投资年数：2
请输入投资收益(元)：12000
您的股票投资年化收益率为：6.00%
```

在本例中，使用了format()方法来实现格式化输出。在输出字符串中，使用了花括号{}来表示占位符，通过format()方法将相应的值传入。在花括号内部，使用冒号来指定格式化的方式，如保留小数位数、添加百位分隔符等。通过格式化输出语句将计算得到的年化收益率保留两位小数，并添加了百分号。这样可以使输出结果更加清晰和易读。

Python的print()函数将信息输出到控制台或文件中，以便在程序运行时进行调试和查看结果。

使用时需要注意以下一些事项。

(1) print()函数的输出格式。

在默认情况下，print()函数会在每个值之间添加一个空格，并在最后一个值后添加一个换行符。可以通过设置sep和end参数来自定义输出格式。例如，如果希望在值之间使用逗号作为分隔符，可以使用print(value1,value2,sep=',')。如果希望在输出值后不换行，可以使用print(value,end='')。

(2) print()函数的输入类型。

print()函数可以接受多种类型的参数，包括字符串、数字、布尔值等。当传入字符串时，print()函数会直接在屏幕上显示该字符串；当传入数字时，print()函数会将其转换为字符串后在屏幕上显示；当传入布尔值时，print()函数会将其转换为字符串"True"或"False"后在屏幕上显示。

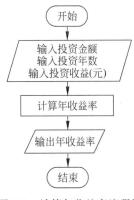

图 7-6　计算年收益率流程图

7.3　分支(选择)结构

分支是指程序中根据条件判断的结果，选择执行的语句块。即程序根据条件判断的结果，仅执行符合条件的语句块，其他语句块会被跳过。分支结构的核心是条件判断。条件判断通常使用比较运算符(如==、!=、>、>=、<、<=等)或逻辑运算符(如and、or、not等)来实现。

分支结构中的每个条件都对应一个语句块，用于执行特定的操作。语句块可以包含多条语句，通常使用缩进来表示语句块的范围。如果有多个条件满足，则首先执行符合条件的第一个语句块。因此，在编写分支结构时，需要注意条件的顺序和排列方式。

Python分支结构一般分为单分支结构、双分支结构和多分支结构，通常分别使用if语句、if…else语句、if…elif…else语句等方式来实现。if语句用于检查一个条件是否为真，如果为真则执行相应的语句块，否则跳过该语句块。elif语句用于检查多个条件，如果前面的条件不满足，则继续检查下一个条件，直到找到满足条件的语句块。

if语句用于在条件成立时执行指定的语句块。它的程序流程图片段，如图7-7所示。

【例7-11】　单分支结构的简单示例。

参考源码如下。

```
x = 10
if x > 0:
    print('x是正数')                    #语句块
```

执行结果：

```
x是正数
```

在本例中，判断变量 x 是否大于 0，如果成立则输出字符串'x是正数'，否则跳过该语句块继续执行后面的代码。

if…else 语句用于在条件成立和条件不成立时分别执行不同的语句块。它的程序流程图片段，如图 7-8 所示。

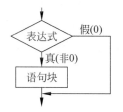
图 7-7　Python 单分支结构图

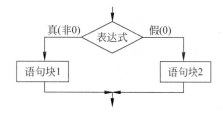
图 7-8　Python 双分支结构图

【例 7-12】　双分支结构的简单示例。

参考源码如下。

```
x = 10
if x > 0:
    print('x是正数')                    #语句块1
else:
    print('x是非正数')                  #语句块2
```

执行结果：

```
x是正数
```

在本例中，判断变量 x 是否大于 0，如果成立则输出字符串'x 正数'，否则输出字符串'x 是非正数'。

if…elif…else 语句用于包含多个条件判断的逻辑处理。它的程序流程图片段，如图 7-9 所示。

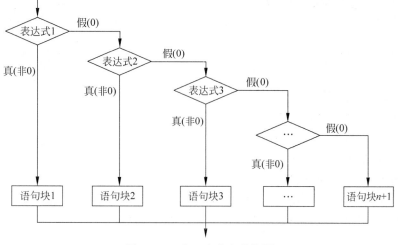
图 7-9　Python 多分支结构图

7.3.1 单分支结构

Python 中的单分支结构是指只有一个分支处理的结构。即只有一个条件满足时,程序执行的分支;条件不满足时是空语句。可以使用 if 语句实现。if 语句的语法如下。

```
if condition:
    statement(s)
```

其中,

condition:要判断的条件,可以是比较运算符、逻辑运算符等表达式。
statement(s):要执行的语句块,可以包含一条或多条语句。
如果条件 condition 成立,则执行 statement(s)中的语句;否则跳过该语句块,继续执行后面的代码。

【例 7-13】 编写一个程序,根据用户输入的股票代码判断该股票是否属于蓝筹股的示例。如果属于蓝筹股,则输出提示信息;否则不做任何操作。使用单分支结构来实现。

程序流程图,如图 7-10 所示。

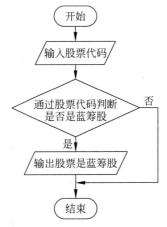

图 7-10 判断股票是否属于蓝筹股的单分支结构流程图

参考源码如下。

```
stockCode = input("请输入股票代码: ")
#字符串的 startswith()见 2.3.2 节表 2-11
if stockCode.startswith("6") or stockCode.startswith("00"):
    print("该股票属于蓝筹股")
```

执行结果:

```
请输入股票代码: 00
该股票属于蓝筹股
```

在本例中,判断用户输入的股票代码是否以 6 开头或以 00 开头,如果成立,则输出提示信息"该股票属于蓝筹股";否则不做任何操作。

尽管单分支结构简单,但在使用它时仍需要注意一些事项。

(1) 明确条件表达式的类型和取值范围。

Python 支持多种数据类型,包括整数、浮点数、字符串等。在编写条件表达式时,要确保比较的对象具有相同的数据类型,否则可能会导致错误的结果。

(2) 使用代码的缩进。

Python 是一种使用缩进来表示语句块的语言,在 if 语句中,条件为真时执行的语句块,要缩进一个固定的空格数。通常情况下,使用 4 个空格作为缩进的标准。

7.3.2 双分支结构

与单分支结构不同,Python 的双分支结构是指条件判断的结果(真或假),各有一个语句块与其对应的结构,可以使用 if…else 语句实现。if…else 语句的语法如下。

```
if condition:
    statement1(s)
else:
    statement2(s)
```

其中,

condition:要判断的条件,可以是比较运算符、逻辑运算符等表达式。
statement1(s):当条件 condition 成立时要执行的语句块。
statement2(s):当条件 condition 不成立时要执行的语句块。
如果条件 condition 成立,则执行 statement1(s)中的语句;否则执行 statement2(s)中的语句。

【例 7-14】 对例 7-13 的补充。即如果属于蓝筹股,则输出提示信息;否则输出另外一条提示信息。使用双分支结构来实现。

程序流程图如图 7-11 所示。

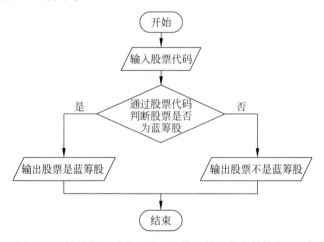

图 7-11 判断该股票是否属于蓝筹股的双分支结构流程图

参考源码如下。

```
stockCode = input("请输入股票代码: ")
if stockCode.startswith("6") or stockCode.startswith("00"):
    print("该股票属于蓝筹股")
else:
    print("该股票不属于蓝筹股")
```

执行结果:

```
请输入股票代码: 30
该股票不属于蓝筹股
```

在本例中,判断用户输入的股票代码是否以 6 开头或以 00 开头,如果成立,则输出提示信息"该股票属于蓝筹股";否则输出提示信息"该股票不属于蓝筹股"。这就是一个简单的双分支结构的应用案例。

【例 7-15】 判断股票价格涨跌趋势的示例。

计算股票日收益率的公式:

股票的日收益率 =(股票当日的收盘价 - 股票前一日的收盘价)÷ 股票前一日的收盘价

判断股票价格涨跌趋势的一个逻辑是:在一定的时段内,股票价格上涨的天数与下跌的天数进行比较,如果上涨的天数大于下跌的天数,表示股票价格可能有上涨的趋势;反之,可能是下跌趋势。

使用两种方法来实现。说明:以下两个示例均使用了 Python 的 for 循环结构(相关内容见 7.4.1 节)。

(1)方法一程序流程图,如图 7-12 所示。

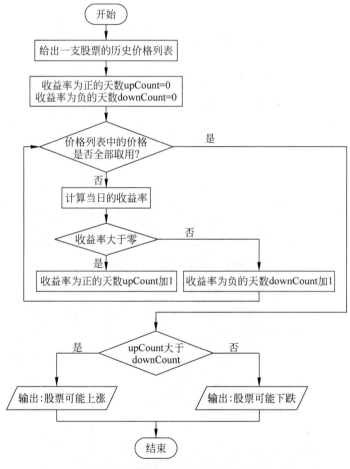

图 7-12 判断股票涨跌的程序流程图 1

参考源码如下。

```
#假设有一支股票的历史收盘价格如下
prices = [100,110,120,115,130,135]
upCount = 0
downCount = 0
for i in range(1,len(prices)):
    #计算股票的当日收益率
```

```
        change = (prices[i] - prices[i-1]) / prices[i-1]
        if change > 0:
            upCount += 1
        else:
            downCount += 1
# 判断涨跌情况并输出结果
if upCount > downCount:
    print("股票可能上涨")
else:
    print("股票可能下跌")
```

执行结果:

股票可能上涨

(2) 方法二程序流程图,如图 7-13 所示。

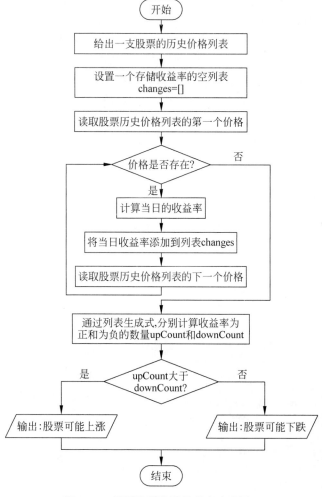

图 7-13　判断股票涨跌的程序流程图 2

参考源码如下。

```
# 假设有一支股票的历史价格如下
prices = [100,110,120,115,130,135]
changes = []
```

```
for i in range(1,len(prices)):
    #计算股票的当日收益率
    change = (prices[i] - prices[i-1]) / prices[i-1]
    changes.append(change)
#判断涨跌情况并输出结果
upCount = sum([changes[i] for i in range(len(changes)-1) if changes[i]>0])
downCount = sum([changes[i] for i in range(len(changes)-1) if changes[i]<0])
if upCount > downCount:
    print("股票可能上涨")
else:
    print("股票可能下跌")
```

执行结果:

股票可能上涨

在本例中,通过计算股票日收益率,并将结果保存为一个列表对象。使用 for 循环计算正负收益率的个数情况(方法一),利用内置函数 len()函数和列表生成式的筛选功能来统计正负收益率的个数情况(方法二)。使用 if…else 语句来判断股票价格的总体趋势,并输出结果。

双分支结构是一种基本的控制结构,用于根据条件的真假执行不同的代码块。它由 if 语句和 else 语句组成,能够使程序在不同的条件下做出不同的决策。使用双分支结构时,需要注意一些事项。

(1)注意 if…else 语句的语法。

if 语句后面的条件表达式必须返回一个布尔值,即 True 或 False。

(2)注意代码的逻辑和顺序。

确保 if 语句和 else 语句的条件是互斥的,即在任何情况下只能执行其中的一个代码块。如果条件不互斥,可能会导致代码的逻辑错误和不可预测的结果。

7.3.3 多分支结构

Python 中的多分支结构是指有多个分支的程序结构,可以使用 if…elif…else 语句实现。if…elif…else 语句的语法如下。

```
if condition1:
    statement1(s)
elif condition2:
    statement2(s)
elif condition3:
    statement3(s)
…
else:
    statement4(s)
```

其中,

condition1、condition2、condition3 等是要判断的条件,可以是比较运算符、逻辑运算符等表达式。
statement1(s)、statement2(s)、statement3(s)等是对应条件成立时要执行的语句块。
else 语句块是当所有条件都不成立时要执行的语句块。
如果条件 condition1 成立,则执行 statement1(s)中的语句;否则判断条件 condition2 是否成立,如果成立则执行 statement2(s)中的语句,以此类推。

【例 7-16】 编写一个程序,根据用户输入的股票代码判断该股票属于哪个板块,如果属于蓝筹股,则输出提示信息;如果属于中小板,则输出另外一条提示信息;否则输出第三条提示信息。使用多分支结构来实现。

程序流程图如图 7-14 所示。

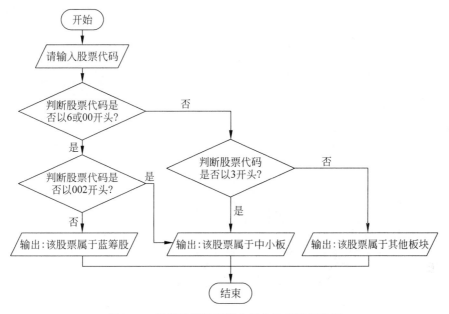

图 7-14 判断股票属于哪个板块的程序流程图

参考源码如下。

```
stockCode = input("请输入股票代码: ")
if stockCode.startswith("6") or stockCode.startswith("00"):
    if stockCode.startswith("002"):
        print("该股票属于中小板")
    else:
        print("该股票属于蓝筹股")
elif stockCode.startswith("3"):
    print("该股票属于中小板")
else:
    print("该股票属于其他板块")
```

执行结果:

```
请输入股票代码: 7
该股票属于其他板块
```

在本例中,判断用户输入的股票代码是否以 6 或以 00 开头,如果成立,再判断是否以 002 开头,如果成立,则输出"该股票属于中小板";否则输出提示信息"该股票属于蓝筹股";否则判断是否以 3 开头,如果成立则输出提示信息"该股票属于中小板";否则输出提示信息"该股票属于其他板块"。

【例 7-17】 根据股票价格波动情况,采用追涨杀跌策略进行交易决策的示例。

决策逻辑是:如果股价每天都在涨,则买入;否则,如果股价每天都在跌,就卖出;如果是股价有涨有跌,则持有或卖出。

程序流程图如图 7-15 所示。

股票日收益率=(股票当日收盘价－股票前一日收盘价)/股票前一日收盘价

参考源码如下。

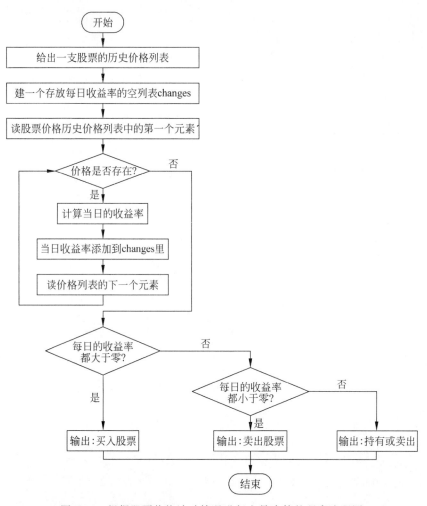

图 7-15 根据股票价格波动情况进行交易决策的程序流程图

```
#假设有一支股票的历史收盘价格如下
prices = [100,110,120,115,130,135]
changes = []
#计算每日收益率,使用7.4节学习的循环语句
for i in range(1,len(prices)):
    #计算当日收率
    change = (prices[i] - prices[i-1]) / prices[i-1]
    changes.append(change)                          #将收益率存放到列表里
#判断交易策略
if all(change > 0 for change in changes):
    print("买入股票")                               #追涨
elif all(change < 0 for change in changes):
    print("卖出股票")                               #杀跌
else:
    print("持有股票或卖出")
```

计算结果:

持有股票或卖出

在本例中,使用 if…elif…else 语句来根据股票价格的波动情况进行交易决策。首先,计算股票价格的涨跌幅,并将结果保存为一个列表。使用内置函数 all()(见 3.2 节表 3-1)和列

表推导式来判断涨跌幅是否都为正数或都为负数。如果都为正数,则建议买入该股票;如果都为负数,则建议卖出该股票;否则建议持有该股票或卖出。

Python 还提供了类似于 C 语言的 switch case 的逻辑结构来实现多分支结构。从 Python 3.10 版本开始,引入了名为"structural pattern matching"的 match case 功能。

match case 的基本语法如下。

```
match <表达式>:
    case <对象 1 的值>:
        <语句块 1>
    case <对象 2 的值>|<对象 3 的值>|<对象 4 的值>:
        <语句块 2>
    case _:  #以上对象都不匹配时,执行语句块 3
        <语句块 3>
```

执行过程是,计算表达式的结果,依次匹配 case 后的对象的值,一旦匹配到,就执行对应的语句块一次,语句结束。

如果所有 case 都匹配不上的就执行 case _:对应的语句块,语句结束。

case 后必须跟"字面值"(常量),也就是说,不能是表达式。

【例 7-18】 使用 match…case 语句,根据股票代码前三位判断股票类型的示例。
参考源码如下。

```
stockCode = input('请输入股票代码: ')
match stockCode[:3]:
    case '600':
        print('上证 A 股')
    case '000':
        print('深证 A 股')
    case '200':
        print('深证 B 股')
    case '300':
        print('创业板股票')
    case '400':
        print('三板市场股票')
    case _:
        print('未知')
```

执行结果:

```
请输入股票代码: 300
创业板股票
```

在使用多分支结构时,需要注意以下事项。

(1) 注意多分支结构的逻辑。

在编写程序时,应该确保条件的逻辑顺序及范围是正确的,并且条件没有重叠。如果条件有重叠,程序可能会执行不可预料的路径。

(2) 避免过度使用多分支结构。

当使用太多的 if…elif…else 语句或 match…case 语句时,代码会变得冗长和难以维护。

(3) 代码的缩进。

多分支结构可能导致代码的嵌套层级增加,从而降低代码的可读性。为了提高代码的可读性,可以使用适当的缩进和注释来标记不同的语句块。还可以考虑将复杂的条件拆分为多个较小的条件,以减少嵌套层级。

7.3.4 分支嵌套结构

分支结构可以嵌套使用,即在一个语句块中嵌套另一个分支结构。Python 中的分支嵌套结构是指在分支结构内部再嵌套一个或多个分支结构,可以使用 if…else 语句嵌套实现。程序分支嵌套结构用于实现复杂的条件判断和操作。

分支嵌套结构有多种形式的嵌套结构,下面列出其中两种结构的语法。

(1) 分支嵌套结构一。

```
if condition1:
    statement1(s)
    if condition2:
        statement2(s)
    else:
        statement3(s)
else:
    statement4(s)
```

其中,

condition1 是要判断的条件,可以是比较运算符、逻辑运算符等表达式。如果条件 condition1 成立,执行 statement1(s)语句块;再执行 if…else 语句块是在条件成立的前提下再次进行判断。

如果条件 condition2 成立,则执行 statement2(s)中的语句;否则执行 statement3(s)中的语句。否则执行 statement4(s)中的语句。

程序流程图如图 7-16 所示。

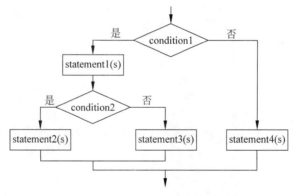

图 7-16 分支嵌套的一种结构形式图

(2) 分支嵌套结构二。

```
if condition1:
    statement1(s)
    if condition2:
        statement2(s)
    else:
        statement3(s)
else:
    if condition3:
        statement4(s)
```

其中,

condition1 是要判断的条件,可以是比较运算符、逻辑运算符等表达式。如果条件 condition1 成立,执行 statement1(s)语句块;再执行 if…else 语句块是在条件成立的前提下再次进行判断。

如果条件condition2成立,则执行statement2(s)中的语句;否则执行statement3(s)中的语句。否则,如果condition3成立,执行statement4(s)中的语句。

程序流程图如图7-17所示。

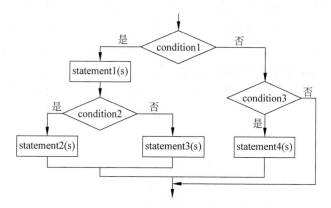

图7-17 分支嵌套的另一种结构形式图

【例7-19】 判断股票类别的示例。根据用户输入的股票代码判断该股票是否属于银行板块,并且对于属于银行板块的股票还要判断其是否属于蓝筹股。如果属于蓝筹股,则输出提示信息;否则不做任何操作。

程序流程图如图7-18所示。

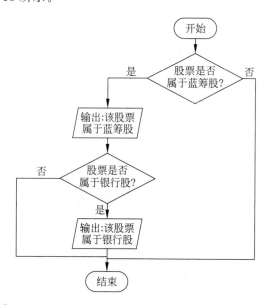

图7-18 判断股票归属板块的程序流程图

参考源码如下。

```
stockCode = input("请输入股票代码: ")
if stockCode.startswith("6") or stockCode.startswith("00"):
    print("该股票属于蓝筹股")
    if stockCode.startswith("601") or stockCode.startswith("602"):
        print("该股票属于银行板块")
```

执行结果:

```
请输入股票代码: 602
该股票属于蓝筹股
该股票属于银行板块
```

在本例中,判断是否以 6 开头或以 00 开头,如果成立,则输出提示信息"该股票属于蓝筹股",再判断用户输入的股票代码是否以 601 或 602 开头,如果成立,则输出提示信息"该股票属于银行板块";否则跳过该语句块,继续执行后面的代码;否则不做任何操作。

【例 7-20】 根据股票价格波动情况进行交易决策的示例。本例是对例 7-17 的扩展。程序流程图如图 7-19 所示。

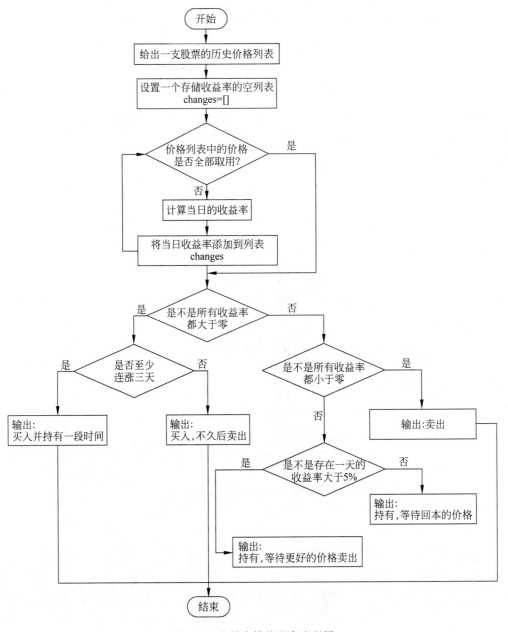

图 7-19 交易决策的程序流程图

参考源码如下。

```python
#假设有一支股票的历史收盘价格如下
prices = [100, 110, 120, 115, 130, 135]
#计算日收益率
changes = []
for i in range(1, len(prices)):
    change = (prices[i] - prices[i-1]) / prices[i-1]
    changes.append(change)
#判断交易策略
if all(change > 0 for change in changes):
    if len(changes) >= 3:
        print("买入并持有一段时间")
    else:
        print("买入,不久后卖出")
elif all(change < 0 for change in changes):
    print("卖出")
else:
    if any(change > 0.05 for change in changes):
        print("持有,等待更好的价格卖出")
    else:
        print("持有,等待回本的价格")
```

执行结果:

持有,等待更好的价格卖出

在本例中,使用分支嵌套结构来根据股票价格的波动情况进行交易决策。首先,计算股票价格的日收益率,并将结果保存为一个列表。然后,使用内置函数 all()和列表推导式来判断日收益率是否都为正数或都为负数。如果都为正数且正收益的天数大于 3 天,则建议购买并持有该股票;否则还是建议购买但尽快出售该股票;如果都为负数,则建议卖出该股票;否则根据日收益率涨跌幅是否超过阈值 0.05 来判断是建议持有该股票等待更好的价格卖出,还是建议持有该股票等待价格回升。

使用分支嵌套结构时,需要注意以下事项。

(1) 避免过多的分支嵌套。

如果分支嵌套过多,程序会变得难以理解和维护。通常,如果分支嵌套超过三层,就应该考虑重构代码。可以通过使用逻辑运算符(如 and 和 or)来合并条件,或者通过将嵌套的 if 语句提取为单独的函数或方法来实现。

(2) 注意分支嵌套的顺序。

在编写程序时,应根据条件的可能性和重要性来安排分支的顺序。通常将最常见的条件放在前面,这样可以减少不必要的判断。此外,还应该考虑到条件之间的关系,在可能的情况下使用 if…elif…else 结构来替代多个 if 语句。

(3) 避免使用过于复杂的条件表达式。

尽量使用简单明了的条件表达式,并使用括号来明确条件的优先级。

(4) 避免冗余的条件判断。

为了避免冗余的判断,可以使用逻辑运算符来合并多个条件,或者使用 if…elif…else 结构来避免重复的判断。

7.3.5 分支结构在金融场景下的应用

根据分支结构的特点,金融场景下的很多决策判读,可以使用程序的分支结构来实现,如股票的买卖时机、投资组合的收益率判断、投资策略的选择等。

【例 7-21】 判断股票买入或卖出的示例。

程序流程图如图 7-20 所示。

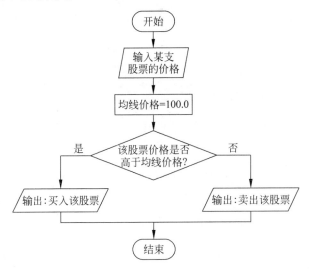

图 7-20　根据股票的价格是否高于均线来判断是否买入或卖出的程序流程图

参考源码如下。

```
stockPrice = float(input("请输入某支股票的价格："))
movingAverage = 100.0
if stockPrice > movingAverage:
    print("买入该股票")
else:
    print("卖出该股票")
```

执行结果：

```
请输入某支股票的价格：100.5
买入该股票
```

在本例中，定义了一个变量 stockPrice 表示股票的价格，以及一个变量 movingAverage 表示均线的价格。根据股票价格是否高于均线价格来决定采取的行动。

如果股票价格高于均线价格，打印出"买入该股票"；如果股票价格低于或等于均线价格，打印出"卖出该股票"。

【例 7-22】 判断投资组合的收益率是否超过预期收益率的示例。

程序流程图如图 7-21 所示。

参考源码如下：

```
expectedReturn = 0.05
portfolioReturn = 0.06
if portfolioReturn > expectedReturn:
    print("投资组合表现良好,收益率超过预期收益率")
else:
    print("投资组合表现一般,收益率未达到预期收益率")
```

执行结果：

```
投资组合表现良好,收益率超过预期收益率
```

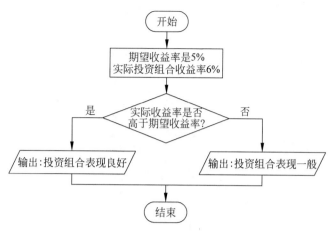

图 7-21 判断投资组合的收益率是否超过预期收益率的程序流程图

在本例中,使用 if 语句判断投资组合的收益率是否超过预期收益率。如果收益率大于预期收益率,则输出"投资组合表现良好,收益率超过预期收益率",否则输出"投资组合表现一般,收益率未达到预期收益率"。

【例 7-23】 根据不同的市场情况,选择不同的投资策略的示例。

程序流程图如图 7-22 所示。

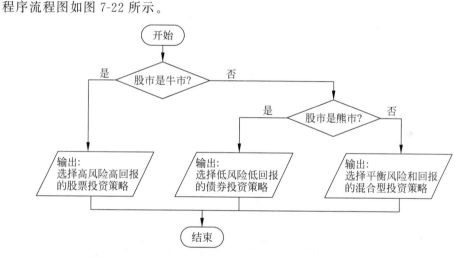

图 7-22 根据不同的市场情况,选择不同的投资策略的程序流程图

参考源码如下。

```
marketCondition = "牛市"
if marketCondition == "牛市":
    print("市场行情看好,选择高风险高回报的股票投资策略")
elif marketCondition == "熊市":
    print("市场行情看差,选择低风险低回报的债券投资策略")
else:
    print("市场行情不确定,选择平衡风险和回报的混合型投资策略")
```

执行结果:

市场行情看好,选择高风险高回报的股票投资策略

在本例中,使用 elif 语句根据不同的市场情况,选择不同的投资策略。如果市场行情看好,则输出"市场行情好,选择高风险高回报的股票投资策略";如果市场行情看差,则输出"市

场行情差,选择低风险低回报的债券投资策略";否则输出"市场行情不确定,选择平衡风险和回报的混合型投资策略"。

【例 7-24】 根据股票价格与均线价格之间的差异来判断买入或卖出的力度的示例。本例是例 7-21 的扩展。

程序流程图如图 7-23 所示。

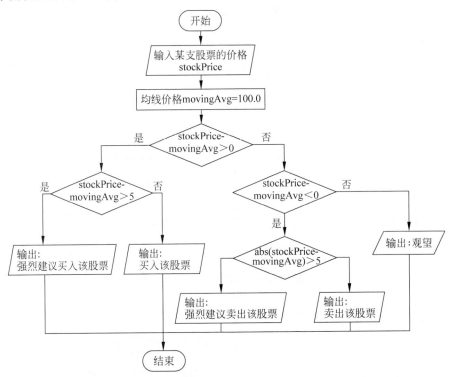

图 7-23 根据股票价格与均线价格之间的差异来判断买入或卖出的程序流程图

参考源码如下。

```
stockPrice = float(input("输入股票的价格:"))
#该股票的均线价格是 movingAverage
movingAvg = 100.0
priceDiff = stockPrice - movingAvg
if priceDiff > 0:
    if priceDiff > 5:
        print("强烈建议买入该股票")
    else:
        print("买入该股票")
elif priceDiff < 0:
    if abs(priceDiff) > 5:  #内置函数 abs()具体见表 8-1
        print("强烈建议卖出该股票")
    else:
        print("卖出该股票")
else:
    print("观望")
```

执行结果:

```
输入股票的价格:101.7
买入该股票
```

在本例中,在股票价格高于均线价格的分支中添加了一个嵌套的 if…else 语句。如果股票价格与均线价格之间的差异大于 5,打印出"强烈建议买入该股票",否则打印出"买入该股票"。同样,在股票价格低于均线价格的分支中也添加了一个嵌套的 if…else 语句。

使用 Python 分支结构时需要注意以下三点。

(1) 分支条件应该尽量简单明了,可以使用三元表达式进行简化;应该避免使用复杂的逻辑运算符。

(2) 避免出现过多的分支嵌套和复杂的逻辑。要有适当的注释,说明处理逻辑。

(3) 分支结构的语句块中应该尽量避免使用全局变量(见 8.3 节)或其他可变对象,因为这些对象可能会在分支执行过程中被修改,导致程序异常。

7.4 循环结构

程序的循环结构是一种常用的程序控制结构,用于重复执行某个语句块。Python 程序中有两种循环结构,分别是 for 循环和 while 循环,分别用于对可迭代对象进行遍历和根据条件进行重复执行,但有时两者可以互相替代。

for 循环结构的一种流程图形式,如图 7-24 所示。

while 循环结构的流程图,如图 7-25 所示。

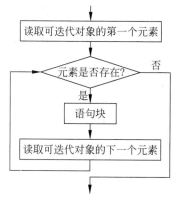
图 7-24 for 循环结构程序流程图

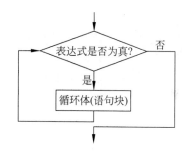
图 7-25 while 循环结构程序流程图

循环结构的组成如下。

(1) 循环条件。

循环结构的核心是循环条件,即控制循环是否继续执行的条件。循环条件通常使用比较运算符(如<、>、==等)、逻辑运算符(如 and、or、not 等)或 in 运算符等来实现。

(2) 语句块(循环体)。

循环结构中的每次循环都会执行一个语句块,用于实现具体的操作。

(3) 循环变量。

循环结构中通常需要使用一个循环变量来控制循环的次数或范围。循环变量可以是数字、字符串、列表等类型,每次循环都会更新循环变量的值。

(4) 循环方式。

循环结构可以采用不同的方式进行循环,如 for 循环、while 循环等。不同的循环方式适用于不同的场景,需要根据具体情况选择合适的方式。

(5) 控制语句。

用来改变循环的执行流程。break 语句可以用于立即终止循环,并跳出循环体;continue

语句可以用于跳过当前循环体(语句块),直接进入下一次循环。控制语句可以帮助更好地控制循环的执行,提高程序的效率和灵活性。

(6) 嵌套结构。

循环结构可以嵌套使用,即在一个循环结中嵌套另一个循环结构。循环嵌套结构可以实现复杂的操作和控制。

7.4.1 for 循环语句

for 循环语句常用于遍历一个可迭代对象(如序列等)或者事先可以规定的循环次数。它的语法形式如下。

```
for variable in sequence:
    statement1(s)
[else:]
    statement2(s)
```

其中,

```
variable:要定义的变量,用来存储 sequence 中的每个元素。
sequence:要遍历的序列。
statement1(s):要执行的语句块,可以是一条或多条语句。
statement2(s):可迭代对象元素取完后执行的语句块,即结束循环后,一定要执行的语句块。
```

当不使用 else 子句时,要注意后续语句的缩进。Python 的 for 循环程序流程结构如图 7-26 所示。

【例 7-25】 计算基金收益率的平均值的示例。使用 for 语句遍历所有基金的收益率,并计算平均值。

假设基金所有的收益率存储在一个列表中。程序流程图如图 7-27 所示。

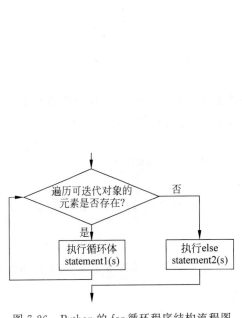

图 7-26 Python 的 for 循环程序结构流程图

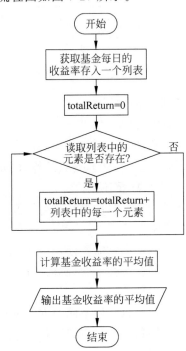

图 7-27 计算基金收益率的平均值的程序流程图

参考源码如下。

```
returns = [0.01,0.03, -0.02, -0.01,0.02]
totalReturn = 0
for ret in returns:
    #此循环体只有一条语句
    totalReturn += ret
avgReturn = totalReturn / len(returns)
print("基金收益率的平均值为: {:.2%}".format(avgReturn))       #0.06%,见例7-8
print("基金收益率的平均值为: {:.2f}%".format(avgReturn))      #0.01% 请考虑为什么?
```

执行结果:

```
基金收益率的平均值为: 0.60%
基金收益率的平均值为: 0.01%
```

在本例中,定义了一个 returns 列表,存储了基金所有的收益率;然后使用 for 语句遍历这个列表,将每个收益率累加到 totalReturn 变量中;最后计算平均收益率并输出结果。

【例 7-26】 使用 for 循环语句计算股票价格的均值的示例。

假设股票近 5 天的收盘价在存储在 closePrices 列表中。程序流程图如图 7-28 所示。

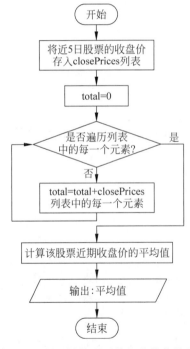

图 7-28 使用 for 循环计算股票价格的均值的程序流程图

参考源码如下。

```
#假设有一支股票的历史价格如下
closePrices = [100, 110, 120, 115, 130, 135]
#计算价格均值
total = 0
for price in closePrices:
    total += price
else:
    mean = total / len(closePrices)
    print("The mean price is:{:.2f}".format(mean))
```

执行结果:

```
The mean price is:118.33
```

在本例中,使用 for 循环语句来计算股票价格的均值。将所有价格相加,并保存在 total 变量中。当所有价格取完后,使用 len() 函数来计算价格列表的长度,并将 total 除以长度得到均值。最后,在屏幕上输出均值。

在实际编程中,经常会使用 for 循环来遍历列表、处理字符串、字典等。使用 for 循环语句的注意事项如下。

(1) 确保序列是可迭代的。

在使用 for 循环语句之前,需要确保序列是可迭代的。如果序列不可迭代,会导致循环无法正常执行。可以使用 iter() 函数将非可迭代对象转换为可迭代对象。

(2) 注意循环控制变量作用域的定义(详见 8.3 节)。

在 for 循环语句中定义的循环控制变量的作用域仅限于循环体内部。

(3) 确保循环体的语句块正确缩进。

在 Python 中,循环体是通过缩进来定义的。如果循环体的缩进不正确,会导致语法错误或逻辑错误。

(4) 注意循环终止条件的设置。

在使用 for 循环语句时,如果循环的终止条件不正确,可能会导致循环无法正常终止或陷入无限循环。

7.4.2 while 循环语句

Python 中的 while 语句可以用来循环执行一段代码,直到满足指定的条件为止,或者说,while 循环根据一个条件来判断是否继续执行循环中的代码块。while 循环的语法形式如下。

```
while condition:
    statement1(s)
[else:]
    statement2(s)
```

其中,

```
condition:要判断的条件,可以是比较运算符、逻辑运算符等表达式。
statement1(s):要执行的语句块,可以是一条或多条语句。
statement2(s):结束循环后,一定要执行的语句块。
```

当不使用 else 子句时,要注意后续语句的缩进。Python 的 while 循环程序流程图结构,如图 7-29 所示。

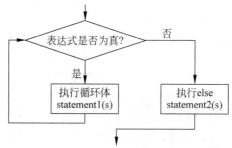

图 7-29　while 循环的 Python 程序流程结构图

【例7-27】 计算股票价格的最大涨幅(收益率)的示例。

程序流程图如图7-30所示。

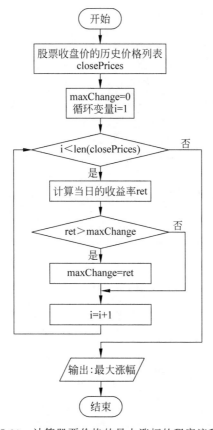

图7-30 计算股票价格的最大涨幅的程序流程图

参考源码如下。

```
#假设有一支股票的历史价格如下
closePrices = [100,110,120,115,130,135]
#计算最大涨幅
maxChange = 0
i = 1
while i < len(closePrices):
    change = (closePrices[i] - closePrices[i-1]) / closePrices[i-1]
    if change > maxChange:
        maxChange = change
    i += 1
print("The maximum price change is:{:.2f}".format( maxChange))
```

执行结果：

```
The maximum price change is:0.13
```

在本例中，使用while循环来计算股票价格的最大涨幅。初始化maxChange变量为0，i变量为1；使用while循环来遍历价格列表，并计算相邻两个价格的涨幅(当日的收益率)。如果涨幅大于maxChange，则将maxChange更新为该涨幅。在屏幕上输出最大涨幅。

【例7-28】 计算储蓄复利收益的示例。

计算复利的公式：

$$复利收益 = (1 + 利率)^{期限}$$

程序流程图如图 7-31 所示。

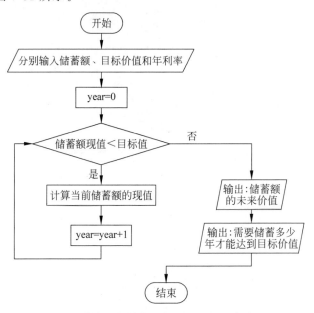

图 7-31　计算一个储蓄的复利收益的程序流程图

参考源码如下。

```
#需要定义一些变量,包括储蓄金额、年利率和目标价值
var = input("输入当前投资金额价值,目标价值,年利率:").split(",")
currentValue = float(var[0])
targetValue = float(var[1])
interestRate = float(var[2])
"""
currentValue = float(input("输入储蓄金额:"))
targetValue = float(input("输入目标金额:"))
interestRate = float(input("输入年利率:"))
"""
#使用 while 循环来计算储蓄额的未来价值.
years = 0                          #年数
while currentValue < targetValue:
    currentValue *= (1 + interestRate)
    years += 1
else:
    print("储蓄额的未来价值为:{:.2f}".format(currentValue))
    print("需要投资{}年才能达到目标金额".format(years))
```

执行结果:

```
输入储蓄金额,目标金额,年利率:10000,20000,0.03
储蓄额的未来价值为:20327.94
需要储蓄 24 年才能达到目标价值
```

在本例中,计算储蓄额的未来金额,直到达到目标价值。在每次循环中,将当前金额乘以 (1+年利率)来计算下一年的储蓄金额,并将年数加 1。循环将一直进行,直到当前金额达到或超过目标金额。在屏幕上显示出储蓄金额的未来价值和需要储蓄的年数。

使用 while 循环结构时需要注意以下一些事项。

(1) 正确设置终止条件,否则循环可能会无限地执行下去,导致程序陷入无限循环的状态。

（2）循环控制变量要进行初始化，确保循环可以正常结束。

7.4.3 break 语句与 continue 语句

在循环结构中，使用控制语句来改变循环的执行流程。常用的控制语句有 break 语句和 continue 语句，其中，break 语句用于立即终止循环，并跳出循环体；continue 语句用于跳过当前循环，直接进入下一次循环。循环控制语句可以控制循环的执行，提高程序的效率和灵活性。

1. break 语句

break 语句用于跳出当前循环体，即终止循环的执行。当程序执行到 break 语句时，即使循环条件仍然成立，程序会立即跳出循环，不再执行循环中剩余的语句，循环将立即终止，继续执行循环外的代码。

break 语句通常用于在满足某个条件时，立即结束循环的执行，提高程序的效率和性能。例如，在进行查找、遍历等操作时，如果已经找到了需要的结果，就可以使用 break 语句来立即结束循环的执行，避免不必要的计算空间和时间的消耗。

【例 7-29】 在股票池中查找某支股票的示例。

程序流程图如图 7-32 所示。

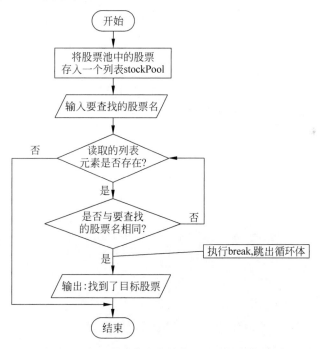

图 7-32 在股票池中查找特定股票的程序流程图

参考源码如下。

```
stockPool = ["中石化","华为","小米","腾讯","中国银行"]
targetStock = input("请输入要查找的股票名: ")
for stock in stockPool:
    if stock == targetStock:
        print("找到了目标股票: {}".format(stock))
        break
```

执行结果：

```
请输入要查找的股票名:中国银行
找到了目标股票:中国银行
```

在本例中,定义了一个包含多支股票代码的列表 stockPool,然后使用 for 语句遍历这个列表,查找目标股票 targetStock。如果找到目标股票,则输出提示信息,并使用 break 语句跳出循环。

【例 7-30】 在交易日志中查找最后一次卖出记录的示例。

程序流程图如图 7-33 所示。

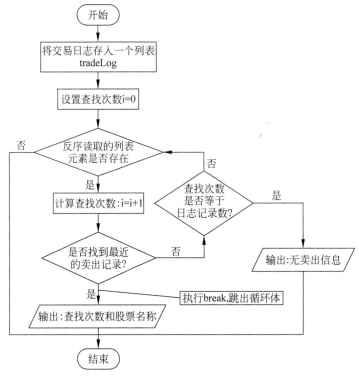

图 7-33 在交易日志中查找最后一次卖出记录的程序流程图

参考源码如下。

```
tradeLog = [("stock1","2023 - 07 - 11","buy",100,145.20),
            ("stock2","2023 - 07 - 12","sell",50,675.00),
            ("stock3","2023 - 07 - 13","buy",20,3500.00),
            ("stock4","2023 - 07 - 14","buy",30,2765.50)]
i = 0
'''
调用内置函数 reversed(),将交易日志反序,即最近交易记录在前
'''
for trade in reversed(tradeLog):
    i = i + 1
    if trade[2] == "sell":
        print("查找{}次,就可以找到最后一次卖出股票为:{}".format(i,trade[0]))
        break
    else:
        if i == len(tradeLog):
            print("无卖出信息")
```

执行结果:

```
查找 3 次,就可以找到最后一次卖出股票为:stock2
```

在本例中,定义了一个交易日志 tradeLog,包含多条交易记录;使用 for 语句遍历这个日志,查找最后一次卖出记录。由于日志是按照时间顺序排列的,因此可以使用 reversed() 函数将日志反转,从而从最近的交易记录开始查找。如果找到最后一次卖出记录,则输出提示信息和查找次数,并使用 break 语句跳出循环。

在使用 break 语句时,需要注意以下三点。

(1) 确保触发 break 语句执行的条件的正确性。如果条件不正确,可能会导致循环无法中断。
(2) 避免滥用 break 语句。如果使用过多的 break 语句,可能会导致程序难以理解和维护。
(3) 在循环嵌套结构中,内层循环中的 break 语句会跳出当前循环,而不是外层循环。

2. continue 语句

在 Python 的循环结构中,continue 语句用于跳过当前循环中的某些语句,继续执行下一次循环。当程序执行到 continue 语句时,当前循环中 continue 语句后面的语句将被跳过,直接进入下一次循环。

continue 语句通常用于在满足某个条件时,跳过当前循环中的某些语句,从而提高程序的效率和性能。例如,在进行查找、遍历等操作时,如果找到了不需要的结果,就可以使用 continue 语句跳过这些结果,继续寻找需要的结果。continue 语句通常用于在某些情况下跳过不必要的计算,从而提高程序的效率。

【例 7-31】 计算股票正收益率的平均值,跳过非正数收益率的示例。

程序流程图如图 7-34 所示。

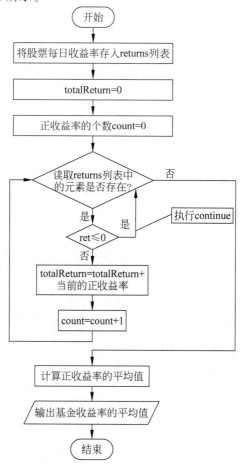

图 7-34 计算股票收益率的平均值,跳过非正数收益率的程序流程图

参考源码如下。

```
returns = [0.05, 0.02, 0.03, -0.01, -0.02, 0.04]
totalReturn = 0
count = 0
for ret in returns:
    if ret <= 0:
        continue
    totalReturn += ret
    count += 1
averageReturn = totalReturn / count
print("股票收益率的平均值为：{:.2%}".format(averageReturn))
```

执行结果：

股票收益率的平均值为：3.50%

在本例中，使用 for 语句遍历股票收益的 returns 列表，将大于 0 的收益率累加到 totalReturn 变量中，并统计收益率大于 0 的股票数量。在每次循环时，如果当前收益率小于等于 0，则使用 continue 语句跳过执行收益率加和与正收益率个数统计的语句，重新执行循环体。

【例 7-32】 计算股票的波动率，跳过缺失数据的示例。

股票波动率的一种计算公式：

$$波动率 = \sqrt{\sum_{1}^{n} 收益率的平方 \div (n-1)} \times \sqrt{n}$$

程序流程图如图 7-35 所示。

参考源码如下。

```
import math
stockReturns = [0.05, 0.02, 0.03, None, -0.02, 0.04]
n = len(stockReturns)
count = 0
sumSqReturn = 0
for ret in stockReturns:
    if ret is None:
        continue
    sumSqReturn += ret ** 2
    count += 1
#计算波动率
volatility = math.sqrt(sumSqReturn / (count - 1)) * math.sqrt(n)
print("股票的波动率为：{:.2%}".format(volatility))
```

执行结果：

股票的波动率为：9.33%

在本例中，定义了一个 stockReturns 列表，存储了某支股票的收益率。然后使用 for 语句遍历这个列表，将非缺失数据的平方值累加到 sumSqReturn 变量中，并统计非缺失数据的数量。在每次循环中，如果当前数据是缺失值，则使用 continue 语句跳过计算收益率的语句，重新开始进行下一次的循环体语句的执行。

在 Python 的循环结构中，continue 语句用于跳过当前循环中的某些语句，继续执行下一次循环。在使用 continue 语句时，需要注意以下三点。

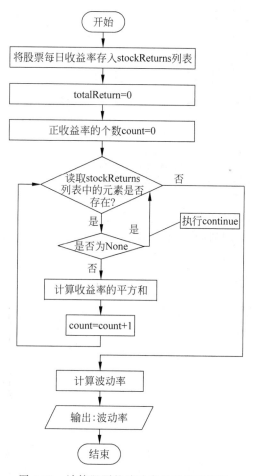

图 7-35 计算股票的波动率的程序流程图

（1）确保触发 continue 语句执行的条件的正确性。触发条件不正确,可能会导致无法结束本次循环。

（2）避免滥用 continue 语句。如果使用过多的 continue 语句,可能会导致程序难以理解和维护。

（3）在循环嵌套结构中,内层循环中的 continue 语句会跳过当前循环中的某些语句,继续执行下一次内层循环。

7.4.4 循环嵌套结构

循环嵌套结构是指在一个循环结构中嵌套另一个循环结构的结构。程序循环嵌套结构可以用于实现复杂的业务逻辑。

Python 循环嵌套结构有多种形式,常见的 4 种循环嵌套的形式如下。

```
for variable1 in sequence1:
    for variable2 in sequence2:
        #循环体
或者
while condition1:
    while condition2:
        #循环体
或者
```

```
for variable1 in sequence1:
    while condition1:
        #循环体
```
或者
```
while condition1:
    for variable1 in sequence2:
        #循环体
```

其中,

for 循环和 while 循环都可以用于实现程序循环嵌套结构。
在 for 循环中,sequence1 和 sequence2 分别表示需要遍历的序列,variable1 和 variable2 分别表示循环变量。
在 while 循环中,condition1 和 condition2 分别表示循环条件。

【例 7-33】 模拟两种不同的投资策略,计算每种策略在每支股票上的潜在收益的示例。参考源码如下。

```
stockPrices = {
    'stock1': [150, 157, 165, 159, 160],
    'stock2': [2700, 2770, 2760, 2720, 2750],
    'stock3': [280, 285, 290, 295, 291],
    'stock4': [3500, 3520, 3565, 3530, 3555],
    'stock5': [800, 806, 813, 807, 812]
}

#模拟两种投资策略:买入并持有,低买高卖
strategies = {
    #定义了两个 lambda 函数(详见 8.6 节)
    '买入并持有': lambda prices: prices[-1] - prices[0],
    '低买高卖': lambda prices: max(prices) - min(prices)
}
#对每支股票应用每种策略
for stock, prices in stockPrices.items():
    print(f"\n股票:{stock}")
    for strategyName, strategy in strategies.items():
        profit = strategy(prices)            # lambda 函数的调用(详见 8.6 节)
        print(f"策略:{strategyName},收益:{profit:.2f}元")
```

执行结果:

```
股票:stock1
策略:买入并持有,收益:10.00元
策略:低买高卖,收益:15.00元

股票:stock2
策略:买入并持有,收益:50.00元
策略:低买高卖,收益:70.00元

股票:stock3
策略:买入并持有,收益:11.00元
策略:低买高卖,收益:15.00元

股票:stock4
策略:买入并持有,收益:55.00元
策略:低买高卖,收益:65.00元

股票:stock5
```

```
策略：买入并持有，收益：12.00 元
策略：低买高卖，收益：13.00 元
```

在本例中，程序使用两层循环来模拟股票的两种不同投资策略的收益。外层循环用于控制每支股票的模拟值及顺序，内层循环用于模拟每支股票不同策略下的收益。每种策略收益的计算应用 lambda 匿名函数来计算。

【例 7-34】 一个简单的财务处理程序的示例。

参考源码如下。

```python
#假设有多个银行账户,每个账户有初始余额
accounts = [
    {'银行卡号': '0001', '余额': 1000},
    {'银行卡号': '0002', '余额': 2000},
    {'银行卡号': '0003', '余额': 3000}]
i = 0
#模拟处理每个账户的存款和取款操作
for account in accounts:
    print(f"处理账户 {account['银行卡号']}")
    print(f"当前余额：{account['余额']} 元")
    flag = True
    while flag:
        action = int(input("请输入操作 (存:1, 扣款:2, 退出:0)："))
        match action:
            case 0:
                print("退出交易.")
                break
            case 1:
                amount = float(input("请输入存款金额："))
                account['余额'] += amount
                print(f"存款成功,新余额为：{account['余额']} 元")
            case 2:
                amount = float(input("请输入扣款金额："))
                if amount <= account['余额']:
                    account['余额'] -= amount
                    print(f"扣款成功,新余额为：{account['余额']} 元")
                else:
                    print("余额不足,无法扣款.")
            case _:
                print("无效的操作,请重新输入.")
        judge = input('继续操作(y/n)?')
        if judge not in ['y','Y']:
            flag = False
```

在本例程中，定义了一个包含多个账户的列表，每个账户是一个字典，包含账户 ID 和初始余额。然后，程序进入一个 for 循环，遍历每个账户。在每个账户的处理过程中，使用一个 while 循环来不断询问用户想要进行的操作(存款、取款或退出)，用户输入操作后，程序会根据输入执行相应的操作，并更新账户余额。当选择退出操作时，break 语句会跳出 while 循环，进入上层 for 循环。

在编写使用循环嵌套的 Python 代码时，需要注意以下事项。

(1) 明确循环嵌套的目的。

循环嵌套通常用于处理多维数据结构，如二维数组或矩阵。通过循环嵌套，可以遍历这些数据结构的每个元素，并对其进行操作。

(2) 注意循环嵌套的层级和顺序。

在编写循环嵌套代码时,需要确定循环的层级关系和执行顺序。

7.4.5 循环结构在金融场景下的应用

Python 循环结构在金融方面有广泛的应用场景,可以帮助金融分析师和交易员更高效地处理和分析金融数据。以下是一些常见的例子。

(1) 计算金融指标。使用 for 循环语句遍历金融数据,如股票价格、汇率数据等,计算各种金融指标,如均值、标准差、涨跌幅等。

(2) 交易策略回测。使用 for 循环语句遍历历史交易数据,模拟各种交易策略,并计算回测结果,如收益率、最大回测等。

(3) 蒙特卡洛模拟。使用 for 循环语句生成随机数,模拟各种金融风险,并计算风险指标,如价值-at-风险、条件价值-at-风险等。

(4) 优化投资组合。使用 while 循环语句优化投资组合的权重,以最大化收益或最小化风险。

【例 7-35】 计算汇率涨跌幅、标准差和均值的示例。

参考源码如下。

```python
import math
exchangeRates = [6.50, 6.55, 6.60, 6.65, 6.70]
n = len(exchangeRates)
changeRates = []
for i in range(1, n):
    changeRate = (exchangeRates[i] - exchangeRates[i-1])/exchangeRates[i-1]
    changeRates.append(changeRate)
meanRate = sum(changeRates) / n
stdRate = math.sqrt(sum((rate - meanRate) ** 2 for rate in changeRates)/(n-1))
print("汇率涨跌幅为: ", changeRates)
print("汇率涨跌幅的均值为: {:.2%}".format(meanRate))
print("汇率涨跌幅的标准差为: {:.2%}".format(stdRate))
```

执行结果:

```
汇率涨跌幅为: [0.007692307692307665, 0.007633587786259515, 0.0075757575757576835,
0.007518796992481176]
汇率涨跌幅的均值为: 0.61%
汇率涨跌幅的标准差为: 0.15%
```

在本例中,定义了一个包含多个汇率的列表 exchangeRates,然后使用 for 语句遍历这个列表,计算每个汇率的涨跌幅,并将涨跌幅保存到一个新的列表 changeRates 中。在每次循环中,使用 i 来表示当前汇率的下标,然后使用 exchangeRates[i] 和 exchangeRates[i-1] 来计算当前汇率的涨跌幅,并将涨跌幅保存到 changeRates 列表中。最后,使用 sum() 函数和 len() 函数计算涨跌幅的均值 meanRate,使用 math 库中的 sqrt() 函数计算涨跌幅的标准差 stdRate,并输出结果。

【例 7-36】 假设有一个包含多支股票的投资组合,计算每支股票的年化收益率。

参考源码如下。

```python
# 定义投资组合
portfolio = {'stock1':[100,110,120,130,140],'stock2':[1000,1050,1100,1150,1200],'stock3':
[2000, 2100, 2200, 2300, 2400]}

# 定义计算年化收益率的函数(函数的定义与调用详见第 8 章相关内容)
```

```python
def calculateAnnualReturn(prices):
    initialPrice = prices[0]
    finalPrice = prices[-1]
    annualReturn = (finalPrice - initialPrice) / initialPrice * 100
    return annualReturn

# 遍历投资组合中的每支股票,并计算年化收益率
for stock, prices in portfolio.items():
    i = 0
    while i < len(prices):
        j = i + 1
        while j < len(prices):
            returns = calculateAnnualReturn(prices[i:j+1])
            print(f"{stock}: {returns}%")
            j += 1
        i += 1
```

执行结果:

```
stock1: 10.00%
stock1: 20.00%
stock1: 30.00%
stock1: 40.00%
stock1: 9.09%
stock1: 18.18%
stock1: 27.27%
stock1: 8.33%
stock1: 16.67%
stock1: 7.69%
stock2: 5.00%
stock2: 10.00%
stock2: 15.00%
stock2: 20.00%
stock2: 4.76%
stock2: 9.52%
stock2: 14.29%
stock2: 4.55%
stock2: 9.09%
stock2: 4.35%
stock3: 5.00%
stock3: 10.00%
stock3: 15.00%
stock3: 20.00%
stock3: 4.76%
stock3: 9.52%
stock3: 14.29%
stock3: 4.55%
stock3: 9.09%
stock3: 4.35%
```

在本例中,首先定义了一个投资组合,其中包含三支股票(AAPL、GOOG 和 AMZN)的价格历史数据。然后,定义了一个计算年化收益率的函数,该函数接收一个价格列表作为参数,并返回年化收益率。接下来,使用两层嵌套的 while 循环来遍历投资组合中的每支股票,并计算其年化收益率。外层循环迭代投资组合中的每支股票,内层循环迭代该股票的价格列表。在内层循环中,使用 calculate_annual_return()函数计算从起始位置到当前位置的价格区间的年化收益率,并将结果打印输出。

使用 Python 循环结构时需要注意以下三点。

(1) 循环变量应该在循环之前进行初始化,有一个明确的初始值。

(2) 循环条件应该尽量简单明了,避免使用复杂的逻辑运算符。

(3) 循环体避免出现过多的嵌套和复杂的逻辑。循环体中的代码应该有适当的注释。

习题 7

1. 判断一个字符串是否以特定前缀开头,如果是,则输出"字符串以该前缀开头",否则输出"字符串不以该前缀开头"。

2. 模拟一个石头、剪子、布游戏,玩家从键盘输入自己的选择,计算机随机选择出手,输出结果。

3. 一年 365 天,设第一天的能力为 1.0,当好好学习时,能力则比前一天提高千分之一;放任玩乐由于遗忘等原因,能力值则比前一天下降千分之一。请用 Python 编程计算,每天努力和每天放任,一年后个人的能力值分别是初始能力的多少倍。用 format 格式化输出,保留两位小数。

4. 给商家付款(现金),现在只有 50 元、20 元、5 元和 1 元的人民币若干张(足够多)。输入一个整数金额值,给出付钱的方案,规定优先使用面额大的钱币。

5. 赌场中有一种称为"幸运 7"的游戏。游戏规则是玩家掷两枚骰子,如果其点数之和为 7,玩家就赢 4 元;如果不是 7,玩家就输 1 元。请分析一下,这样的规则是否公平。

思路:用到 random 中的 randint(m,n+1)函数,返回[m,n]中一个随机整数。可以掷两枚骰子 10 000 次,计算点数之和为 7 的概率。

6. 请比较例 7-17 和例 7-20 的不同。

7. 请说明例 7-25 中,格式化控制符{:.2%}与{:.2f}%的含义。

8. 企业根据利润提成发放奖金问题。提成标准如下:利润低于或等于 10 万元时,奖金可提成 10%;利润高于 10 万元且低于 20 万元时,低于 10 万元的部分按 10%提成,高于 10 万元的部分可提成 7.5%;利润在 20 万元到 40 万元时,高于 20 万元的部分可提成 5%;利润在 40 万元到 60 万元时,高于 40 万元的部分可提成 3%;利润在 60 万元到 100 万元时,高于 60 万元的部分可提成 1.5%;利润高于 100 万元时,超过 100 万元部分按 1%提成。从键盘输入当月利润,求应发放奖金总数。

9. 假设某投资者持有 4 支股票,连续 5 天的收盘价格为 stock_prices = [[10,12,15,13,14],[11,13,17,15,16],[12,15,18,17,15],[13,17,19,18,19],[14,19,20,19,21]],每支股票的持有股数为 holdShares=[100,200,100,300,100,200]。请计算该投资者每日股票的总市值。

10. 假设学员列表[["张三","男",20],["李四","男",21],["王五","女",19],["陈六","女",20],["刘七","男",22]]中存放了学员的基本信息,试编写程序,实现将用户要求的学员信息从列表中删除。要求:

(1) 需要删除的学员姓名由用户输入。

(2) 若用户输入的学员姓名在列表中存在,则执行删除操作;否则,给出相应的提示。

11. 假设有金融资产列表 assets = [{'name': '股票', 'value':11.5},{'name': '债券', 'value':6.5},{'name': '黄金 ETF','value':8}],单位是万元。请编程计算所有资产的总和。

习题 7

第 8 章

Python函数与模块

Python 函数是一段可重复使用的代码块,用于完成特定的任务。它接收输入参数并返回结果。Python 函数的作用如下。

(1)代码复用。函数可以被多次多地调用,避免了代码的重复编写。

(2)模块化。函数将程序代码分解成相对独立的、可以实现特定功能的代码块,让程序更加易于管理和维护。

(3)抽象化。函数隐藏了功能实现的细节,仅提供调用接口,用户不需要了解函数内部实现过程,提高了代码的安全性。

总之,Python 函数是一种重要的代码复用机制,可以提高编写程序的效率及代码的安全性和可维护性。

以下是一些简单的 Python 函数定义的示例。

【例 8-1】 计算求和的函数的示例。

```
def add(a,b):
   print("{} + {} = {}".format(a,b,a + b))
```

该函数接收两个参数 a 和 b,并在屏幕上显示它们的和。

【例 8-2】 计算平均值的函数的示例。

```
def average(numbers):
    total = sum(numbers)
    count = len(numbers)
    return total / count
```

该函数接收一个列表 numbers,计算列表中所有元素的和及元素个数平均值,并返回列表中所有元素的平均值。

【例 8-3】 判断素数的函数的示例。

```
def isPrime(number):
   if number < 2:
     return False
   for i in range(2, int(number ** 0.5) + 1):
     if number % i == 0:
        return False
   return True
```

该函数接收一个整数 number,判断它是否为素数,并返回 True 或 False。

【例 8-4】 计算斐波那契数列的函数的示例。

```
def fibonacci(n):
    if n <= 0:
        return []
    elif n == 1:
        return [0]
    elif n == 2:
        return [0, 1]
    else:
        fib = [0, 1]
        for i in range(2, n):
            fib.append(fib[-1] + fib[-2])
        return fib
```

该函数接收一个整数 n,计算斐波那契数列的前 n 项,并返回一个前 n 项斐波那契数列的元素组成的列表。

【例 8-5】 计算现值的函数示例。

```
def calculatePresentValue(cashFlow, discountRate, term):
    return cashFlow / (1 + discountRate) ** term
```

该函数接收三个参数:未来的现金值、折扣率(或利率)及期限,计算现值,并返回结果。

8.1 函数的定义

一个 Python 程序通常由若干功能模块组成,每个功能模块可由若干函数构成。Python 函数的组成包括函数名、参数列表、函数体和返回值。Python 函数定义是以关键字 def 开始,函数名用于标识函数,参数列表用于接收输入参数,函数体是实现具体功能的语句块,返回值是函数执行结果。

Python 函数可分为以下三类。

(1) 系统内置函数。用户可以直接在程序代码中使用的函数(见 8.5 节)。

(2) Python 标准库(模块)中定义的函数(见 8.9 节),需要通过导入相应的模块才能使用。

(3) 用户自定义函数。是指用户根据需求,在程序中自定义的函数。只有定义了的函数,用户才能调用。

Python 函数定义的基本语法如下。

```
def functionName(parameter1, parameter2, …):
    """
    Function docstring                    函数说明文档
    """
    # Function body                       函数体
    return result
```

其中:

```
def: Python 函数定义的关键字。
functionName: 函数名,用于标识函数。
(parameter1, parameter2, …): 参数列表,用于接收输入参数。
冒号: 用于标识函数定义的开始。
"""Function docstring""": 函数文档字符串,用于描述函数的作用和使用方法。
# Function body: 函数体由若干 Python 语句组成,是实现具体功能的语句块。
return result: 返回值,用于返回函数的执行结果。
```

注意：Python 函数的参数列表可以为空，也可以包含任意数量的参数。return 语句用于从函数中返回一个值或对象，是将函数的计算结果或状态传递给调用函数并终止函数执行的命令。当程序执行到 return 语句时，函数将立即退出，并将返回值传递给调用函数的主程序中的语句所在的位置。如果没有指定返回值，则返回 None 对象。

【例 8-6】 计算利息（单利）的函数的示例。

参考源码如下。

```
#定义带参数的计算利息的函数
def calculateInterest(principal,rate,term):
    interest = principal * rate * term
    return interest
```

参数：

principal：本金。
rate：利率（以百分比表示）。
term：期限（以年为单位）。

在本例中，定义了一个名为 calculateInterest() 的函数，用于计算利息（单利）。函数使用 def 关键字进行定义，后面跟着函数名和括号，括号中包含函数的参数。该函数接收三个参数：principal（本金）、rate（利率）和 term（期限）。通过传递参数执行 calculateInterest() 函数中的语句，并将计算出的利息值赋给变量 interest。通过 return 语句，将利息值返回到程序中调用 calculateInterest() 函数的语句所在的位置。

8.2 函数的调用

函数调用的作用是执行函数体中的语句，将函数运行结果返回到函数被调用的位置。Python 函数调用的基本语法形式如下。

```
functionName(argument1, argument2, …)
```

其中，

functionName：函数名，用于标识要调用的函数。
(argument1, argument2, …)：参数列表，用于传递给函数的输入参数（实际参数）。

调用函数后，程序会根据传递的参数值执行函数体中的语句块，实现函数的功能，并计算出结果（函数的返回值）。函数的返回值可以通过赋值给一个变量来获取，或者直接使用在表达式中，或者作为另一个 Python 函数的参数被使用。

Python 函数调用的形式通常有以下三种。

1. 语句调用

将函数作为 Python 的一条语句来执行。此类函数通常为无返回值的函数，但是有返回值的函数，也可以作为语句被调用。

【例 8-7】 对例 8-1 中的函数语句调用或表达式调用的示例。

参考源码如下。

```
def add(a,b):
    print("{} + {} = {}".format(a,b,a + b))
```

```
num1 = float(input("请输入一个被加数："))
num2 = float(input("请输入一个加数："))
#语句调用函数 add()
add(num1,num2)
```

运行结果：

```
请输入一个被加数：3
请输入一个加数：5
3.0 + 5.0 = 8.0
```

在本例中，add()函数作为主程序中的一条语句被调用。

2. 赋值调用（或表达式调用）

在赋值号的右边调用函数。函数作为一个表达式或者是表达式的一部分。

【例 8-8】 对例 8-6 中的函数进行赋值调用的示例。

参考源码如下。

```
#定义带参数的计算利息的函数
def calculateInterest(principal,rate,year):
    interest = principal * rate * year
    return interest

#调用函数并将返回值赋给变量
interest = calculateInterest(1000,0.03,2)
#输出计算得到的利息
print("利息为：{}".format(interest))
```

运行结果：

```
利息为：60.0
```

在本例中，主程序调用 calculateInterest()函数，将函数的返回值赋给程序中的 Python 变量 interest。

3. 作为函数的参数被调用

【例 8-9】 将例 8-6 中的函数作为函数参数调用的示例。

参考源码如下。

```
#定义带参数的计算利息的函数
def calculateInterest(principal, rate, year):
    interest = principal * rate * year
    return interest

#函数作为函数参数被调用
print("利息为：{}".format(calculateInterest(1000, 0.03, 2)))
```

运行结果：

```
利息为：60.0
```

在本例中，calculateInterest()函数作为内置函数 print()的参数被调用。运行效果与例 8-8 相同。

在使用 Python 函数调用时，需要注意以下 6 点。

(1) 函数名应该与定义时的函数名保持一致。如果函数名拼写错误或者没有定义该函数,会导致函数未定义的错误。

(2) 函数调用时需要传递正确的参数(见 8.4 节)。如果传递的参数数量或者类型不正确,会导致运行时错误。

(3) 在函数调用时,如果使用关键字参数(见 8.4.3 节),需要保证参数名与定义时的形参名一致。

(4) 函数调用返回一个对象(值)。如果函数没有返回值,返回的是 None。

(5) 如果函数需要修改被传递的可变对象(如列表、字典等),则不要修改原始对象。可以在函数内部创建一个新的对象,对其进行修改,并返回新的对象。

(6) 如果函数需要修改全局变量(见 8.3 节),需要使用 global 关键字进行声明。否则,Python 会将其视为局部变量,并在函数内部创建一个新的同名变量。

8.3 变量的作用域

Python 变量的作用域指的是变量的可访问范围。在 Python 中,变量的作用域分为以下 4 种。

1. 局部(Local)作用域

变量在函数内部定义,只能在函数内部访问。

2. 嵌套(Enclosing)作用域

变量在函数内部嵌套函数中定义,该类变量可以在嵌套函数和其外部函数中被访问。

3. 全局(Global)作用域

变量在模块级别定义,可以在模块内的任何函数或类中访问。

4. 内置(Built-in)作用域

变量在 Python 解释器内置的命名空间中定义,可以在任何模块中访问。

当程序中出现同名变量时,Python 会使用 LEGB 规则查找变量。

(1) 在局部(Local)作用域中查找。

(2) 如果在局部作用域中没有找到,则在嵌套(Enclosing)作用域中查找。

(3) 如果在嵌套作用域中也没有找到,则在全局(Global)作用域中查找。

(4) 如果在全局作用域中也没有找到,则在内置(Built-in)作用域中查找。

(5) 如果还是没有找到,则会抛出 NameError 异常。

在函数内部引用全局变量时,要用 global 关键字进行声明。否则,Python 会将这个变量视为局部变量,而不是全局变量。

下面通过示例,分别对不同作用域的变量的使用进行说明。

(1) 局部作用域是指在函数内部定义的变量,其作用范围限于函数内部。这些变量在函数外部是不可见的。

```
def verify():
    localX = "验证"                    #局部变量 localX
    print(localX)

verify()                               #输出:验证
print(localX)                          #报错:NameError: name 'localX' is not defined
```

在本例中,主程序只有两条语句,一是作为语句调用的函数 verify(),二是输出语句 print

(localX)。其中,localX 是函数 verify() 的局部变量,在主程序中未定义,故程序执行时会报错。

【例 8-10】 计算投资年化收益率的示例。计算周期为月,复利计算。

年化收益率的计算公式:

$$年化收益率 = (1 + 月收益率)^{12} - 1$$

参考源码如下。

```
def calculateAnnualReturn(returns):
    #计算年化收益率
    annualReturn = (1 + returns) ** 12 - 1
    return annualReturn
#主程序
monthlyReturns = 0.02
annualReturn = calculateAnnualReturn(monthlyReturns)
print("年化收益率为:{}".format(annualReturn))
```

执行结果:

```
年化收益率为:0.2682417945625455
```

在本例中,returns 作为固定月收益率,是函数 calculateAnnualReturn() 的局部变量(见 8.4 节)。调用函数将其局部变量 monthlyReturns 的值传递给被调用函数 calculateAnnualReturn() 的局部变量 returns,在函数内部计算年化收益率,并将年化收益率返回给主程序中的变量 annualReturn,在屏幕上显示输出结果。

【例 8-11】 计算股票收益率的示例。

股票收益率的计算公式:

$$股票收益率 = (股票卖出价格 - 股票购买价格) \div 股票购买价格$$

参考源码如下。

```
def calculateReturns(initialPrice, finalPrice):
    #计算股票收益率
    returns = (finalPrice - initialPrice) / initialPrice * 100
    return returns

#主程序
stockPriceInitial = 100.0
stockPriceFinal = 120.0
returns = calculateReturns(stockPriceInitial, stockPriceFinal)
print("股票收益率为:{}%".format( returns ))
```

执行结果:

```
股票收益率为:20.0 %
```

在本例中,initialPrice 和 finalPrice 是函数 calculateReturns() 的局部变量。这些变量只在函数内部使用,并且在函数外部不可访问。调用函数将变量 stockPriceInitial 和 stockPriceFinal 的值传递给被调用函数 calculateReturns() 的变量 initialPrice 和 finalPrice,在 calculateReturns() 函数内部计算股票收益率,并将股票收益率返回给主程序中的变量 returns,在屏幕上显示输出结果。

【例 8-12】 计算股票的市盈率的示例。

股票市盈率的计算公式:

市盈率＝股票价格÷股票每股的税后盈利

参考源码如下。

```
def calculatePeratio(price,earnings):
    peRatio = price/earnings
    return peRatio # 主程序
price1 = 211.0
earnings1 = 9
peRatio1 = calculatePeratio(price1,earnings1)
print("市盈率为:{:.2f}".format(peRatio1))
```

执行结果：

```
市盈率为:23.44
```

在本例中，price 和 earnings 是函数 calculatePeratio()的局部变量（参数）。这些变量只在函数内部使用，并且在函数外部不可访问。调用函数将变量 price1 和 earnings1 的值传递给被调用函数 calculatePeratio()的变量 price 和 earnings，在 calculatePeratio()函数内部计算股票市盈率，并将股票市盈率返回给主程序中的变量 peRatio1，在屏幕上显示输出结果。

局部变量的作用范围仅限于函数内部，它们的值在每次函数调用时都是依据实参（详见8.4 节）值变化的。

（2）嵌套作用域指的是包含函数内部的函数所创建的作用域，常以所谓闭包形式出现。

维基百科对闭包的定义：在一些语言中，在函数中可以定义另一个函数，如果内部的函数引用了外部函数的变量，则可能产生闭包。闭包可以用来在一个函数与一组"私有"变量之间创建关联关系。在给定函数被多次调用的过程中，这些"私有"变量能够保持持久性。

Python 闭包通常是在一个 Python 函数内定义另一个函数，被定义的内部函数，可以引用其外部函数中的变量，但内部函数中的局部变量不能被其外部函数引用。

```
def verify():
    x = 10                  #外部函数的局部变量 x
    def innerVerify():
        y = 20              #内部函数的局部变量 y
        print(x + y)        #内部函数可以访问外部函数的变量
    innerVerify()

verify()                    #输出：30
print(y)                    #报错：NameError: name 'y' is not defined
```

【例 8-13】 计算复利利息的示例。

参考源码如下。

```
def calculateCompoundInterest(principal, rate, time):
    #计算复利
    def compoundInterest(principal, rate, time):
        return principal * (1 + rate) ** time

    interest = compoundInterest(principal, rate, time)
    return interest - principal
#主程序
loanPrincipal = 10000.0
loanRate = 0.05
loanTime = 2
interest = calculateCompoundInterest(loanPrincipal, loanRate, loanTime)
print("贷款复利为:{} ".format(interest))
```

执行结果:

```
贷款复利为:1025.0
```

在本例中,principal、rate 和 time 是函数 calculateCompoundInterest()的局部变量(参数)。而嵌套在函数中的 compoundInterest()函数也有其自己的局部变量 principal、rate 和 time。在 calculateCompoundInterest()函数中,通过调用 compoundInterest()函数来计算复利。由于 compoundInterest()函数是在 calculateCompoundInterest()函数中定义的,因此 compoundInterest()函数可以访问外部函数 calculateCompoundInterest()的局部变量。

【例 8-14】 计算股票收益率的示例。

参考源码如下。

```python
def calculateReturns(initialPrice, finalPrice):
    # 计算股票收益率,在函数中定义函数
    def percentageChange(initialPrice, finalPrice):
        return (finalPrice - initialPrice) / initialPrice * 100

    returns = percentageChange(initialPrice, finalPrice)
    return returns
# 主程序
stockPriceInitial = 100.0
stockPriceFinal = 120.0
returns = calculateReturns(stockPriceInitial, stockPriceFinal)
print("股票收益率为:{}%".format(returns))
```

执行结果:

```
股票收益率为:20.0 %
```

在本例中,initialPrice 和 finalPrice 是函数 calculateReturns()的局部变量,嵌套在函数中的 percentageChange()函数也有其自己的局部变量。在 calculateReturns()函数中,通过调用 percentageChange()函数来计算股票收益率。由于 percentageChange()函数是在 calculateReturns()函数中定义的,因此可以访问外部函数的局部变量。

嵌套作用域变量可以访问外部函数的局部变量,但是外部函数不能访问内部嵌套函数的局部变量。

(3) 全局作用域是指在所有函数外部定义的变量,它可以在整个程序中被访问。

```python
x = "test"                    # 全局变量 x
def verify():
    global x                  # 用 global 声明全局变量
    print(x)                  # 全局变量可以在函数内部访问

verify()                      # 输出: test
print(x)                      # 输出: test
```

【例 8-15】 计算投资组合收益率的示例。

参考源码如下。

```python
# 计算投资组合收益率
def calculatePortfolioReturn():
    global portfolioValueInitial, portfolioValueFinal
    returns = (portfolioValueFinal - portfolioValueInitial) / portfolioValueInitial * 100
    return returns
```

```
#主程序
portfolioValueInitial = 100000.0
portfolioValueFinal = 120000.0
returns = calculatePortfolioReturn()
print("投资组合收益率为:{}%".format(returns))
```

执行结果:

```
投资组合收益率为: 20.0 %
```

在本例中,portfolioValueInitial 和 portfolioValueFinal 是全局变量,它们定义在主程序中,但是在函数内部也可以访问。在 calculatePortfolioReturn()函数中,使用 global 关键字声明这些变量为全局变量,这样就可以在函数内部修改它们的值。

【例 8-16】 计算贷款利息的示例。

参考源码如下。

```
#计算贷款利息
def calculateInterest(principal, rate, term):
    global interestRate
    interestRate = rate * 100
    interest = principal * rate * term
    return interest

#主程序
loanPrincipal = 10000.0
interestRate = 0.05
loanTerm = 2
interest = calculateInterest(loanPrincipal, interestRate, loanTerm)
print("贷款利息为:", interest)
print("贷款利率为:{}%".format(interestRate))
```

执行结果:

```
贷款利息为: 1000.0
贷款利率为: 5.0 %
```

在本例中,interestRate 是全局变量,它定义在函数外部。在函数 calculateInterest()中,使用 global 关键字声明这个变量为全局变量,并将利率乘以 100 赋值给它。在主程序中,可以打印出利息和利率的值。

注意:全局变量可以在程序的任何地方访问,包括在函数内部和外部。如果在函数内部修改全局变量的值,可能会导致程序出现意想不到的行为。

(4) 内置作用域指的是 Python 解释器内置的函数和变量的作用域。这些函数和变量可以在任何地方访问,而无须导入任何模块。

```
x = "test"
print(len(x))               #使用内置的len()函数计算字符串的字符个数
```

8.4 函数的参数

函数参数是函数定义中的变量,用于接收传递给函数的值,为函数体内执行特定的操作提供运算对象。函数的参数分为形参和实参两类。

(1) 形参是指函数定义时(def 语句),函数名后面的圆括号中的参数,形参只能是变量。

形参只在函数被调用时才分配内存单元,调用结束时释放所分配的内存单元。

(2)实参是指调用函数时,函数名后面的括号中的参数,实参可以是常量、变量、表达式。在进行函数调用时,实参必须有确定的值。

Python函数的参数一般有4种形式:位置参数、默认参数、关键字参数和可变长参数。

8.4.1 位置参数

位置参数是最常见的参数形式,函数参数按照定义时的顺序接收传递给函数的值。在函数定义中,位置参数写在函数名后面的括号内,各个参数之间用逗号隔开。在函数调用时,按照函数定义时的顺序传递参数。

【例8-17】 Python函数位置参数的简单示例1。

参考源码如下。

```
#定义带位置参数的函数
def greet(name, message):
    print(f"{name}, {message}!")

#调用 greet()函数,传递位置参数
greet("Alice", "Hello")
```

执行结果:

```
Alice, Hello!
```

在本例中,greet()函数接收两个位置参数name和message,在函数调用时按照定义时的顺序传递了两个实参值。

【例8-18】 Python函数任意数量位置参数的简单示例。

参考源码如下。

```
def fun( * args):
    print(args)

fun(1, 2, 3)
```

执行结果:

```
(1,2,3)
```

在本例中,fun()函数接收任意数量的位置参数。

【例8-19】 Python函数位置参数的简单示例2。

参考源码如下。

```
def fun(x, y, * args):
    print(x, y, args)

fun(1, 2, 3, 4, 5)
```

执行结果:

```
1 2 (3, 4, 5)
```

在本例中,fun()函数接收两个固定数量的位置参数和任意数量的额外位置参数,并将它们封装为一个元组。

【例8-20】 计算投资的收益率函数的示例。可以使用位置参数来传递投资的成本和当前市值。

参考源码如下。

```
def calculateReturn(cost, marketValue):
    return (marketValue - cost) / cost * 100

pCost = 1000
pMarketValue = 1200
investmentReturn = calculateReturn(pCost, pMarketValue)
print("Investment Return:{}%".format(investmentReturn))
```

执行结果：

```
Investment Return:20.0%
```

在本例中，cost 和 marketValue 都是位置参数。按照定义的顺序传递给了实参 pCost 和 pMarketValue，分别是 1000 和 1200。calculateReturn()函数计算并返回投资的收益率。

使用位置参数时，需要注意以下两点。

（1）函数调用时是按照函数定义时的位置参数顺序传递参数。在函数定义中，位置参数的顺序决定了在函数调用时应该传递实参的顺序。

（2）如果传递的参数数量不足或者过多，会导致运行时错误。例如，如果一个函数接收两个位置参数，但是在调用时只传递了一个参数，可能会导致 TypeError 异常。

8.4.2 默认参数

默认参数是指在函数定义时就给定默认值的参数。在调用函数时没有传递对应的值给默认参数，程序就会使用默认值。在函数定义中，将默认值以赋值表达式的形式赋给默认参数。

【例8-21】 Python 函数默认参数的简单示例1。

参考源码如下。

```
def greet(name, message = "Hello"):
    print(f"{name}, {message}!")

#调用greet()函数,只传递一个位置参数.使用了默认参数
greet("Alice")

#调用greet()函数,传递两个位置参数
greet("Bob","Hi")
```

运行结果：

```
Alice, Hello!
Bob, Hi!
```

在本例中，greet()函数接收两个参数 name 和 message，其中，message 有一个默认值 "Hello"。在第一个调用中，只传递了一个位置参数，因此使用了默认值；在第二个调用中，使用了两个位置参数的调用形式。

【例8-22】 Python 函数默认参数的简单示例2。

参考源码如下。

```
def calculateDiscount(price, discountRate = 0.1):
    """
    计算折扣后的价格。
    参数: price 为商品的原价, discountRate 为折扣率, 默认为 10%
    返回: 折扣后的价格
    """
    return price * (1 - discountRate)

# 使用默认的折扣率调用函数
discountedPriceDefault = calculateDiscount(100)
print(f"使用默认值的折扣价格: {discountedPriceDefault:.2f}")

# 指定不同的折扣率调用函数
discountedPriceCustom = calculateDiscount(100, 0.2)
print(f"指定折扣的默认值价格: {discountedPriceCustom:.2f}")
```

执行结果:

```
使用默认值的折扣价格: 90.00
指定折扣的默认值价格: 80.00
```

在函数定义中使用了可变对象作为默认值(如列表、字典等),如果修改原始对象,在程序运行结束之前,则函数中的可变对象的值都会保留。

【例 8-23】 Python 函数默认参数的简单示例 3。

参考源码如下。

```
def fun(a, b = []):
    print(f'b in fun is {id(b)}')
    b.append(a)
    return b

print(fun('a'))
print(fun('b'))
```

运行结果:

```
b in fun is 1252578792256
['a']
b in fun is 1252578792256
['a', 'b']
```

在函数定义中使用了可变对象作为默认值,如果希望每次调用函数时都创建一个新的对象,则可以将其设置为 None,并在函数内部判断是否为 None 来创建新的对象。

【例 8-24】 Python 函数默认参数的简单示例 4。

参考源码如下。

```
def fun(a, b = None):
    print(f'b in fun is {id(b)}')
    if b is None:
        b = []
    b.append(a)
    return b

print(fun('a'))
print(fun('b'))
```

运行结果：

```
b in fun is 1824983257920
['a']
b in fun is 1824983257920
['b']
```

注意：None 与[]的不同。

【**例 8-25**】 计算存款的利息函数的示例。使用默认参数来指定存款的利率和存款期限。参考源码如下。

```
def calculateInterest(principal, rate = 0.05, term = 1):
    return principal * rate * term

interest = calculateInterest(1000)
interest1 = calculateInterest(1000, term = 3, rate = 0.06 )   # 用关键字参数调用的形式调用
                                                              # 带默认值的函数
print("Interest1:{}".format(interest))
print("Interest2:{}".format(interest1))
```

执行结果：

```
Interest1:50.0
Interest2:180.0
```

在本例中，rate 和 term 都是默认参数，其默认值分别为 0.05 和 1。在调用函数 calculateInterest()时，如果没有传递这两个参数的值，函数会使用默认值。函数计算并返回存款的利息。calculateInterest(1000,rate=0.06,term=3)使用了关键字参数调用的形式。

使用默认参数时，需要注意以下两点。

（1）如果在函数定义中使用了默认参数，并且在调用函数时传递了值给默认参数，程序就会使用传递的值作为默认参数的值，默认值失效。

（2）在函数定义中，如果位置参数和默认参数混合使用，应该将默认参数放在位置参数之后。在调用函数时应该先传递位置参数，再传递默认参数。

8.4.3 关键字参数

关键字参数允许函数接收以键值对形式传递的参数。在函数定义中，当有固定个数的关键字参数时，关键字参数的定义形式与默认参数的形式相同；当关键字参数个数不确定时，使用两个星号（**）表示关键字参数。当调用函数时，使用形参名和对应的值来传递关键字参数。函数将把这些参数作为一个字典进行处理。

关键字参数可以在函数调用时使用参数名来传递参数，这样可以避免调用函数时因位置参数顺序混乱导致的错误，使代码更加易读和易于理解。

注意：在形式上，具有默认参数的函数，默认参数名也可作为关键字参数名。区别是函数调用的参数传递形式。关键字参数调用时，参数名要与形参名一致。具体见例 8-25。

【**例 8-26**】 函数 info 接收两个位置参数 name 和 age，以及任意数量的关键字参数，并返回一个包含这些信息的字典。

参考源码如下。

```
def info(name, age, **kwargs):
    infoDict = {"name": name, "age": age}
```

```
            infoDict.update(kwargs)
            return infoDict
```

在调用函数 info()时,可以传递位置参数和任意数量的关键字参数。例如,info("张三",25,city="北京",occupation="工程师")将返回{"name":"张三","age":25,"city":"北京","occupation":"工程师"}。

【例 8-27】 计算贴现债券的到期收益率函数的示例。使用关键字参数来传递债券的面值、市场价格和到期时间。

计算贴现债券到期收益率的公式:

贴现债券到期收益率=(债券面值-债券买入价)/(债券买入价×持有时间)

持有时间=365/贴现期限

参考源码如下。

```
def calculateYield(faceValue, marketPrice, maturity):
    return (faceValue - marketPrice) / ( marketPrice * (365 / maturity)) * 100

bondYield = calculateYield(faceValue = 1000, marketPrice = 950, maturity = 100)
bondYield1 = calculateYield(maturity = 100, faceValue = 1000, marketPrice = 950)
print("Bond Yield:{:.2f}%".format(bondYield))
print("Bond Yield1:{:.2f}%".format(bondYield1))
```

执行结果:

```
Bond Yield:1.44%
Bond Yield1:1.44%
```

在本例中,faceValue、marketPrice 和 maturity 都是关键字参数,函数计算并返回债券的到期收益率。使用参数名来指定参数的值,而不必按照定义的顺序传递参数,即 bondYield 与 bondYield1 的结果是相同的,但是调用函数 calculateYield()中的参数顺序是不同的。

【例 8-28】 函数关键字参数调用的简单示例。

计算投资收益的计算公式:

收益=(卖出价-买入价)×数量

参考源码如下。

```
#定义计算投资收益的函数 calculateReturn()
def calculateReturn(purchasePrice, sellPrice, quantity = 100):
    return (sellPrice - purchasePrice) * quantity

#调用 calculateReturn()函数
bondReturn = calculateReturn(1.02, 1.07)                        #使用默认参数的形式调用
bondReturn1 = calculateReturn(1.02, 1.07, quantity = 200)       #使用关键字参数的形式调用
print("Bond Return:{:.2f}%".format(bondReturn))
print("Bond Return1:{:.2f}%".format(bondReturn1))
```

运行结果:

```
Bond Return:5.00%
Bond Return1:10.00%
```

在本例中,将函数 calculateBondReturn(purchasePrice,sellPrice,quantity=100)中的参数 quantity 以默认值形式定义,但在调用时,分别采用了默认值调用和通过关键字参数进行调用,请读者加以区分。

【例 8-29】 计算净收入函数的示例。

参考源码如下。

```
def netIncome(income, expenses, taxRate = 0.3, currency = 'RMB'):
    """
    参数：
      income: 收入
      expenses: 支出(位置参数)
      taxRate: 税率(默认参数,默认为 30%)
      currency: 货币单位(关键字参数,默认为'RMB')
    返回：
    一个包含净收入和货币单位的字典
    """
    tax = income * taxRate
    banance = income - expenses - tax
    report = {
        '余额': banance,
        '货币单位': currency
    }
    return report

# 调用函数,使用所有类型的参数
print(netIncome(10000, 5000, taxRate = 0.25, currency = 'EUR'))
# 调用函数,使用位置参数、关键字参数和默认参数,不指定货币单位
print(netIncome(10000, 5000, taxRate = 0.25))
# 调用函数,使用位置参数、默认参数和关键字参数,不指定税率
print(netIncome(10000, 5000, currency = 'GBP'))
# 调用函数,只使用位置参数,使用所有默认参数
print(netIncome(10000, 5000))
```

执行结果：

```
{'余额': 2500.0, '货币单位': 'EUR'}
{'余额': 2500.0, '货币单位': 'RMB'}
{'余额': 2000.0, '货币单位': 'GBP'}
{'余额': 2000.0, '货币单位': 'RMB'}
```

在 Python 函数中,关键字参数是一种常见的参数类型之一。使用关键字参数时,需要注意以下三点。

(1) 在使用关键字参数时,在调用函数时应该先传递位置参数,再传递关键字参数。

(2) 在使用关键字参数时,应该保证与函数定义中的形式参数名一致。如果传递了未定义的关键字参数,会导致 TypeError 异常。

(3) 关键参数与默认参数在形式上相同。在函数定义中同时使用了位置参数、默认参数和关键字参数时,函数定义时的参数顺序必须是：位置参数,默认参数,关键字参数。

8.4.4 可变长参数

可变长参数是指可以接收任意数量的位置或关键字参数的函数。在函数定义中,使用 *args 表示接收任意数量的位置参数,使用 **kwargs 表示接收任意数量的关键字参数。当调用函数时,可以传递任意数量的参数给可变参数。

参数解包是指将一个可迭代对象作为实参将其解包成单独的位置或关键字参数。在函数调用时,在可迭代对象前面加上 * 表示解包为位置参数,函数将把这些参数作为一个元组进行处理；在可迭代对象前面加上 ** 表示解包为关键字参数。在函数内部,**kwargs 被当作一

个字典来处理,可以使用字典的方法来访问和处理这些参数。

【例8-30】 函数可变长参数应用的简单示例1。

参考源码如下。

```
def add( * args):
    result = 0
    for arg in args:
        result += arg
    return result

# 调用add()函数,传递任意数量的位置参数
result = add(1, 2, 3, 4, 5)
print(result)
```

运行结果:

```
15
```

在本例中,add()函数接收任意数量的位置参数,并将它们相加返回结果。

【例8-31】 函数可变长参数应用的简单示例2。

参考源码如下。

```
def greet(name, message):
    print(f"{name}, {message}!")

# 定义一个包含两个元素的元组
args = ("Alice", "Hello")
# 调用greet()函数,并将args解包为位置参数
greet( * args)                    # 输出: Alice, Hello
# 定义一个包含两个键值对的字典
kwargs = {"name": "Bob", "message": "Hi"}
# 调用greet()函数,并将kwargs解包为关键字参数
greet( ** kwargs)
```

运行结果:

```
Alice, Hello!
Bob, Hi!
```

在本例中,定义了一个包含两个元素的元组和一个包含两个键值对的字典,并将它们解包为位置和关键字参数分别传递给了greet()函数。

【例8-32】 编写计算股票组合总市值的函数示例。使用可变参数来传递不同股票的市值。

参考源码如下。

```
def calculatePortfolioValue( * stockValues):
    totalValue = sum(stockValues)
    return totalValue

portfolioValue = calculatePortfolioValue(1000, 2000, 3000, 4000)
print("Portfolio Value:{}".format(portfolioValue))
```

运行结果:

```
Portfolio Value:10000
```

在本例中,stockValues 是一个可变长参数。在调用函数 calculatePortfolioValue()时,可以传递任意数量的参数,这些参数会被封装成一个元组。函数计算并返回股票组合中各支股票的总市值。

【例 8-33】 编写计算投资组合收益率的函数。投资组合由不同资产组成,每个资产都有不同的投资金额和年化收益率。函数参数分别以 *args 和 **args 形式传递。

(1) 使用可变长参数 *args 的形式。

参考源码如下。

```
def calculatePortfolioReturn( * assets):
    totalInvestment = 0
    totalReturn = 0
    for asset in assets:
        investment, rate = asset
        totalInvestment += investment
        totalReturn += investment * rate
    portfolioReturn = (totalReturn / totalInvestment) * 100
    return portfolioReturn

portfolioReturn = calculatePortfolioReturn((1000, 0.05), (2000, 0.06), (3000, 0.04))
print("Portfolio Return:{:.2f}%".format(portfolioReturn))
```

运行结果:

```
Portfolio Return:4.83%
```

在本例中,assets 是一个可变长参数。在调用函数 calculatePortfolioReturn()时,可以传递任意数量的参数,每个参数都是一个包含投资金额和收益率的元组。在函数体中,使用循环遍历所有资产,并计算出总投资金额和总收益。然后,根据总收益和总投资金额计算投资组合的年化收益率。

(2) 使用可变长参数关键字参数 **kwargs 的形式。

参考源码如下。

```
def calculatePortfolioReturn( ** assets):
    totalInvestment = 0
    totalReturn = 0
    for asset, values in assets.items():
        investment = values["investment"]
        rate = values["rate"]
        totalInvestment += investment
        totalReturn += investment * rate

    portfolioReturn = (totalReturn / totalInvestment) * 100
    return portfolioReturn

portfolioReturn = calculatePortfolioReturn(stock1 = {"investment": 1000, "rate": 0.05},
                                           stock2 = {"investment": 2000, "rate": 0.06},
                                           stock3 = {"investment": 3000, "rate": 0.04})
print("Portfolio Return:{:.2f}%".format(portfolioReturn))
```

执行结果:

```
Portfolio Return:4.83%
```

在本例中,assets 是一个可变长参数。在调用函数 calculatePortfolioReturn()时,可以传递任意数量的参数,并使用关键字参数的形式传递资产的信息。每个参数都是一个包含投资金额和年化收益率的字典。该函数体计算出总投资金额和总收益。然后,根据总收益和总投资金额计算投资组合的年化收益率。

【例 8-34】 编写计算现值的函数的示例。

现值的计算公式:

$$现值 = \sum (现金流值 / (1 + 利率)^{期限})$$

参考源码如下。

```
def calculatePresentValue(interestRate, *cashFlows):
    presentValue = 0
    for i, cashFlow in enumerate(cashFlows):  # enumerate()见 8.4 节表 8-1
        presentValue += cashFlow / (1 + interestRate) ** (i + 1)
    return presentValue

interestRate = 0.03
cashFlows = (100, 150, 200, 250, 300)
presentValue = calculatePresentValue(interestRate, *cashFlows)
print("Present Value:{:.2f}".format(presentValue))
```

执行结果:

```
Present Value:902.41
```

在本例中,函数 calculatePresentValue() 使用了位置参数 interestRate 接收利率,可变长参数 *cashFlows 接收多个现金流。函数通过循环遍历现金流,并根据现金流的时间价值计算现值。最后,在屏幕上显示出计算得到的现值。

在 Python 函数中,可变长参数是一种常见的参数类型之一。使用可变长参数时,需要注意以下 4 点。

(1) 在函数定义中,使用 *args 语法来接收任意数量的位置参数。在函数内部,不定参数被当作一个元组来处理,可以使用循环等方式来遍历和处理这些参数。

(2) 在函数定义中,使用 **kwargs 语法来接收任意数量的关键字参数。

(3) 在函数定义中,应该将可变长参数放在位置参数之后。避免在函数调用时出现歧义。

(4) 如果在函数定义中同时使用了位置参数、关键字参数、默认参数和可变长参数,参数定义的顺序必须是:位置参数,默认参数,不定参数(*args),关键字参数,关键字不定参数(**kwargs)。

参考源码如下。

```
def fun(a, b = 1, *args, c = 2, **kwargs):
    print(a, b, args, c, kwargs)

fun(0)
fun(0, 3, 4, 5, c = 6, d = 7)
```

运行结果:

```
0 1 () 2 {}
0 3 (4, 5) 6 {'d': 7}
```

8.5 系统内置函数

Python 解释器内置了很多函数和类型，程序员可以在任何时候直接使用它们。表 8-1 列出了常用的一些系统内置函数及示例代码。

表 8-1 Python 常用的一些系统内置函数及示例代码

函数原型	释 义	举 例
abs(x)	返回一个数的绝对值。参数可以是数字型数据	aDec=-1.2 abs(aDec)→1.2
all(iterable)	如果 iterable 的所有元素均为真值(或可迭代对象为空)则返回 True，否则为 False	aList=[1.2,-0.1,2] all(aList)→True
any(iterable)	如果 iterable 的任一元素为真值则返回 True。如果可迭代对象为空，返回 False	aTuple=(1,0,0) any(aTuple)→True
chr(i)	返回 Unicode 码位为整数 i 的字符的字符串格式	chr(97)返回字符串 'a'，chr(24278)返回字符串'廖'
ord(c)	返回字符 c 的 Unicode 码	ord('廖')返回数字 24278
divmod(a,b)	以两个(非复数)数字为参数，在做整数除法时，返回商和余数。若操作数为混合类型，则使用二进制算术运算符的规则。对于整数而言，结果与(a//b,a%b)相同。对于浮点数则结果为(q,a%b)，其中，q 通常为 math.floor(a/b)，但可能比它小 1。在任何情况下，q*b+a%b 都非常接近 a，如果 a%b 非零，则结果符号与 b 相同，并且 0≤abs(a%b)<abs(b)	a=11 b=3 num1,num2=divmod(a,b) num1→3 num2→1
enumerate(iterable, start=0)	返回一个枚举对象。iterable 必须是一个序列，或其他支持迭代的对象	seasons = ['Spring','Summer','Fall','Winter'] list(enumerate(seasons,start=1)) →[(1,'Spring'),(2,'Summer'),(3,'Fall'),(4,'Winter')]
filter (function, iterable)	返回一个枚举对象。iterable 必须是一个序列或迭代的对象。如果 function 为 None，则会使用标识号函数，也就是说，iterable 中所有具有假值的元素都将被移除	见 8.9.4 节
id(object)	返回对象的"标识值"。该值是一个整数，在此对象的生命周期中保证是唯一且恒定的。两个生命期不重叠的对象可能具有相同的 id 值。在 Python 中，id(x)就是存放 x 的内存地址	整数值可以理解成对象在内存中的地址，Python 解释器可以正确解析这个整数
len(s)	返回对象的长度(元素个数)。实参可以是序列(如 string、bytes、tuple、list 或 range 等)或集合(如 dictionary、set 或 frozenset 等)	前面多次使用(列表、元组等)
pow (base, exp, mod=None)	返回 base 的 exp 次幂；如果 mod 存在，则返回 base 的 exp 次幂对 mod 取余(比 pow(base,exp)%mod 更高效)。两参数形式 pow(base,exp)等价于乘方运算符 base**exp	与算术运算符 ** 功能相同
round (number, ndigits=None)	返回 number 舍入小数点后 ndigits 位精度的值。如果 ndigits 被省略或为 None，则返回最接近输入值的整数	见 2.2.1 节

续表

函数原型	释义	举例
sorted(iterable,/, *, key=None, reverse=False)	根据 iterable 中的项返回一个新的已排序列表。 key 指定带有单个参数的函数,用于从 iterable 的每个元素中提取用于比较的键(例如 key=str.lower)。默认值为 None(直接比较元素)。 reverse 为一个布尔值。如果设为 True,则每个列表元素将按反向顺序比较进行排序	第3章提到
reversed(seq)	返回一个反向的 iterator。seq 必须是一个具有 __reversed__()方法或是支持序列协议(具有__len__()方法和从 0 开始的整数参数的__getitem__()方法)的对象	

8.6 lambda 函数

Python 的 lambda 函数是一种匿名函数(即没有名称的函数),可以用于简化代码,编写回调函数等。通常用于处理简单的计算或类型转换操作。

lambda 函数的语法如下。

```
lambda arguments: expression
```

其中,

arguments:函数的参数列表,可以包含多个参数,多个参数之间用逗号隔开。
expression:函数体,是一个表达式。

为了解释 Python 中 lambda 函数的用法,下面以计算一个列表平均值的示例来说明。

【例 8-35】 使用 lambda 函数来计算平均值的示例。

参考源码如下。

```
exchangeRates = [1.1, 0.7, 1.3, 0.85, 1.05]
calculateIndex = lambda rates: sum(rates) / len(rates)    #定义了一个 lambda 函数,计算序列的
                                                          #平均值

index = calculateIndex(exchangeRates)                     #调用 lambda 函数
print("汇率平均数为:{:.2f}".format(index))
```

运行结果:

```
汇率平均数为:1.00
```

在本例中,定义了一个 lambda 函数来计算平均值。lambda 函数接收一个参数 rates,该参数是一个列表。在 lambda 函数的主体中,使用 sum()函数来计算总和,并使用 len()函数来计算列表元素的数量。然后,将总和除以数量,得到平均值。

在函数调用时,使用 lambda 函数来计算平均值。将 exchangeRates 列表作为参数传递给 lambda 函数,并将计算结果赋值给 index 变量。然后,使用 print()函数将平均值打印出来。

【例 8-36】 使用 lambda 函数来计算活期利息的示例。

参考源码如下。

```
finData = (100,0.018,2)
#定义了一个 lambda 函数
calculateInterest = lambda principal, rate, term: (principal * rate * term)
```

```
print("本金为{}元的{}年的活期利息(单利)为:{:.2f}元".format(finData[0],finData[2],
calculateInterest( * finData)))
```

运行结果:

本金为 100 元的 2 年的活期利息(单利)为:3.60 元

在本例中,定义了一个 lambda 函数来计算活期利息。将元组 finData 作为参数传递给 lambda 函数,该 lambda 函数作为 print()函数的参数被调。

【例 8-37】 使用 lambda 函数来找出所有正回报率的示例。

参考源码如下。

```
returns = (0.01,0.02, - 0.018,0.12)
posValue = lambda x: x > 0
posReturns = []
for ret in returns:
    if posValue(ret):
        posReturns.append(ret)
print("正收益率为: {}".format(posReturns))
```

运行结果:

正收益率为: [0.01, 0.02, 0.12]

在本例中,定义了一个 lambda 函数来找出正回报率。将列表 returns 中的每个元素作为参数传递给 lambda 函数,判断该回报率是否为正值,如果为正,添加到列表 posReturns 中,最后将列表 posReturns 在屏幕上显示出来。

使用 lambda 函数时需要注意以下 4 点。

(1) lambda 函数是一种匿名函数,没有函数名。

(2) lambda 函数通常用于简单的操作,如果需要定义复杂的函数逻辑,建议使用普通的函数定义。

(3) lambda 函数的表达式部分只能使用表达式,不能使用语句。lambda 函数不能包含循环、条件语句等复杂结构。

(4) lambda 函数可以作为其他函数的参数传递,也可以作为其他函数的返回值返回。示例见 8.9 节。

8.7 装饰器

Python 装饰器是一种语法糖,允许在不修改原函数代码的情况下,为函数添加额外的逻辑。装饰器通过接收一个函数作为参数,并返回一个新的函数来实现。在新的函数中,可以在函数执行之前和执行之后添加额外的逻辑。新函数通常会在原有函数的基础上添加一些额外的功能或修饰原有函数的行为。

Python 装饰器的语法形式如下。

```
@decorator
def function():
    # 函数体
```

其中：

decorator:装饰器函数,用于修饰function函数。

【例8-38】 使用装饰器模板示例。

参考源码如下。

```
def exDecorator(func):
    def wrapper():
        #以下可以是某个功能执行前的代码块
        print("调用函数之前做的一些工作.")
        #开始执行(调用)某个函数
        func()
        #以下可以是某个功能执行后的代码块
        print("调用函数以后做的一些工作.")
    return wrapper

@exDecorator
def impFunction():
    #以下可以是实现某种功能的代码块
    print("函数功能已实现!")

impFunction()
```

【例8-39】 使用装饰器计算函数执行时间的示例。

参考源码如下。

```
import time
def calculateTime (func):
    def wrapper( * args, ** kwargs):
        start = time.time()
        result = func( * args, ** kwargs)
        end = time.time()
        print("Function {} took {} seconds to execute ".format(func.__name__, end - start))
        return result
    return wrapper

@ calculateTime
def calculateMean(prices):
    total = sum(prices)
    count = len(prices)
    return total / count

prices = [100, 110, 120, 115, 130, 135]
mean = calculateMean(prices)
print("The mean price is:{}".format(mean))
```

运行结果：

```
Function calculateMean took 0.0 seconds to execute
The mean price is:118.33333333333333
```

在本例中,定义了一个装饰器函数calculateTime(),它接收一个函数作为参数,并返回一个新的函数wrapper()。函数wrapper()在原有函数calculateMean()的基础上添加计算执行时间的功能,并返回原有函数的执行结果。使用@calculateTime语法将calculateTime装饰器应用到calculateMean()函数上。定义了一个价格列表prices,并使用calculateMean()函数计算价格均值。当函数执行完毕后,calculateTime装饰器会自动计算函数执行时间,并输出结果。

【例 8-40】 装饰器用于计算股票收益率的示例。

参考源码如下。

```
import numpy as np                            #导入 NumPy 库
def stockReturn(func):
    def wrapper( * args, ** kwargs):
        priceBefore = np.array(func( * args, ** kwargs))[:len(func( * args, ** kwargs)) - 1]
        priceAfter = np.array(func( * args, ** kwargs))[1:len(func( * args, ** kwargs))]
        return np.round((priceAfter - priceBefore)/ priceBefore,3)
    return wrapper
#这个装饰函数用于计算金融时间序列数据的收益率。它接收一个函数作为参数,并返回一个新的函
    #数。新函数会在原函数执行前后分别获取价格数据,并计算收益率。
#使用这个装饰函数时,可以将它应用于任何返回价格数据的函数,例如:
@stockReturn
#def getStockPrice(stockCode):
def getStockPrice():
    #获取股票价格数据
    stockPrices = [100,101,99.8,102.2,101.9,102]
    return stockPrices

#这样就可以在调用 getStockPrice()函数时,自动计算对数收益率
print(getStockPrice())
```

运行结果:

```
[ 0.01 - 0.012 0.024 - 0.003 0.001]
```

【例 8-41】 装饰函数用于过滤金融时间序列数据中的异常值的示例。

参考源码如下。

```
import numpy as np
def filterOutliers(func):
    def wrapper( * args, ** kwargs):
        data = func( * args, ** kwargs)
        mean = np.mean(data)
        std = np.std(data)
        filteredData = [x for x in data if abs(x - mean) <= 1 ]
        return filteredData
    return wrapper

@filterOutliers
def getStockPrice():
    #获取股票价格数据
    priceData = np.array([100,101,99.8,102.2,101.9,102])
    return priceData
#这样就可以在调用 getStockPrice()函数时,自动过滤掉价格数据中的异常值
print(getStockPrice())
```

运行结果:

```
[101.0, 101.9, 102.0]
```

【例 8-42】 使用装饰函数来计算不同期限贴现率债券的价格的示例。

参考源码如下。

```
def discountRateDecorator(func):
    def wrapper(bondTerm, discountRate):
```

```
            price = func(bondTerm, discountRate)
            print(f"{discountRate}贴现率债券的价格为:{price}")
            return price
    return wrapper

@discountRateDecorator
def calculateBondPrice(bondTerm, discountRate):
    return 100 / (1 + discountRate) ** bondTerm

bondTerm_1 = 1
discountRate_1 = 0.05
bondTerm_2 = 2
discountRate_2 = 0.06

calculateBondPrice(bondTerm_1, discountRate_1)
calculateBondPrice(bondTerm_2, discountRate_2)
```

运行结果：

```
0.05 贴现率债券的价格为:95.23809523809524
0.06 贴现率债券的价格为:88.99964400142399
```

在本例中，定义了一个 discountRateDecorator() 装饰函数来计算不同期限贴现率债券的价格。装饰器接收函数 func() 作为参数，并定义了一个内部函数 wrapper()。在 wrapper() 函数内部，调用被装饰的函数，并在计算结果上添加了额外的功能，即打印出贴现率债券的价格。使用 @ 符号将 calculateBondPrice() 函数与 discountRateDecorator() 装饰函数关联起来。这样，每当调用 calculateBondPrice() 函数时，实际上是调用了被装饰后的函数 wrapper()。

在函数调用时，分别传递了不同的债券期限和贴现率作为参数。装饰函数会计算出不同期限贴现率债券的价格，并将结果打印出来。

使用装饰函数时，需要注意以下 5 点。

(1) 装饰函数是一个高阶函数（把函数作为参数传入，这样的函数称为高阶函数），它以函数作为参数，并返回一个新的函数。

(2) 装饰器可以在不修改原函数代码的情况下，修改或者增强原函数的行为。例如，可以在原函数执行前后添加一些额外的代码，或者对原函数的返回值进行修改。

(3) 装饰器可以接收任意数量和类型的参数，并将它们传递给被装饰的函数。例如，可以使用 *args 和 **kwargs 语法来接收任意数量的位置参数和关键字参数，并将它们传递给被装饰的函数。

(4) 装饰器可以使用闭包实现对被装饰函数的访问和修改。例如，可以在装饰函数内部定义一个内部函数，并在内部函数中访问和修改被装饰的函数。

(5) 注意装饰器的顺序。如果多个装饰器同时作用于同一个函数，它们的执行顺序是从下往上的。例如：

```
@decorator1
@decorator2
def fun():
    pass
```

这样就相当于调用了 fun = decorator1(decorator2(fun))，先将函数名 fun 作为参数传递给 decorator2，然后将返回值再作为参数传递给 decorator1。

8.8 生成器

Python 生成器是一种特殊的函数,返回一个迭代器对象。生成器使用 yield 语句,按需逐个生成一个对象,返回给调用者,而不是一次性返回所有的值。Python 有两种类型的生成器:生成器函数和生成器表达式。

8.8.1 生成器函数

生成器函数的定义和普通函数类似,使用 def 关键字来声明。生成器函数在函数体中包含 yield 语句,用于产生值。当生成器函数被调用时,返回一个生成器对象,用来迭代产生值。每次调用生成器对象的__next__()方法,生成器函数会从上一次 yield 语句的位置继续执行,直到下一个 yield 语句或函数结束。生成器函数可以通过 return 语句来终止执行。

生成器函数的特点一:可以生成无限序列。通过在循环中使用 yield 语句,可以不断产生新的对象,而无须生成整个序列。在处理大量数据时可以节省内存空间。

【例 8-43】 使用生成器函数来生成斐波那契数列的示例。

参考源码如下。

```
def fibonacci(n):
    a, b = 0, 1
    for _ in range(n):
        yield a
        a, b = b, a + b
#生成前 10 个斐波那契数
for num in fibonacci(10):
    print(num,end = ',')
```

运行结果:

```
0,1,1,2,3,5,8,13,21,34,
```

生成器函数的特点二:可以实现惰性计算。惰性计算是一种延迟计算的策略,只有在需要时才进行计算。

【例 8-44】 使用生成器函数模拟股票价格的示例。

参考源码如下。

```
import random
def stockPriceGenerator(startPrice, mu, volatility, nums):
    currentPrice = startPrice
    for _ in range(nums):
        yield currentPrice
        change = random.gauss(mu, volatility)
        currentPrice += change

#使用生成器生成股票价格序列
startPrice = 57                    #初始价格
mu = 0.1                           #漂移率
volatility = 0.2                   #波动率
nums = 10                          #股价的个数
for price in stockPriceGenerator(startPrice, mu, volatility, nums):
    print("{:.2f}".format(price))
```

运行结果:

```
57.00
57.17
57.51
57.64
57.85
57.69
57.67
57.98
58.00
58.13
```

在本例中,定义了一个 calculateYield()生成器函数模拟生成股票的价格。函数接受 4 个参数,分别是股票的初始价格、迁移率、波动率和股价的个数。在生成器函数中,使用 for 循环模拟生成债券的到股票价格,通过 yield 关键字将每个计算结果逐个返回。

【例 8-45】 使用生成器函数来计算债券的麦考利久期的示例。

参考源码如下。

```python
def calculateMacaulayDuration(cashFlows, timePeriods, yieldRate):
    duration = 0
    for cashFlow, timePeriod in zip(cashFlows, timePeriods):
        presentValue = cashFlow / (1 + yieldRate) ** timePeriod
        duration += timePeriod * presentValue
        yield duration

bondCashFlows = [100, 100, 100, 100, 100]
bondTimePeriods = [1, 2, 3, 4, 5]
bondYieldRate = 0.05
durationGenerator = calculateMacaulayDuration(bondCashFlows, bondTimePeriods, bondYieldRate)
for duration in durationGenerator:
    print("麦考利久期为:", duration)
    if duration > 4:
        break
```

运行结果:

麦考利久期为: 95.23809523809524

在本例中,定义了一个 calculateMacaulayDuration()生成器函数来计算债券的麦考利久期。函数接收三个参数,分别是债券的现金流量、现金流量对应的时间和债券的到期收益率。在函数生成器中,使用 for 循环来计算债券的麦考利久期,并通过 yield 关键字将每个计算结果逐个返回。

调用 calculateMacaulayDuration()生成器函数,计算债券的麦考利久期,将生成器对象赋值给 durationGenerator 变量。

使用 for 循环来迭代生成器对象中的每个麦考利久期。在每次迭代中,使用 print()函数将麦考利久期打印出来。如果麦考利久期超过 4,使用 break 语句跳出循环。

生成器函数通常用于处理大量数据或无限序列等场景,由于只在需要时才计算并返回值,因此比列表更高效。使用 Python 生成器函数时需要注意以下 4 点。

(1)生成器函数可以使用 yield 语句返回任何数据类型,也可以不返回任何值。如果生成器函数没有遇到 yield 语句就结束了,那么生成器对象就为空。

(2)生成器对象可以使用__next__()方法逐个获取生成器函数返回的值,也可以使用 for 循环遍历所有返回值。

(3) 生成器对象只能遍历一次,遍历结束后就不能再次获取值。如果需要重新遍历,可以重新创建一个新的生成器对象。

(4) 当生成器函数中的代码执行完毕或遇到 return 语句时,生成器对象就会抛出 StopIteration 异常,表示遍历结束。

8.8.2 生成器表达式

生成器表达式是一种类似于列表推导式(见 3.3 节)的语法结构,但它并不立即生成一个完整的列表,而是逐个地生成元素。这种惰性计算的特性使得生成器表达式在处理大规模数据集时非常高效。与列表推导式不同的是,生成器表达式返回的是一个生成器对象,而列表推导式生成一个列表。

生成器表达式的语法类似于列表推导式,但使用圆括号而不是方括号。它的基本形式如下。

```
(expression for item in iterable)
```

其中,

expression:生成迭代对象元素的计算表达式。
item:可迭代对象中的每个元素。
iterable:一个可迭代对象(如列表、元组、集合等)。

列表生成器(列表推导式)的语法为

```
[expression for item in iterable],
```

其中,

expression:任何 Python 表达式。
item:可迭代对象中的每个元素。

【例 8-46】 利用生成器表达式计算股票投资组合的总市值的示例。

参考源码如下。

```
stockPrices = [100, 150, 200, 120, 180]
quantities = [100,110,120,80,30]
# 函数 zip()的用法见 8.9 节
totalMarketValue = sum(price * quantity for price, quantity in zip(stockPrices, quantities))
print('总市值: {}'.format(totalMarketValue))
```

运行结果:

总市值: 65500

在本例中,使用生成器表达式,可以避免创建一个完整的股票价格列表,而是逐个计算每只股票的市值,并将其累加到总市值中。这种惰性计算的方式使得可以处理非常大的投资组合,而不会占用过多的内存。使用 zip()函数将股票价格和数量两个列表进行配对,然后使用生成器表达式计算每支股票的市值,并使用 sum()函数将所有市值相加得到总市值。

【例 8-47】 使用生成器表达式计算股票日收益率的示例。

参考源码如下。

```
# 假设这是股票的每日收盘价列表
dPrices = [100, 102, 101, 105, 107]
```

```python
#使用生成器表达式计算日收益率
dReturns = ((dPrices[i] - dPrices[i-1]) / dPrices[i-1] for i in range(1,len(dPrices)))

#打印每日收益率
for returnRate in dReturns:
    print("{:.3f}".format(returnRate))
```

执行结果:

```
0.020
-0.010
0.040
0.019
```

在本例中,定义了一个生成式表达式((dPrices[i]-dPrices[i-1]) / dPrices[i-1] for i in range(1,len(dPrices))),计算日收益率。

【例8-48】 使用生成器表达式来筛选出大于某个阈值的股票收益率的示例。

参考源码如下。

```python
#假设这是股票的每日收盘价列表
dPrices = [100, 102, 101, 105, 107]
#输入日收益率的阈值
threshold = float(input("请输入阈值:"))
#使用生成器表达式计算日收益率
dReturns = ((i+1,(dPrices[i]-dPrices[i-1]) / dPrices[i-1]) for i in range(1,len(dPrices)))
hReturns = (re for re in dReturns if re[1]>= threshold)
#打印每日收益率
for returnRate in hReturns:
    print(f"第{returnRate[0]}天的收益率{returnRate[1]:.3f}超过{threshold:.3f}")
```

运行结果:

```
请输入阈值:0.02
第2天的收益率0.020超过0.020
第4天的收益率0.040超过0.020
```

在本例中,生成器表达式((i+1,(dPrices[i]-dPrices[i-1]) / dPrices[i-1]) for i in range(1,len(dPrices)))计算了每日的收益率,生成器表达式(re for re in dReturns if re[1]>= threshold)筛选出大于阈值的交易日期及收益率。

【例8-49】 使用一个生成器计算修正久期的示例。

参考源码如下。

```python
def calculateModifiedDuration(cashFlows, timePeriods, yieldRate):
    durations = (timePeriod * (cashFlow / (1 + yieldRate) ** timePeriod) for cashFlow,
timePeriod in zip(cashFlows, timePeriods))
    return durations

bondCashFlows = [100, 100, 100, 100, 100]
bondTimePeriods = [1, 2, 3, 4, 5]
bondYieldRate = 0.05
modifiedDurations = calculateModifiedDuration(bondCashFlows, bondTimePeriods, bondYieldRate)
for duration in modifiedDurations:
    print("修正久期为:{}".format(duration))
```

运行结果:

```
修正久期为:95.23809523809524
修正久期为:181.40589569160997
修正久期为:259.1512795594428
修正久期为:329.08098991675274
修正久期为:391.76308323422944
```

在本例中,定义了一个 calculateModifiedDuration() 函数生来计算债券的修正久期。在函数内部,使用生成器表达式(timePeriod * (cashFlow/(1 + yieldRate) ** timePeriod) for cashFlow, timePeriod in zip(cashFlows, timePeriods))计算出债券的修正久期,并将每个计算结果存储在一个列表中返回。

总之,Python 中有两种类型的生成器:生成器函数和生成器表达式。它们都可以用于逐个生成值,并且具有延迟计算的特性,可以节省内存空间。

8.9　map()、reduce()、zip()和 filter()函数

Python 是一种功能强大的编程语言,提供了许多内置函数来简化编程任务。map()、zip()和 filter()函数是其中一些在金融场景中常用的高阶函数。另外,functools 模块中 reduce()函数也可以帮助处理和分析大量的金融数据。

8.9.1　内置函数 map()

函数 map()是 Python 内置函数,用于对可迭代对象中的每个元素进行映射操作,返回一个新的可迭代对象。函数 map()接收一个函数和一个可迭代对象作为参数,并将该函数应用于可迭代对象的每个元素。函数 map()的返回值是一个新的可迭代对象,其中包含对每个可迭代对象中的元素进行操作后得到的结果。如果提供了多个可迭代对象,则返回值中的元素数量等于所有可迭代对象中元素数量的最小值。

map()函数的语法如下。

```
map(function, iterable, ...)
```

其中,

function:一个函数,用于对可迭代对象中的每个元素进行操作。该函数接收一个参数,表示可迭代对象中的每个元素。
如果提供了多个可迭代对象,则该函数应该接收多个参数,分别表示每个可迭代对象中的元素。该函数可以是任何可调用对象,如函数、lambda 表达式等。
iterable:一个或多个可迭代对象,表示需要进行操作的数据。如果提供了多个可迭代对象,则 function 参数应该接收相同数量的参数。
…:表示可以有多个可迭代对象作为参数。

【例 8-50】 计算股票收益率的示例。
参考源码如下。

```
#假设有一支股票,其每日收盘价如下
stockPrices = [100, 105, 110, 115, 120]
#计算每日收益率
dailyReturns = list(map(lambda x, y: (y - x) / x, stockPrices[:-1], stockPrices[1:]))
#输出每日收益率
for i in range(len(dailyReturns)):
    print('第{}日收益率为: {:.2f}'.format(i + 2, float(dailyReturns[i])))
```

运行结果:

第 2 日收益率为：0.05
第 3 日收益率为：0.05
第 4 日收益率为：0.05
第 5 日收益率为：0.04

在本例中，使用了函数 map() 来计算每日收益率。首先定义了一个 lambda 表达式，用于计算每日收益率。然后，使用 map() 函数将该 lambda 表达式应用到每对相邻的元素上，得到了每日收益率的列表。

【例 8-51】 计算债券的现值的示例。

参考源码如下。

```
#假设有一支债券,其未来现金流如下
cashFlows = [1000, 1000, 1000, 1000, 11000]
#假设该债券的到期时间为 5 年,无风险利率为 3%
yearsToMaturity = range(1, 6)
riskFreeRate = 0.03
#计算每期现值
presentValues = list(map(lambda x: x[0] / (1 + riskFreeRate) ** x[1], zip(cashFlows, yearsToMaturity)))
#计算债券现值
bondPrice = sum(presentValues)
#输出债券现值
print('债券现值: {}'.format(bondPrice))
```

运行结果：

债券现值：13205.795031036174

在本例中，使用了 map() 函数来计算债券的现值。首先定义了一个 lambda 表达式，用于计算每期现值。然后，使用 map() 函数将该 lambda 表达式应用到每对现金流和到期时间上，得到了每期现值的列表。最后，使用 sum() 函数计算所有现值的总和，得到了债券的现值。

使用 map() 函数时需要注意以下 6 点。

(1) 函数 map() 返回的是一个惰性求值的可迭代对象，只有在需要时才会进行计算。如果需要立即获取所有结果，则可以将返回值转换为列表或其他数据类型。

(2) 函数 map() 的第一个参数是一个函数，要确保传递给它的函数能够正确地操作每个元素。第二个参数是一个或多个可迭代对象，要确保传递给它的可迭代对象中包含需要进行操作的元素。

(3) 使用函数 map() 时，不要修改可迭代对象中的元素。

(4) 使用函数 map() 时，不要使用 yield 语句返回一个生成器对象。

(5) 使用函数 map() 时，不要使用 return 语句返回一个值，并在后续代码中继续使用生成器对象。

(6) 使用函数 map() 时，保证传递给它的可迭代对象应该具有相同的长度，否则会导致程序异常。

8.9.2 functools 模块中的函数 reduce()

Python 3 的函数 reduce() 已经被从内置函数中移除，放置在 functools 模块中。因此，在使用 reduce() 函数之前，需要先导入 functools 模块。reduce() 函数是用于对一个序列进行累积操作。它接收两个参数：一个函数和一个可迭代对象。

reduce()函数的执行过程是,将可迭代对象中的元素逐个传递给函数,然后将函数的返回值作为下一次调用函数的参数,直到遍历完整个序列。最后返回一个最终的结果。

reduce()函数的语法为

```
reduce(function, iterable, initializer = None)
```

其中,

function:是一个函数,接收两个参数,表示对序列中的元素进行操作的函数。这个函数可以是Python内置的函数,也可以是自定义的函数。

iterable:是一个可迭代对象,如列表、元组、字符串等。

initializer:是一个可选参数,表示初始值。如果提供了初始值,reduce()函数会将它作为第一次调用函数的参数,否则会将可迭代对象的第一个元素作为初始值。

【例8-52】 计算一个列表中所有元素的乘积的示例。

参考源码如下。

```
from functools import reduce
def multiply(x, y):
    return x * y

numbers = [1, 2, 3, 4, 5]
product = reduce(multiply, numbers)
print(product)
```

运行结果:

```
120
```

在本例中,multiply()函数接收两个参数,分别表示累积的结果和当前的元素。reduce()函数将列表中的元素逐个传递给multiply()函数,得到的结果再作为下一次调用multiply()函数的参数,直到遍历完整个列表。最后得到的结果是120。

【例8-53】 计算投资组合收益率的示例。假设有一个投资组合,其中包含多个资产,并且每个资产的收益率已知。可以使用reduce()函数来计算整个投资组合的收益率。

参考源码如下。

```
from functools import reduce
def calculatePortfolioReturn(previousReturn, assetReturn):
    return (1 + previousReturn) * (1 + assetReturn) - 1

assetReturns = [0.05, -0.02, 0.03, 0.01]
portfolioReturn = reduce(calculatePortfolioReturn, assetReturns, 0)
print("组合收益率:{:.2f}".format(portfolioReturn))
```

运行结果:

```
组合收益率:0.07
```

在本例中,calculatePortfolioReturn()函数接收两个参数:previousReturn表示之前的累计收益率,assetReturn表示当前资产的收益率。reduce()函数将资产收益率逐个传递给calculatePortfolioReturn()函数,并使用乘法和加法操作来计算整个投资组合的收益率。

【例8-54】 计算累计复利的示例。在金融领域,复利是一种重要的概念。可以使用reduce()函数来计算给定年利率下的累计复利。

参考源码如下。

```
from functools import reduce
def calculateCompoundInterest(principal, interestRate):
    return principal * (1 + interestRate)

interestRates = [0.05, 0.03, 0.02, 0.04]
principal = 1000
finalAmount = reduce(calculateCompoundInterest, interestRates, principal)
print(finalAmount)
```

运行结果:

```
1147.2552
```

在本例中,calculateCompoundInterest()函数接收两个参数:principal 表示本金,interestRate 表示年利率。reduce()函数将年利率逐个传递给 calculateCompoundInterest()函数,并使用乘法操作来计算累计复利的最终金额。

在使用 Python 的 reduce()函数时,有以下一些注意事项需要注意。

(1) 在 Python 3 中,函数 reduce()已经被移除了内置函数中,需要导入 functools 模块才能使用。

```
from functools import reduce
```

(2) 函数 reduce()需要一个函数作为第一个参数,而这个函数必须接收两个参数。这个函数可以是 Python 内置的函数,也可以是自定义的函数。函数 reduce()需要一个可迭代对象作为第二个参数,而且这个可迭代对象不能为空。如果可迭代对象为空,reduce()函数会抛出 TypeError 异常。函数 reduce()可以接收一个可选的初始值作为第三个参数。如果提供了初始值,reduce()函数会将它作为第一次调用函数的参数,否则会将可迭代对象的第一个元素作为初始值。

(3) 调用函数 reduce()时,传递的函数必须是可结合的,即满足结合律。这是因为 reduce()函数会对可迭代对象中的元素进行多次调用函数,如果函数不满足结合律,可能会得到不正确的结果。

(4) 函数 reduce()的返回结果是一个标量值。这个值可以是任何类型,取决于传递给 reduce()函数的值。

8.9.3 内置函数 zip()

zip()函数是 Python 内置函数,可以接收一个或多个可迭代对象作为参数,将这些可迭代对象中对应的元素打包成一个个元组,然后返回一个迭代器,这个迭代器生成的元组包含所有可迭代对象中对应位置的元素。

zip()函数的参数可以是多个可迭代对象,也可以只有一个可迭代对象,当只有一个可迭代对象时,zip()函数会返回这个可迭代对象中的元素组成的元组。

zip()函数的语法格式为

```
zip(iterable1, iterable2, …)
```

其中,

```
iterable1, iterable2, …: 可迭代对象,可以是列表、元组、集合、字符串等。
返回值:返回一个迭代器,生成的元素是一个个元组,每个元组包含所有可迭代对象中对应位置的元素。
```

【例 8-55】 zip()函数实现两个等长元组的合并的示例。

参考源码如下。

```
tupleNum = (1, 2, 3)
tupleName = ('优秀', '良好', '一般')
zippedTuple = zip(tupleNum, tupleName)
print(tuple(zippedTuple))
```

运行结果：

```
((1, '优秀'), (2, '良好'), (3, '一般'))
```

在本例中，通过 zip()函数，将两个等长的元组合并成一个元组。新元组中每个元组元素均为一个元组，分别由两个元组的对应元素组合而成。

【例 8-56】 计算股票当日收益率的示例。

参考源码如下。

```
#假设有两个列表，一个存放股票开盘价格，另一个存放股票收盘价
openPrices = [100, 110, 90, 120, 130]
closingPrices = [105, 115, 95, 125, 135]
#使用zip()函数将股票价格和收盘价打包成元组
stockData = zip(openPrices, closingPrices)
#计算每支股票的收益率
returns = [(close - open) / open for open, close in stockData]
#输出每支股票的收益率
for i, ret in enumerate(returns):
    print(f'Stock {i + 1} return: {ret:.2%}')
```

运行结果：

```
Stock 1 return: 5.00%
Stock 2 return: 4.55%
Stock 3 return: 5.56%
Stock 4 return: 4.17%
Stock 5 return: 3.85%
```

在本例中，使用 zip()函数将股票价格和收盘价打包成元组，然后计算每支股票的收益率，最后输出每支股票的收益率。本例可以用于股票投资决策和风险管理等金融场景中。

【例 8-57】 计算组合收益率的示例。

参考源码如下。

```
#假设有两个列表，一个存放股票名称，另一个存放股票权重
stockNames = ['stock1', 'stock2', 'stock3', 'stock4']
stockWeights = [0.3, 0.2, 0.1, 0.4]
#使用zip()函数将股票名称和权重打包成元组
stockData = zip(stockNames, stockWeights)
#假设组合的股票收益率为
stockReturns = [0.1, 0.05, -0.02, 0.15]
#计算组合收益率
portfolioReturn = sum(weight * ret for (name, weight), ret in zip(stockData, stockReturns))
#输出组合收益率
print(f'Portfolio return: {portfolioReturn:.2%}')
```

运行结果：

```
Portfolio return: 9.80%
```

在本例中，使用 zip()函数将股票名称和权重打包成元组，然后计算组合收益率。这个示例可以用于投资组合管理和风险控制等金融场景中。

【例 8-58】 计算债券收益率的示例。

参考源码如下。

```
#假设有三个列表,分别存放债券价格、债券面值和债券期限
bondPrices = [98.5, 102.3, 95.7]
faceValues = [100, 100, 100]
maturities = [2, 3, 5]
#使用zip()函数将债券价格、面值和期限打包成元组
bondData = zip(bondPrices, faceValues, maturities)
#假设无风险利率为4%
riskFreeRate = 0.04
#计算每支债券的收益率
returns = [(faceValue / price) ** (1 / maturity) - 1 for price, faceValue, maturity in bondData]
#计算每支债券的风险溢价
rp = [ret - riskFreeRate for ret in returns]
#输出每支债券的收益率和风险溢价
for i, (ret, premium) in enumerate(zip(returns, rp)):
    print(f'Bond {i + 1} return: {ret:.2%}, premium: {premium:.2%}')
```

运行结果：

```
Bond 1 return: 0.76%, premium: -3.24%
Bond 2 return: -0.76%, premium: -4.76%
Bond 3 return: 0.88%, premium: -3.12%
```

在本例中，使用 zip()函数将债券价格、面值和期限打包成元组，然后计算每支债券的收益率和风险溢价。这个示例可以用于债券投资分析和风险管理等金融场景中。

使用 zip()函数时需要注意以下 5 点。

(1) 函数 zip()至少需要一个参数，如果只有一个参数，则返回该参数中的元素组成的元组。如果有多个参数，则 zip()函数会将这些参数中对应位置的元素打包成元组。

(2) 当参数长度不同时，zip()函数会以最短的可迭代对象为准，忽略超出部分。如果需要考虑超出部分，则可以使用 itertools.zip_longest()函数。

(3) 函数 zip()返回的是一个迭代器，要使用 list()等函数将其转换为列表或其他数据类型。

(4) 函数 zip()接收的参数可以是任何可迭代对象，包括列表、元组、集合、字符串等。

(5) 如果需要将元组拆分成对应位置的元素，则可以使用 zip(*iterables)的方式进行逆向操作。

8.9.4　内置函数 filter()

函数 filter()是 Python 的内置函数，用于对可迭代对象中的每个元素进行过滤操作，返回一个新的可迭代对象。

filter()函数的语法如下。

```
filter(function, iterable)
```

其中，

function：一个函数，用于对可迭代对象中的每个元素进行判断.该函数接收一个参数，表示可迭代对象中的每个元素。该函数应该返回一个布尔值，表示该元素是否满足条件。如果返回值为 True，则表示该元素满足条件；如果返回值为 False，则表示该元素不满足条件。该函数可以是任何可调用对象，如函数、lambda 表达式等。

iterable：一个可迭代对象,表示需要进行判断的数据。
filter()函数的返回值是一个新的可迭代对象,其中包含对每个可迭代对象中的元素进行判断后得到的结果。返回值中只包含满足条件的元素。

【例 8-59】 筛选股票收益率大于某个阈值的交易日的示例。

参考源码如下。

```
#假设有一支股票,其每日收盘价如下
stockPrices = [100, 105, 110, 115, 120]
#假设只关心收益率大于 4.5% 的交易日
thresholdReturn = 0.045
#筛选收益率大于阈值的交易日
highReturnDays = list(filter(lambda x: x > thresholdReturn, map(lambda x, y: (y - x) / x,
    stockPrices[:-1], stockPrices[1:])))
#输出收益率大于阈值的交易日
print(highReturnDays)
```

运行结果：

```
[0.05, 0.047619047619047616, 0.045454545454545456]
```

在本例中,首先使用 map()函数计算每日收益率,使用了函数 filter()来筛选收益率大于某个阈值的交易日。然后使用 lambda 函数(lambda x:x＞thresholdReturn)筛选收益率大于阈值的交易日。

【例 8-60】 筛选某个行业中市盈率低于某个阈值的股票的示例。

参考源码如下。

```
#假设有一组股票,其行业分类如下
industry = ['Technology', 'Finance', 'Finance', 'Technology', 'Energy']
#假设这些股票的市盈率如下
peRatio = [20, 15, 25, 18, 10]
#假设只关心行业为金融(Finance)的股票中市盈率低于 20 的股票
targetIndustry = 'Finance'
thresholdPeRatio = 20
#筛选符合条件的股票
selectedStocks = list(filter(lambda x: x[0] == targetIndustry and x[1] < thresholdPeRatio, zip
    (industry, peRatio)))
#输出符合条件的股票
print(selectedStocks)
```

运行结果：

```
[('Finance', 15)]
```

在本例中,首先使用 zip()函数将行业分类和市盈率对应起来,然后使用 filter()函数筛选符合条件的股票。

使用 Python filter()函数时需要注意以下 6 点。

(1) 函数 filter()返回的是一个惰性计算的可迭代对象。如果需要立即获取所有结果,则可以将返回值转换为列表或其他数据类型。

(2) 函数 filter()的第一个参数是一个函数,用于对可迭代对象中的每个元素进行判断。该函数应该返回一个布尔值,表示该元素是否满足条件。如果返回值为 True,则表示该元素满足条件；如果返回值为 False,则表示该元素不满足条件。第二个参数是一个可迭代对象,表示需要进行判断的数据。

(3)不要在判断函数中修改可迭代对象中的元素。
(4)不要在判断函数中使用全局变量或其他可变对象。
(5)不要在判断函数中使用 yield 语句返回一个生成器对象。
(6)不要在判断函数中使用 return 语句返回一个值,并在后续代码中继续使用生成器对象。

8.10 Python 模块

Python 模块是一种用于组织和管理 Python 代码的机制,允许开发者将相关的功能和数据封装在一个独立的文件中,并通过导入这个文件来重复使用这些功能和数据。一个 Python 模块通常包含一组相关的函数、类、变量和常量。它可以被其他程序或模块导入并使用。模块可以根据需求进行组织,可以将一组相关的功能放在一个模块中,也可以将不同的功能分别放在不同的模块中。Python 模块提供了模块化的编程方式,使得代码可维护、可扩展和可重用。Python 模块可分为 Python 内置的模块、第三方模块和自定义模块。

8.10.1 Python 模块的使用

使用 import 语句来导入模块。导入模块后,就可以使用其中定义的函数、类和变量。Python 提供了多种导入模块的方式,包括直接导入整个模块、导入模块中的特定函数或类,以及使用别名来导入模块。

1. 直接导入整个模块

```
import moduleName
```

执行这条语句后,可以使用 moduleName 中定义的函数、类和变量。

2. 导入模块中的特定函数或类

如果只需要使用模块中的特定函数或类,可以使用以下语句。

```
from moduleName import functionName, className
```

执行这条语句后,就可以直接使用函数名或类名,而无须在调用时添加模块名前缀。

3. 使用别名来导入模块

还可以使用 as 关键字为模块或其中的函数、类设置别名。

```
import moduleName as mn
from moduleName import functionName as fn
```

在本例中,可以使用 mn 来代替 moduleName,使用 fn 来代替 functionName。

一旦成功导入了模块,就可以使用该模块中定义的函数、类和变量。例如,如果导入了 math 模块,就可以使用其中定义的数学函数,如 sin、cos 和 sqrt 等。另外,Python 还提供了一些内置的模块,如 random 模块用于生成随机数,os 模块用于与操作系统交互,以及 datetime 模块用于处理日期和时间等。

在使用模块时,还可以使用模块的文档字符串来提供关于模块的说明和使用方法。文档字符串是位于模块、函数或类定义之前的字符串,它可以通过特殊的属性 __doc__ 来访问。编写良好的文档字符串可以帮助其他开发者更好地理解和使用我们的模块。

安装第三方模块时,可使用如下命令。

```
pip install 模块名
```

*8.10.2 创建自定义 Python 模块

创建自定义 Python 模块的方法和步骤如下。

步骤 1：确定模块的功能和目的。

在创建自定义 Python 模块之前，首先需要明确模块的功能和目的。这有助于对模块的名称、函数和变量的进行命名，做到见名知意。例如，如果想创建一个用于处理日期和时间的模块，可以命名为"datetimeUtils"，并确定需要实现的函数和变量。

步骤 2：创建一个新的 Python 文件。

为了创建自定义模块，需要创建一个新的 Python 文件。可以使用任何文本编辑器或集成开发环境（IDE）来创建这个文件。

步骤 3：定义模块的函数和变量。

在新创建的 Python 文件中，可以开始定义模块的函数和变量。这些函数和变量将成为模块的核心功能。例如，可以定义一个函数来计算两个日期之间的天数差异，并将其命名为"calculateDaysDifference"。还可以定义一个变量来存储当前日期，并将其命名为"currentDate"。

步骤 4：编写函数的实现代码。

在定义函数之后，需要编写函数的实现代码。这些代码将包含在函数体内，并定义了函数的具体行为和逻辑。例如，对于 calculateDaysDifference() 函数，可以使用 Python 的内置日期和时间库来计算两个日期之间的天数差异。

步骤 5：保存和命名模块文件。

完成模块的编写之后，需要将其保存为一个独立的 Python 文件，并为其命名。建议使用有意义的名称，以便在其他程序中更容易使用和理解。例如，可以将模块文件保存为"datetimeUtils.py"。

步骤 6：使用自定义模块。

一旦模块文件保存和命名完成，就可以在其他 Python 程序中导入和使用该模块。在需要使用模块的程序中，可以使用 import 语句来导入模块，并使用模块中定义的函数和变量。例如，可以使用"import datetimeUtils"来导入前面创建的日期和时间处理模块。

在创建模块时，还可以使用 __name__ 变量来判断模块是被导入还是直接运行。当模块被导入时，__name__ 变量的值为模块的名字；当模块被直接运行时，__name__ 变量的值为"main"。可以使用这个变量来执行一些特定的操作，例如，在模块被直接运行时执行一些测试代码。

Python 模块和 Python 函数之间存在着密切的关系。模块是将相关的代码组织在一起的方式，而函数是执行特定任务的代码块。模块可以包含一个或多个函数，并且可以在模块内部和其他模块中使用。通过使用模块，可以提高代码的可读性、可维护性和重用性。

8.11 Python 函数在金融场景下的应用

在 Python 编程中，函数是一种非常重要的工具，它可以帮助用户将一系列的代码逻辑封装起来，提高代码的可读性和可维护性。在金融领域额中有广泛的应用场景，如计算投资组合收益、阿尔法收益、夏普率、远期利率等。

【例 8-61】 使用函数计算投资组合收益的示例。

参考源码如下。

```
import numpy as np
def calculatePortfolioReturns(assets, weights, returns):
```

```python
        portfolioReturns = np.dot(returns, weights)
        return portfolioReturns

assets = ['Stock A', 'Stock B', 'Stock C']
weights = list({0.5, 0.3, 0.2})
returns = np.array([[0.05, 0.02, 0.03],
                    [0.01, 0.03, 0.02],
                    [0.03, 0.01, 0.04]])

portfolioReturns = calculatePortfolioReturns(assets, weights, returns)
print('Portfolio Returns:', portfolioReturns)
```

运行结果：

```
Portfolio Returns: [0.038 0.017 0.029]
```

在本例中，定义了一个名为calculatePortfolioReturns()的函数，它接收三个参数：资产列表、权重列表和收益矩阵。函数使用numpy库中的dot()函数计算投资组合收益。在示例代码中，假设有三支股票(Stock A、Stock B和Stock C)，它们的权重分别为0.5、0.3和0.2。收益矩阵是一个3×3的数组，表示每支股票在三个时期的收益率。最后，调用函数并打印出投资组合的收益。

【例8-62】 使用位置参数来计算阿尔法收益的示例。

参考源码如下。

```python
def calculateAlphaReturns(portfolioReturns, marketReturns):
    alphaReturns = []
    for i in range(len(portfolioReturns)):
        alpha = portfolioReturns[i] - marketReturns[i]
        alphaReturns.append(alpha)
    return alphaReturns

portfolioReturns = [0.10, 0.08, 0.06]
marketReturns = [0.05, 0.06, 0.07, 0.08]
alpha = calculateAlphaReturns(portfolioReturns, marketReturns)
#保留两位小数
alpha = [round(x,2) for x in alpha]
print("阿尔法收益为:{}".format(alpha))
```

运行结果：

```
阿尔法收益为:[0.05, 0.02, -0.01]
```

在本例中，定义了一个calculateAlphaReturns()函数来计算阿尔法收益。函数接收不定数量的参数，分别表示投资组合的收益率和市场的收益率。在函数内部，使用循环来计算每个时间点的阿尔法收益，并将其添加到一个列表中。最后，函数返回阿尔法收益的列表。

【例8-63】 使用**kwargs来计算夏普率的示例。使用一个函数来计算投资组合的夏普率。夏普率是衡量投资组合风险调整收益的指标。函数接收两个参数：投资组合的收益率和无风险利率。然而，由于投资组合的收益率可能是不定数量的，使用**kwargs来接收这些参数。

参考源码如下。

```python
def calculateSharpeRatio(riskFreeRate, **portfolioReturns):
    sharpeRatio = {}
```

```
        for portfolio, returns in portfolioReturns.items():
            excessReturns = [r - riskFreeRate for r in returns]
            meanExcessReturn = sum(excessReturns) / len(excessReturns)
            stdDev = (sum([(r - meanExcessReturn) ** 2 for r in excessReturns]) / len(excessReturns))
 ** 0.5
            sharpeRatio[portfolio] = meanExcessReturn / stdDev
        return sharpeRatio

portfolioReturns = {
    'Portfolio 1': [0.10, 0.08, 0.06],
    'Portfolio 2': [0.12, 0.10, 0.08],
    'Portfolio 3': [0.09, 0.07, 0.05]
}
riskFreeRate = 0.03

sharpeRatios = calculateSharpeRatio(riskFreeRate, ** portfolioReturns)
print("夏普率为:{}".format(sharpeRatios))
```

运行结果：

```
夏普率为:{'Portfolio 1': 3.061862178478972, 'Portfolio 2': 4.286607049870563, 'Portfolio 3': 2.4494897427831783}
```

在本例中，定义了一个calculateSharpeRatio()函数来计算夏普率。函数接收一个无风险利率参数和任意数量的投资组合收益率参数。在函数内部，使用循环遍历每个投资组合的收益率，并计算夏普率。最后，将夏普率以字典的形式返回。

【例8-64】 使用**kwargs来计算远期利率的示例。

参考源码如下。

```
def calculateForwardRates(shortTermRate, ** forwardRates):
    forwardRate = {}
    for timePoint, rate in forwardRates.items():
        forwardRate[int(timePoint)] = (1 + shortTermRate) ** (float(timePoint) / 12) * (1 + rate) - 1
    return forwardRate

forwardRates = {"6": 0.05,"12": 0.06,"24": 0.07}
shortTermRate = 0.04
forwardRatesCalculated = calculateForwardRates(shortTermRate, ** forwardRates)
print("远期利率为:", forwardRatesCalculated)
```

运行结果：

```
远期利率为: {6: 0.07079409785448498, 12: 0.10240000000000005, 24: 0.15731200000000012}
```

在本例中，定义了一个calculateForwardRates()函数来计算远期利率。函数接收一个短期利率参数和任意数量的未来时间点上的远期利率参数。在函数内部，使用循环遍历每个未来时间点和对应的远期利率，并计算远期利率。最后，将远期利率以字典的形式返回。

【例8-65】 使用**kwargs来执行汇率三角套利的计算的示例。

参考源码如下。

```
def calculateArbitrageProfit( ** currencyPairs):
    profits = {}
    for pair, rate in currencyPairs.items():
```

```
            baseCurrency, targetCurrency = pair.split("/")
            profit = calculateProfit(baseCurrency, targetCurrency, rate)
            profits[pair] = profit
    return profits

def calculateProfit(baseCurrency, targetCurrency, rate):
    #实现计算利润的逻辑
    profit = 0.09
    #返回利润值
    return profit

currencyPairs = { "USD/EUR": 0.85, "EUR/GBP": 0.90, "GBP/USD": 1.20}
arbitrageProfits = calculateArbitrageProfit( ** currencyPairs)
print("套利利润为:{}".format(arbitrageProfits))
```

运行结果：

```
套利利润为:{'USD/EUR': 0.09, 'EUR/GBP': 0.09, 'GBP/USD': 0.09}
```

在本例中，定义了一个calculateArbitrageProfit()函数来执行汇率三角套利的计算。函数接收任意数量的货币对参数，并将汇率值存储在一个字典中，关键字参数传递形式，采用双星号运算符(**)来解包字典赋值。在函数内部，使用循环遍历每个货币对，调用calculateProfit()函数计算利润，并将利润值存储在一个字典中。最后，将套利利润以字典的形式返回。

【例8-66】 以Python的4种函数参数形式编写一个计算债券价格的函数，函数需要接收以下参数：faceValue，表示债券面值；couponRate，表示债券票面利率；maturity，表示债券期限；yieldRate，表示债券收益率。

（1）以位置参数的形式编写函数。

参考源码如下。

```
def bondPrice(faceValue, couponRate, maturity, yieldRate):
    #计算债券价格的代码
    c = faceValue * couponRate
    price = 0.0
    for i in range(1,maturity + 1):
        price += c/(1 + yieldRate) ** i
    price = price + faceValue/(1 + yieldRate) ** maturity
    return price

#调用bondPrice()函数,传递位置参数
price = bondPrice(100, 0.03, 3, 0.05)
print("price is {:.2f}".format(price))
```

运行结果：

```
price is 94.55
```

（2）调用bondPrice()函数，传递了4个关键字参数。

参考源码如下。

```
#调用bondPrice()函数,传递关键字参数
price = bondPrice(faceValue = 100, couponRate = 0.03, maturity = 3, yieldRate = 0.05)
print("price is {:.2f}".format(price))
```

（3）以默认参数的形式编写函数。

如果认为债券面值一般都是 100 元，那么可以将其设置为一个默认参数，定义 bondPrice1() 函数。

注意：默认参数要放在位置参数后面。调用 bondPrice() 函数时，可不传递 faceValue 参数。

参考源码如下。

```
def bondPrice1(couponRate, maturity, yieldRate, faceValue = 100):
    #计算债券价格的代码
    c = faceValue * couponRate
    price = 0.0
    for i in range(1,maturity + 1):
        price += c/(1 + yieldRate) ** i
    price = price + faceValue/(1 + yieldRate) ** maturity
    return price

#调用 bondPrice1 函数,使用默认参数
price = bondPrice1(0.03,3, 0.05)
print("price is {:.2f}".format(price))
```

运行结果：

price is 94.55

（4）以可变关键字参数的形式编写函数。

参考源码如下。

使用 ** kwargs 来定义 bondPrice2() 函数可变关键字参数。

```
def bondPrice2( ** kwargs):
    faceValue = kwargs.get("faceValue", 0)
    couponRate = kwargs.get("couponRate", 0)
    maturity = kwargs.get("maturity", 0)
    yieldRate = kwargs.get("yieldRate", 0)
    #计算债券价格的代码
    c = faceValue * couponRate
    price = 0.0
    for i in range(1,maturity + 1):
        price += c/(1 + yieldRate) ** i
    price = price + faceValue/(1 + yieldRate) ** maturity
    return price

#调用 bondPrice2 函数,传递可变关键字参数
kwargs = {"faceValue":100,"couponRate":0.03,"maturity":3,"yieldRate":0.05}
# price =  bondPrice2(faceValue = 100, couponRate = 0.03, maturity = 3, yieldRate = 0.05)
price =  bondPrice_2( ** kwargs)
print("price is {:.2f}".format(price))
```

运行结果：

price is 94.55

（5）以可变关键字参数的形式编写函数。

参考源码如下。

```
def bondPrice3( * args):
    faceValue, couponRate, maturity, yieldRate = args
    #计算债券价格的代码
    c = faceValue * couponRate
    price = 0.0
    for i in range(1,maturity + 1):
        price += c/(1 + yieldRate) ** i
    price = price + faceValue/(1 + yieldRate) ** maturity
    return price

#调用 bondPrice3 函数,传递可变位置参数
args = (100,0.03,3,0.05)
# price = bondPrice3(100, 0.03, 3, 0.05)
price = bondPrice3( * args)
print("price is {:.2f}".format(price))
```

运行结果:

```
price is 94.55
```

在使用 Python 函数时,需要注意以下 5 点。

(1) 函数定义的位置应该在调用之前。由于程序语句是顺序执行,如果调用了尚未定义的函数,会导致运行时错误。

(2) 函数应该尽量保持短小精悍,每个函数应该只完成一个具体的任务。

(3) 函数应该尽量避免使用全局变量,因为全局变量容易被误修改,导致程序出现意外的行为。

(4) 函数应该遵循 DRY(Don't Repeat Yourself)原则,即不要重复编写相似的代码。如果发现多个函数具有相似的逻辑,可以将这些逻辑抽象为一个公共函数,并在其他函数中调用。

(5) 函数应该提供足够的文档和注释,使得其他人可以理解函数的作用和使用方式。文档和注释应该包括函数的输入参数、输出结果、异常情况等信息。

习题 8

一、填空题

1. 函数是 Python 中的一等对象,可以_____创建函数。
2. 使用关键字 def 语句可以_____一个函数,后接函数名和圆括号括起来的参数列表。
3. 函数体由_____组成。
4. 创建一个匿名函数可以使用_____。匿名函数是单一表达式,不需要使用 return 语句。
5. 如果一个函数不返回任何值,则函数会默认返回_____。
6. 函数可以通过_____来修改其行为。
7. 使用 globals() 函数可以获取一个包含当前模块全局变量的_____。
8. 使用 locals() 函数可以获取一个包含当前模块局部变量_____。
9. 函数可以通过 * 来打包一个元组或者序列作为函数的_____的参数。
10. 使用 iter() 函数可以将一个对象转换成一个_____,可以使用 next() 来访问对象中的元素。
11. 已知函数定义 def demo(x,y,op):return eval(str(x)+op+str(y)),那么表达式

demo(3,5,'+')的值为_____。

12. 已知函数定义 def func(**p):return ''.join(sorted(p)),那么表达式 func(x=1,y=2,z=3)的值为_____。

13. 下列代码执行结果是什么?_____

```
x = 1
def change(a):
    x += 1
    print(x)
change(x)
```

二、编程题

1. 请用 match case 编写一个斐波那契函数 fibonacci(n)。

2. 编写一个函数,提取短语的首字母缩略词。缩略词是由短语中每个单词取首字母组成,且要求大写。例如,central processing unit 的缩略词是 CPU。

3. 编写一个函数 merge_dicts(),该函数接收两个字典作为参数,将它们合并为一个新的字典并返回。如果存在相同的键,则第二个字典中的值将覆盖第一个字典中的值。

4. 键盘输入一个字符串,判断一个字符串是否是回文字符串,如果是,返回 True;否则返回 False。

5. 编写一个 Python 程序,找出给定列表中的最大值和最小值,并返回一个元组(最大值,最小值)。

6. 使用 lambda 函数和 reduce()函数计算一个列表中的所有元素的和。

7. 请比较例 8-44 与例 8-4 的不同。

8. 请说明例 8-23 与例 8-24 中参数 b=[]和 b=None 的含义。

9. 编写一个函数,参数为贷款金额、年利率和还款年份,计算并返回每月还款金额。

10. 编写一个计算市值总额的函数 invAmount(prices,shares),其中,prices 是所投资的股票的当日收盘价的列表,shares 是各支股票的数量。要求:函数中使用 zip()函数和列表生成式。

11. 编写一个等额本息还款的月还款额的函数 equalPrincipalInterest(loan,rate,month)。说明:等额本息还款方式是指贷款期间,每月偿还的金额固定,这个金额包括当月应还的本金和利息。随着时间的推移,每月还款中的本金部分逐渐增加,而利息部分逐渐减少。等额本息还款方式的特点是每月还款金额固定,适合收入稳定的借款人。

设贷款本金为 P,月利率为 r,还款期数为 n,则每月还款金额 M 的计算公式为

$$M = P \times \frac{r \times (1+r)^n}{(1+r)^n - 1}$$

12. 编写一个等额本金还款的月还款额的函数 equalPrincipal(loan,rate,month)。说明:等额本金还款方式是指贷款期间,每月偿还的本金金额固定,而利息则是根据剩余本金计算的,因此每月的还款金额逐月递减。等额本金还款方式的特点是前期还款压力大,但总利息支出较少,适合希望减少总利息支出的借款人。

设贷款本金为 P,月利率为 r,还款期数为 n,则每月还款金额 M 的计算公式为

$$M = \frac{P}{n} + P \times r$$

说明:P 值每月减去已偿付的本金。

第 9 章

面向对象编程

面向对象编程(Object-Oriented Programming,OOP)是一种计算机编程范式,核心思想是将现实世界中的事物抽象为对象,通过对象之间的交互来实现程序的设计和开发。

面向对象编程的概念来源于20世纪60年代的Simular语言,但直到20世纪70年代的Smalltalk语言和20世纪80年代的C++语言的出现,面向对象编程才真正开始流行起来。如今,几乎所有主流的编程语言都支持面向对象编程,包括Java、C♯、Python和Ruby等。

面向对象编程可以提高代码的可维护性、重用性和灵活性。面向对象编程的主要特点包括封装、继承和多态等,提供了类和对象的概念,以及其他一些重要的概念,如抽象、接口、消息传递和设计模式等。

9.1 面向对象概述

面向对象编程(Object-Oriented Programming,OOP)和结构化编程(Structured Programming)是两种常见的编程范式。面向对象编程通常使用类、对象、方法等概念来描述程序结构;结构化编程通常使用函数、过程、模块等概念来描述程序结构。不同的编程范式适用于不同的场景,具体应该根据实际情况选择。

1. 面向对象编程和结构化编程的共性和区别

共性:

(1) 均为用于组织和管理程序代码的方法。

(2) 使用控制结构(如条件语句、循环语句、函数等)来实现程序逻辑。

(3) 都可以提高程序的可读性、可维护性和可扩展性。

区别:

(1) 面向对象编程强调数据和行为的封装,通过对象之间的交互来实现程序逻辑;结构化编程强调程序的模块化和结构化,将程序分解成多个模块(或函数),每个模块(或函数)都有明确的输入和输出。

(2) 面向对象编程具有继承、多态等特性,可以更好地实现代码的重用和扩展。

2. 面向对象编程的核心概念

(1) 类(Class)。

类是一种抽象的数据类型,类包含属性(Attribute)和方法(Method),是对具有相同属性和行为的事物的抽象描述(统称)。

(2) 对象(Object)。

对象是类的一个实例,描述具体事物的状态和行为。每个对象都是独立的,有各自的状态和行为。

(3) 封装(Encapsulation)。

封装是指将对象的状态和行为封装在一起,通过访问控制来隐藏对象的数据及方法的内部实现细节,外部只能通过对象提供的公共接口来访问和操作对象。封装可以保护数据的安全性,隐藏功能实现细节,提高代码的安全性和可扩展性,减少代码的耦合性。

(4) 继承(Inheritance)。

继承是指在已有类的基础上,定义一个新的类来扩展已有类的功能和特性。新的类继承了已有类的属性和方法,添加了新的属性和方法。继承可以实现代码的重用,减少了重复编写相似代码的工作量。同时,继承是多态的基础。

(5) 多态(Polymorphism)。

多态是指同一个消息可以被不同的对象接收并产生不同的行为。通过多态可以根据具体的对象类型来调用同名的方法,实现不同的功能。

除了封装、继承和多态,面向对象编程还有其他一些重要的概念,例如,抽象、接口和消息传递等。

(6) 抽象。

抽象是指将对象的共同特征提取出来形成类的过程,可以帮助理清对象之间的关系和层次结构。

(7) 接口。

接口是一种编程规范,用于定义对象之间的通信协议,规定了对象可以接收和发送的消息。

在金融领域中,面向对象编程可以用于实现金融模型、交易系统等复杂应用。同时,面向对象编程也可以用于实现金融计算、数据分析等任务,通过封装、继承、多态等机制来提高代码的复用性和可维护性。

9.2 Python 类

Python 类是面向对象编程的重要概念,用于封装数据和方法。类定义了一种对象的静态结构和动态行为,可以创建多个具有相同属性和方法的对象。

Python 类名通常使用以大写字母开头的单词,类的结构如图 9-1 所示。

1. 类的属性

(1) 类属性。

用于描述类的状态,通常在__init__()方法中初始化;类属性可以为类的所有实例所共享。

(2) 实例属性

用于描述实例的属性,仅为对应实例拥有。在类的构造函数__init__()中定义,实例属性的属性名须以构造函数的第一个参数为前缀(构造函数的第一个参数默认名字是 self),如 self.name,见例 9-1。

图 9-1 类的结构

2. 类的方法

用于描述类的行为,是指在类中定义的函数,也称为成员函数。作为类声明的一部分来定义。方法定义了一个对象可以执行的操作。

(1) 类的构造函数及类里的方法。

类的构造函数用于初始化对象的属性。它是一种成员函数,用来在创建对象时初始化对象。构造函数一般与它所属的类完全同名。在 Python 中,实际上是调用__init__()特殊方法。

类里的方法实现类及实例所能完成的功能。

(2) 特殊方法。

Python 类有很多特殊方法,也称为魔术方法或魔法方法,这些方法以双下画线开头和结尾,用于定义类的行为和属性。特殊方法可以让 Python 类变得更加灵活和强大,也可以让 Python 程序变得更加简洁和优雅。Python 类的一些常见的特殊方法,如表 9-1 所示。

表 9-1 Python 类的一些常见的特殊方法

Python 类的特殊方法	说　　明
__init__(self[,…])	类的构造函数,用于初始化对象的属性
__new__(cls[,…])	类的实例化方法,用于创建并返回新的对象实例
__repr__(self)	返回对象的字符串表示形式,通常用于调试和日志记录
__str__(self)	返回对象的字符串表示形式,通常用于输出和显示
__getattr__(self,name)	在对象的属性被访问时调用,用于动态生成属性值或引发属性错误
__setattr__(self,name,value)	在对象的属性被设置时调用,用于动态设置属性值或引发属性错误
__delattr__(self,name)	在对象的属性被删除时调用,用于动态删除属性或引发属性错误
__len__(self)	返回对象的长度,通常用于序列和集合类型
__getitem__(self,key)	在对象被索引时调用,用于支持索引操作
__setitem__(self,key,value)	在对象被赋值时调用,用于支持赋值操作
__delitem__(self,key)	在对象被删除时调用,用于支持删除操作
__call__(self[,args…])	将对象作为函数调用时调用,用于实现可调用对象

3. Python 类的定义

语法如下。

```
class ClassName:
    cArg1
    cAg2
    …
    def __init__(self, arg1, arg2, …):
        self.attr1 = arg1
        self.attr2 = arg2
        …

    def method1(self, arg1, arg2, …):
        #方法体

    def method2(self, arg1, arg2, …):
        #方法体
```

其中,

　　__init__() 方法是类的构造函数,用于初始化对象的属性。
　　self 参数表示当前对象本身,用于访问对象的属性和方法。

cArg1,cArg2 … 是类的类属性。
arg1,arg2,… 是实例属性。

为了保证类内部成员(类的属性和方法)的安全性,Python 类通过对类成员的角色分类,提供了三种限制访问权限的保护机制。

(1) 公有成员(public)。

不限制可访问的成员,可以在本类和外部访问。在类的内部,属性变量和方法默认为公有属性。具有公有属性的属性变量和方法可以在类的外部通过实例或者类名进行调用。

(2) 保护成员(protected)。

只允许在本类和派生类(或子类)(见 9.4.1 节)中进行访问。在 Python 中,通常以单下画线开头的表示 protected 类型的成员。

(3) 私有成员(private)。

一般来说,私有成员只能在类的内部访问,外部无法直接访问。如果外部要对私有成员进行访问和修改,就必须在类的内部创建可以访问和修改私有成员的方法,且该方法必须是公有属性。这样,在外部通过对应的方法就能间接访问和修改私有属性。

理论上只允许在定义该方法的类中进行访问,不能通过类的实例直接访问。但是在 Python 中,可以通过"类的实例名._类名__属性名"的方式间接访问。严格来说,应该是"伪私有成员"。Python 通常以双下画线表示 private 类型的成员。

【例 9-1】 一个简单的 Python 类定义的示例。

参考源码如下。

```
class University:
    def __init__(self, name, age):
        self.name = name
        self.age = age

    def sayHello(self):
        print("Hello, {}!".format( self.name))

    def getAge(self):
        return self.age

university1 = University("JXUFE", 100)
university1.sayHello()
print(f"The University is {university1.getAge()} years old.")
```

运行结果:

```
Hello, JXUFE!
The University is 100 years old.
```

在本例中,定义了一个 University 类,包含两个实例属性 name 和 age,一个 sayHello()方法和一个 getAge()方法。创建了一个 university1 对象,通过调用对象的 sayHello()和 getAge()方法来访问对象的属性和方法。

【例 9-2】 创建一个简单的股票类,用于管理股票的基本信息和交易记录的示例。

参考源码如下。

```
class Stock:
    def __init__(self, code, name, transPrice,transactions):
        self.code = code
```

```
            self.name = name
            self.trabsPrice = transPrice
            self.transactions = []

        def buy(self, quantity, transPrice):
            transaction = {
                'type': 'buy',
                'quantity': quantity,
                'price': transPrice
            }
            self.transactions.append(transaction)

        def sell(self, quantity, transPrice):
            transaction = {
                'type': 'sell',
                'quantity': quantity,
                'price': transPrice
            }
            self.transactions.append(transaction)

        def getTransactions(self):
            return self.transactions
stock1 = Stock('001','JX',9.0,[])
stock2 = Stock('002','UFE',9.9,[])
stock1.buy(100,9.0)
stock2.sell(200,9.9)
print(stock1.getTransactions())
print(stock2.getTransactions())
```

运行结果：

```
[{'type': 'buy', 'quantity': 100, 'price': 9.0}]
[{'type': 'sell', 'quantity': 200, 'price': 9.9}]
```

在本例中，定义了一个名为 Stock 的类，表示股票。类中的__init__()方法用于初始化对象的属性，接收 4 个参数（实例属性）：code、name、transPrice 和 transactions，并将其赋值给对象的属性。定义了 buy()方法用于买入股票，sell()方法用于卖出股票，getTransactions()方法用于获取交易记录。这些方法可以通过对象 stock1 和 stock2 进行调用，并可以访问和修改对象的属性。

【例 9-3】 创建一个简单的银行账户类，用于管理用户的银行账户信息的示例。

参考源码如下。

```
class BankAccount:
    def __init__(self, accountNumber, accountHolder, balance):
        self.accountNumber = accountNumber
        self.accountHolder = accountHolder
        self.balance = balance

    def deposit(self, amount):
        self.balance += amount

    def withdraw(self, amount):
        if amount <= self.balance:
            self.balance -= amount
```

```
        else:
            print("余额不足,无法取款!")

    def getBalance(self):
        return self.balance
```

在本例中,定义了一个名为 BankAccount 的类。__init__()方法接收三个参数:accountNumber、accountHolder 和 balance,并将其赋值给对象的属性。定义了 deposit()方法用于存款,withdraw()方法用于取款,getBalance()方法用于获取账户余额。这些方法可以通过对象进行调用,并可以访问和修改对象的属性。

Python 类在使用过程中需要注意以下 7 点。

(1) 类名应该符合命名规范。类名应该使用大驼峰命名法,即首字母大写,单词之间使用大写字母分隔。

(2) 类的属性和方法应该具有明确的含义。属性和方法的名称应该能够清晰地描述其作用和含义。

(3) 类的属性和方法应该设置适当的访问权限。属性和方法的访问权限根据需求进行设置,保护类的内部状态和实现细节。

(4) 类的继承关应该遵循"is-a"关系,即子类是父类的一种特殊情况。

(5) 类的设计应该符合单一职责原则。类应该只负责一项功能或任务,以保持代码的简洁和可维护性。

(6) 类的设计应该符合开闭原则。类应该对扩展开放,对修改关闭,以便于后续的扩展和改进。

(7) 类的设计应该符合依赖倒置原则。类之间的依赖关系应该建立在抽象接口上,而不是具体实现上,以提高代码的灵活性和可重用性。

9.3 Python 对象及引用

类和对象是面向对象编程的两个核心概念,它们之间存在着紧密的关系。类是一种抽象的数据类型,描述了一类事物的共同属性和行为。对象是类的实例,是具有一定状态和行为的实体。每个对象都有各自的属性和方法,可以独立地进行操作。类和对象之间的关系可以用以下方式描述。

(1) 类是对象的模板或蓝图,可以用来创建多个同类的对象。

(2) 对象是类的实例,是具有一定状态和方法的实体。每个对象具有各自的状态,可以独立地进行操作和修改。

(3) 类可以被继承和扩展,以创建新的类和对象。

(4) 对象可以调用类的方法和访问类的属性,以实现特定的功能。

9.3.1 Python 对象

在 Python 中,一切皆是对象。整数、字符串、列表、元组等基本数据类型都是对象,类和函数也是对象。每个对象都有自己的类型、值和标识符,可以通过内置函数 type()、id()和 dir()来获取它们的类型、地址和组成信息。

Python 对象的定义通常包括以下几个部分:对象名,用于唯一标识该对象,通常使用小写字母开头的单词;类名,用于指定对象所属的类;属性,用于描述对象的状态;方法,用于描述对象的行为。

1. 创建对象

class 语句的功能是定义类,不创建该类的任何实例。在类定义完成以后,创建类的实例(即对象)语法如下。

```
objectName = ClassName(self, arg1, arg2, …)
```

其中,

```
ClassName: 对象所属的类。
arg1、arg2 等: 传递给类构造函数的参数。
```

实参列表中实参个数比类构造函数中的形参个数少一个,即不能给 self 传递实参。例如,类的构造函数__init__(self,p1,p2,p3,p4,p5,p6,p7)中有 8 个形参,则在创建实例时需要传入 7 个实参。

创建类的实例对象时,系统完成如下任务。

(1)创建一个空对象。

(2)自动调用类的构造函数__init__()方法。

(3)完成实例属性初始化。

2. 对象属性的访问

如果要对实例对象进行访问,实例属性和类属性的访问方式有所不同。

(1)实例属性。

可采用:对象名.对象属性名的形式访问。

(2)类属性。

可采用:类名.类属性名的形式访问。

【例 9-4】 创建股票对象的示例。

参考源码如下。

```
class Stock:
    def __init__(self, code, price):
        self.code = code
        self.price = price

    def changePrice(self, newPrice):
        self.price = newPrice

    def getPrice(self):
        return self.price

    def getValue(self, numShares):
        return self.price * numShares
#创建一支股票 stock1,它的股票代码是 001,价格是 150.0 元
stock1 = Stock("001", 150.0)
print(f"The current price of {stock1.code} is {stock1.getPrice()}")
stock1.changePrice(155.0)
print(f"After price change, the current price of{stock1.code} is {stock1.getPrice()}" )
value = stock1.getValue(100)
print(f"The value of 100 shares of {stock1.code} is {value}")
```

运行结果:

```
The current price of 001 is 150.0
After price change, the current price of001 is 155.0
The value of 100 shares of 001 is 15500.0
```

在本例中,通过 Stock 类定义了一支股票对象 stock1,该对象具有 code 和 price 两个属性,以及 changePrice()、getPrice() 和 getValue() 三个方法。由于该类的属性和方法均为类 Stock 的公有成员,故可以通过对象名和点号来访问对象的属性和方法,如 stock1.code 和 stock1.getPrice()。也可以通过对象的方法来修改对象的状态,如 stock1.changePrice(155.0)。最后,可以通过对象的方法计算对象的价值,如 stock1.getValue(100)。

【例 9-5】 创建一个银行账户对象的示例。

参考源码如下。

```python
class BankAccount:
    def __init__(self, accountNumber, accountHolder, balance):
        self.accountNumber = accountNumber
        self.accountHolder = accountHolder
        self.balance = balance

    def deposit(self, amount):
        self.balance += amount

    def withdraw(self, amount):
        if amount <= self.balance:
            self.balance -= amount
        else:
            print("余额不足,无法取款!")

    def getBalance(self):
        return self.balance

#创建账户对象
account = BankAccount("1234567890", "John Doe", 1000)
#存款
account.deposit(500)
#取款
account.withdraw(200)
#获取余额
balance = account.getBalance()
#输出余额
print("账户余额为: {:.2f}".format(balance))
```

运行结果:

```
账户余额为: 1300.00
```

在本例中,使用 BankAccount 类创建了一个账户对象,传入了账户号码、账户持有人和初始余额。然后,通过对象的方法进行存款、取款和获取余额的操作,并将结果在屏幕上输出。

9.3.2 Python 对象的引用

Python 对象的引用是指将对象分配给变量的过程。对象引用表示变量和对象之间的关系。Python 对象引用的是内存中的对象实例。通过引用,可以在程序中使用变量来访问和操作对象。当把一个对象赋值给一个变量时,实际上是引用了该对象。因此,同一个对象可以被多个变量引用,而不同的变量可以引用不同的对象(请再回顾一下第 2 章 Python 变量的概念)。当创建一个对象时,实际上是在内存中分配了一块空间,并将该空间初始化为该对象实例。这个对象实例具有类所描述的属性和方法,但它并不是类本身。

Python 的对象管理包含垃圾回收机制。当要销毁对象,即将对象从内存中清除时,Python 使用了引用计数来跟踪和确定是否回收垃圾对象。其基本原理是:当对象被创建时,就创建了一个引用计数,当这个对象的引用计数变为 0 时,解释器根据规则,将此对象标记为垃圾对象,并在适当的时机释放其占用的内存空间。这使得 Python 开发人员不需要手动管理内存,避免了内存泄漏等常见的内存管理错误。

Python 中的对象引用有以下几个特点。

(1) 对象引用是动态的。

在 Python 中,变量可以随时被赋值为不同的对象,因此对象引用是动态的。

(2) 对象引用是强类型的。

在 Python 中,每个对象都有自己的类型,因此对象引用是强类型的。例如,一个变量不能随意地从一个类型转换为另一个类型。

(3) 对象引用是自动管理的。

Python 对象的内存管理是自动的。当一个对象没有任何引用时,它会被自动回收,释放内存空间。

Python 中的对象引用机制使得程序设计更加灵活和方便。通过引用对象,可以方便地对数据进行操作和处理。同时,Python 的垃圾回收机制也使得内存管理更加方便和安全。

【例 9-6】 股票对象引用的示例。

参考源码如下。

```
class Stock:
    def __init__(self, code, price):
        self.code = code
        self.price = price

    def changePrice(self, newPrice):
        self.price = newPrice

    def getPrice(self):
        return self.price

    def getValue(self,numShares):
        return self.price * numShares

stock1 = Stock("001",150.0)
stock2 = Stock("002",1000.0)
print("Class of stock1:{}".format(type(stock1)))
print("Class of stock2:{}" .format(type(stock2)))
```

运行结果:

```
Class of stock1:<class '__main__.Stock'>
Class of stock2:<class '__main__.Stock'>
```

在本例中,通过 Stock 类定义了一支股票类,该类具有 code 和 price 两个属性,以及 changePrice()、getPrice()和 getValue()三个方法,属性和方法均为公有成员。创建了两支股票对象 stock1 和 stock2,并使用 type()函数来获取它们所属的类。可以看到,stock1 和 stock2 都是 Stock 类的对象。

对象引用关系可以在创建对象时共享类的属性和方法,提高代码的复用性和可维护性,在使用 Python 对象引用时,需要注意以下 4 个事项。

(1) 对象引用的可变性。在 Python 中,某些对象是可变的,如列表、字典等。当一个可变对象被修改时,所有引用该对象的变量都会受到影响。

(2) 对象引用和赋值语句之间的区别。在 Python 中,对象引用和赋值语句之间并不总是等价的。例如,在将一个可变对象赋值给另一个变量时,如果对该对象进行修改,则所有引用该对象的变量都会受到影响。

(3) 对象引用的作用域及垃圾回收。在 Python 中,对象引用的作用域概念与变量的作用域概念相同。在 Python 中,对象的内存管理是自动的。当一个对象没有任何引用时,它会被自动回收,释放内存空间。因此,在使用对象引用时,应避免循环引用等问题,以免导致内存泄漏。

(4) 对象引用的异常处理(详见第 10 章)。在使用对象引用时,可能会出现各种异常情况,如属性不存在、类型错误等。需要对这些异常情况进行适当的处理,以避免程序出错或崩溃。

9.3.3 迭代器

Python 迭代器是一种对象,可以用于遍历集合中的元素。迭代器提供了一种逐个访问集合元素的方式,而无须提前知道集合的大小或结构。迭代器可以节省内存空间和计算时间,提高程序的效率。

Python 迭代器用于遍历序列或集合的对象,可以逐个访问序列中的元素,而不需要将整个序列加载到内存中。迭代器对象可以通过调用内置函数 iter() 来创建,使用内置函数 next() 来逐个获取集合中的元素。每次调用 next() 函数时,迭代器会返回集合中的下一个元素,直到所有元素都被访问完为止。如果尝试从迭代器中一次获取更多的元素,将会引发 StopIteration 异常。

迭代器是一种惰性求值的数据结构,只有在需要时才会进行计算。Python 获取可迭代对象的迭代器的语法结构如下。

```
iter(iterableObject)
```

其中,

```
iter():生成迭代器的内置函数。
iterableObject:可迭代对象,通常包括列表、元组、字典、集合和字符串.同时由生成器和生成器函数生成的对象也是可迭代对象。
```

Python 中的迭代器具有以下几个特点。

(1) 迭代器是惰性求值的。

Python 迭代器只有在需要时才会计算下一个元素,因此可以避免不必要的计算和内存占用。

(2) 迭代器是一次性的。

Python 迭代器只能被遍历一次,遍历结束后就会被耗尽。如果需要重新遍历,需要重新创建一个新的迭代器。

(3) 迭代器是可定制的。

在 Python 中,可以自定义迭代器类,实现 __iter__() 和 __next__() 方法,以支持自定义的迭代过程。

（4）Python中的迭代器可以用于遍历各种类型的数据结构，如列表、元组、字典等。通过使用迭代器，可以方便地访问集合中的元素，并进行相应的处理。

金融数据通常很大，而且计算复杂。迭代器可以逐个访问集合中的元素，而无须提前知道集合的大小或结构的特点特别适用金融数据分析。使用迭代器可以在需要时逐步计算结果，而不是一次性计算所有结果。这种延迟计算的方式可以提高效率，并减少内存消耗。

【例9-7】 一个创建和使用可迭代对象的示例。

参考源码如下。

```
#创建可迭代对象
iterable = [1, 2, 3, 4, 5]
#获取迭代器
iterator = iter(iterable)

#遍历迭代器
while True:
    #使用了异常处理机制，详见第10章
    try:
        #获取下一个元素
        element = next(iterator)
        #处理元素
        print(element)
    except StopIteration:
        #迭代结束
        break
```

运行结果：

```
1
2
3
4
5
```

在本例中，创建了一个可迭代对象iterable，使用iter()函数获取了该对象的迭代器iterator。接着，在一个无限循环中，使用next()函数逐个获取迭代器的下一个元素，并进行相应的处理。当迭代结束时，会抛出StopIteration异常，此时可以退出循环。

【例9-8】 一个与金融相关的Python迭代器的示例。

参考源码如下。

```
class Stock:
    def __init__(self, code, price):
        self.code = code
        self.price = price

    def changePrice(self, newPrice):
        self.price = newPrice

    def getPrice(self):
        return self.price

    def getCode(self):
        return self.code
```

```
        def getValue(self, numShares):
            return self.price * numShares

class Portfolio:
    def __init__(self, stocks):
        self.stocks = stocks

    def __iter__(self):
        self.index = 0
        return self

    def __next__(self):
        if self.index >= len(self.stocks):
            raise StopIteration
        stock = self.stocks[self.index]
        self.index += 1
        return (stock.getCode(),stock.getValue(100))

stocks = [Stock("stock1", 150.0), Stock("stock2", 1000.0), Stock("stock3", 500.0)]
portfolio = Portfolio(stocks)
for code,value in portfolio:
    print("{}'s Value of 100 shares:{}".format(code,value))
```

运行结果：

```
stock1's Value of 100 shares:15000.0
stock2's Value of 100 shares:100000.0
stock3's Value of 100 shares:50000.0
```

在本例中，定义了一个 Portfolio 类来管理多支股票对象。使用迭代器来遍历股票对象列表，并计算每支股票对象的价值。在 Portfolio 类中实现了__iter__()和__next__()方法，以便将其转换为迭代器。在迭代器中，使用 index 变量来跟踪当前遍历的股票对象，并使用 getValue()方法来计算每支股票对象的价值。最后，使用 for 循环遍历 portfolio 对象，并打印每支股票对象的价值。由于 portfolio 对象是一个迭代器，因此它可以逐个访问股票对象，并计算它们的价值。

【例 9-9】 使用迭代器来计算股票收益率的累计收益的示例。

参考源码如下。

```
stockReturns = [0.01, 0.02, -0.03, 0.04, 0.01, -0.02, 0.03, -0.01]
returnsIterator = iter(stockReturns)                    #创建迭代器对象
cumulativeReturn = 1.0
for i in range(len(stockReturns) - 1):
    returnValue = next(returnsIterator)                 #获取下一个收益率
    cumulativeReturn *= (1 + returnValue)               #计算累计收益
    print('第{}日的累计收益是:{:.2f}'.format(i + 1,cumulativeReturn))
```

运行结果：

```
第 1 日的累计收益是: 1.01
第 2 日的累计收益是: 1.03
第 3 日的累计收益是: 1.00
第 4 日的累计收益是: 1.04
第 5 日的累计收益是: 1.05
第 6 日的累计收益是: 1.03
第 7 日的累计收益是: 1.06
```

在本例中,使用iter()函数创建了一个迭代器对象returnsIterator,并将其与收益率列表stockReturns关联起来。然后,使用一个无限循环来遍历迭代器,并在每次迭代中使用next()函数来获取下一个收益率。在每次迭代中,将当前的累计收益与下一个收益率相乘,以计算新的累计收益。

使用Python迭代器时需要注意以下7点。

(1) 迭代器是一种适用于处理大量数据的场景的数据结构。

在处理小型数据集时,使用迭代器可能会导致性能下降。

(2) 迭代器只能被遍历一次。

如果需要多次遍历同一个迭代器,可以将其转换为列表或其他数据类型。

(3) 迭代器是一种单向数据结构,只能向前遍历。

在需要反向遍历数据时,可以考虑使用reversed()函数或其他方法。

(4) 在使用自定义迭代器时,需要实现__iter__()和__next__()方法。

__iter__()方法应该返回迭代器本身,__next__()方法应该返回下一个元素,或者在遍历结束时抛出StopIteration异常。避免出现无限循环等问题。

(5) 不要在迭代过程中修改可迭代对象中的元素。

(6) 不要在迭代过程中使用全局变量或其他可变对象。

(7) 不要在迭代过程中使用yield语句和return语句。

9.4 Python类的继承与多态

9.4.1 Python类的继承

类继承是一种机制,可以让一个类共享一个或多个其他类定义的结构和行为。创建类时,并不是从零开始构建,而是在一个已有类的基础上进行扩展。通过继承创建的新类称为"子类"或"派生类",被继承的类称为"基类""父类"或"超类"。子类可以对父类的行为进行扩展、覆盖、重定义。继承避免重复编写已有的代码,实现了代码的复用性。

在Python中,新建的类可以继承一个或多个父类,子类可以继承父类的公有属性和方法,但不能继承其私有属性和方法。如果需要在子类中调用父类的方法,可以使用"super().方法名()"或者通过"基类名.方法名()"的方式来实现。

如果在类定义中没有指定父类,则默认父类继承object。object是所有类的根基类,可以省去类名后面的括号。

Python类继承语法如下。

```
class ChildClass(ParentClass):
    #子类的属性和方法
    '''
```

其中,

```
ChildClass: 子类。
ParentClass: 父类。
```

(1) 只有一个父类的继承方式,是单继承。

单继承调用父类方法的方式有以下两种。

① self.方法名()比较常用。

② 父类名.方法名()声明方法归属,如果已继承可直接使用。

(2) 如果子类有多个父类,是多继承。

父类被继承的顺序:使用类的实例对象调用一个方法时,若子类未找到,则会从左到右查找父类是否包含该方法。

例如,继承父类的构造函数可能碰到两种情况。

(1) 父类定义了__init__()方法,子类必须显式调用父类的__init__方法。具体继承方式如下:super(子类,self).__init__(参数1,参数2,…)。

子类构造函数实例化对象的过程如下。

① 实例化对象 ob。

② ob 调用子类__init__()。

③ 子类__init__()继承父类__init__()。

④ 调用父类__init__()。

(2) 如果父类有__init__()方法,子类没有定义,则子类默认继承父类的__init__()方法;如果父类有__init__()方法,子类也有,可理解为子类重写了父类的__init__()方法。

下面通过三个与金融相关的示例,来说明 Python 类的继承机制。

【例 9-10】 有关银行账户的实例。

参考源码如下。

```python
class BankAccount:
    def __init__(self, accountNumber, balance):
        self.accountNumber = accountNumber
        self.balance = balance

    def deposit(self, amount):
        self.balance += amount

    def withdraw(self, amount):
        if self.balance >= amount:
            self.balance -= amount

class SavingsAccount(BankAccount):
    def __init__(self, accountNumber, balance, interestRate):
        super().__init__(accountNumber, balance)
        self.interestRate = interestRate

    def calculateInterest(self):
        return self.balance * self.interestRate

savingsAccount = SavingsAccount("1234567890", 1000, 0.05)
savingsAccount.deposit(500)
savingsAccount.withdraw(200)
interest = savingsAccount.calculateInterest()
print(f"Account balance: {savingsAccount.balance}")
print(f"Interest earned: {interest}")
```

运行结果:

```
Account balance: 1300
Interest earned: 65.0
```

在本例中,定义了一个银行账户类 BankAccount,有账号和余额属性,以及存款和取款的方法;定义了一个储蓄账户类 SavingsAccount,继承自 BankAccount 类,新增了一个计算利息的方法。

【例 9-11】 有关股票交易的实例。

参考源码如下:

```python
class Stock:
    def __init__(self, code, price):
        self.code = code
        self.price = price

    def buy(self, quantity):
        cost = self.price * quantity
        print(f"Bought {quantity} shares of {self.code} for {cost}")

    def sell(self, quantity):
        cost = self.price * quantity
        print(f"Sold {quantity} shares of {self.code} for {cost}")

class StockTrade(Stock):
    def __init__(self, code, price, commission):
        super().__init__(code, price)
        self.commission = commission

    def buy(self, quantity):
        totalCost = self.price * quantity
        cost = totalCost + self.commission
        print(f"Bought {quantity} shares of {self.code} for {cost}")

    def sell(self, quantity):
        totalCost = self.price * quantity
        cost = totalCost - self.commission
        print(f"Sold {quantity} shares of {self.code} for {cost}")

stockTrade = StockTrade("001", 100, 20)
stockTrade.buy(3)
stockTrade.sell(7)
```

运行结果:

```
Bought 3 shares of 001 for 320
Sold 7 shares of 001 for 680
```

在本例中,定义了一支股票类 Stock,有股票代码和价格属性,以及买入和卖出方法。然后定义了一支股票交易类 StockTrade,继承自 Stock 类,并重新定义了买入和卖出方法,考虑了交易佣金的计算。

【例 9-12】 有关贷款计算的实例。

参考源码如下:

```python
class Loan:
    def __init__(self, principal, rate, time):
        self.principal = principal
        self.rate = rate
        self.time = time

    def calculateInterest(self):
        return self.principal * self.rate * self.time
```

```python
    def calculatePayment(self):
        interest = self.calculateInterest()
        return self.principal + interest

class Mortgage(Loan):
    def __init__(self, principal, rate, time, downPayment):
        super().__init__(principal, rate, time)
        self.downPayment = downPayment

    def calculate_payment(self):
        interest = self.calculateInterest()
        payment = self.principal + interest - self.downPayment
        return payment

mortgage = Mortgage(1000000, 0.05, 24, 100000)
payment = mortgage.calculatePayment()
print(f"Mortgage payment: {payment}")
```

运行结果：

```
Mortgage payment: 2200000.0
```

在本例中，定义了一个贷款类 Loan，有本金、利率和时间属性，以及利息计算和付款计算的方法。然后定义了一个按揭贷款类 Mortgage，继承自 Loan 类，重新定义了付款计算的方法。

9.4.2 Python 类的多态

多态是面向对象编程中的一个核心概念，指的是相同的操作作用于不同的对象上，可以有不同的行为和结果。即不同对象完成某个行为时，可以得到不同的状态。

多态一般是通过继承和方法重写实现。多个子类继承同一个父类，这些子类对象重写父类的方法，实现不同的逻辑。子类重写父类的方法，意味着子类可以定义与父类相同名称的方法，但实现方式可以不同。

通过给父类的类型变量赋值不同的子类对象，当调用被重写的父类方法时，就会执行不同的逻辑，实现了多态。

Python 的多态性通过方法的重写、方法的重载和方法的参数类型灵活性等方式来实现。

下面通过三个与金融相关的示例，来说明 Python 类的多态机制。

【例 9-13】 不同金融产品的计算年化收益率的示例。

参考源码如下。

```python
class FinancialProduct:
    def __init__(self, principal, interestRate):
        self.principal = principal
        self.interestRate = interestRate
    def calculateAnnualReturnRate(self):
        pass

class SavingAccount(FinancialProduct):
    def calculateAnnualReturnRate(self):
        return self.interestRate

class Bond(FinancialProduct):
```

```python
    def __init__(self, principal, interestRate, maturity):
        super().__init__(principal, interestRate)
        self.maturity = maturity
    def calculateAnnualReturnRate(self):
        return self.interestRate / self.maturity

savings = SavingAccount(120000, 0.03)
bond = Bond(100000, 0.06, 10)

print(savings.calculateAnnualReturnRate())
print(bond.calculateAnnualReturnRate())
```

执行结果：

```
0.03
0.006
```

在本例中，FinancialProduct 是一个父类，它有一个 calculateAnnualReturnRate()方法，但是没有具体实现；SavingAccount 和 Bond 是其子类，分别实现了 calculateAnnualReturnRate()方法。当调用不同的金融产品对象的 calculateAnnualReturnRate()方法时，根据对象的类型，Python 会自动选择调用对应类中的方法，实现了多态性，无须显式地通过 if…else 来判断对象的类型。

【例 9-14】 不同金融产品的估值计算的示例。

参考源码如下。

```python
class FinancialProduct:
    def __init__(self, principal, interestRate):
        self.principal = principal
        self.interestRate = interestRate
    def calculateValue(self):
        pass

class SavingAccount(FinancialProduct):
    def calculateValue(self):
        return self.principal

class Bond(FinancialProduct):
    def __init__(self, principal, interestRate, maturity, faceValue):
        super().__init__(principal, interestRate)
        self.maturity = maturity
        self.faceValue = faceValue
    def calculateValue(self):
        return self.faceValue / (1 + self.interestRate) ** self.maturity

savings = SavingAccount(120000, 0.03)
bond = Bond(120000, 0.06, 10, 160000)

print(savings.calculateValue())
print(bond.calculateValue())
```

执行结果：

```
120000
89343.16430641885
```

在本例中，FinancialProduct 是父类，有一个 calculateValue()方法，没有具体实现；

SavingAccount 和 Bond 是其子类,分别实现了 calculateValue()方法。通过调用不同金融产品对象的 calculateValue()方法,可以根据对象的不同类型,实现不同的估值计算。

【例 9-15】 金融产品的收益计算的示例。

参考源码如下。

```
class FinancialProduct:
    def __init__(self, principal):
        self.principal = principal
    def calculateReturn(self):
        pass

class SavingAccount(FinancialProduct):
    def calculateReturn(self):
        return self.principal * 0.03

class Stock(FinancialProduct):
    def __init__(self, principal, stockPrice):
        super().__init__(principal)
        self.stockPrice = stockPrice
    def calculateReturn(self):
        return (self.stockPrice - self.principal) / self.principal

savings = SavingAccount(10000)
stock = Stock(100000, 115000)

print(savings.calculateReturn())
print(stock.calculateReturn())
```

执行结果:

```
300.0
0.15
```

在本例中,FinancialProduct 是父类,有一个 calculate_return()方法,没有具体实现。SavingAccount 和 Stock 是其子类,分别实现了 calculateReturn()方法。通过调用不同金融产品对象的 calculateReturn()方法,可以根据不同的金融产品类型,实现不同的收益计算方式。

9.5　Python 类在金融场景下的应用

Python 类在金融领域中具有广泛的应用,可以用于建模金融产品、管理投资组合、分析数据、开发交易策略和实现金融工具等任务。通过合理地设计和使用类,可以提高代码的可读性、可维护性和重用性,从而更好地进行金融计算和分析。

【例 9-16】 假设有一个债券组合,其中包含多个不同的债券。计算每个债券的价格,并将其存储在一个列表中。

参考源码如下。

```
#定义一个债券类,其中包含债券的特征和计算价格的方法。假设债券的价格由其面值、剩余期限和利
#率决定。
class Bond:
    def __init__(self, faceValue, remainingTerm, interestRate):
        self.faceValue = faceValue
        self.remainingTerm = remainingTerm
        self.interestRate = interestRate
    def calculatePrice(self):
```

```
            price = self.faceValue / (1 + self.interestRate) ** self.remainingTerm
            return price

#创建一个债券组合,其中包含多个债券对象。
bonds = [Bond(10000, 3, 0.05),Bond(20000, 4, 0.06),Bond(15000, 5, 0.065)]

#计算每个债券的价格,并将其存储在一个列表中。
prices = []
for bond in bonds:
    price = bond.calculatePrice()
    prices.append(price)
print("prices are {}".format(prices))
```

执行结果:

```
prices are [8638.37598531476, 15841.873264760408, 10948.212547814323]
```

在本例中,for 循环用于遍历债券组合中的每个债券对象。对于每个债券,调用其 calculatePrice()方法来计算价格,并将其添加到 prices 列表中。最后,打印出 prices 列表,其中包含每个债券的价格。

【例 9-17】 一个利用类对金融交易策略进行开发的示例。

参考源码如下。

```
class TradingStrategy:
    def __init__(self, code, capital):
        self.code = code                                    #交易标的
        self.capital = capital                              #初始资金
        self.position = 0                                   #当前仓位
        self.profit = 0                                     #当前收益
    def buy(self, price, volume):
        cost = price * volume                               #成本
        if cost > self.capital:                             #资金不足,无法买入
            return False
        else:
            self.capital -= cost                            #扣除成本
            self.position += volume                         #增加仓位
            return True
    def sell(self, price, volume):
        if volume > self.position:                          #持仓不足,无法卖出
            return False
        else:
            revenue = price * volume                        #收入
            self.capital += revenue                         #增加资金
            self.position -= volume                         #减少仓位
            self.profit += revenue - (self.position * price) #计算收益
            return True

    def report(self):
        print("Code:{}".format(self.code))
        print("Capital:{}".format(self.capital))
        print("Position:{}".format(self.position))
        print("Profit:{}".format(self.profit))

#创建交易策略
strategy = TradingStrategy("001", 10000)
#执行买入操作
strategy.buy(120.0, 50)
```

```
#执行卖出操作
strategy.sell(125.0, 30)
#报告当前交易策略
strategy.report()
```

执行结果：

```
Code:001
Capital:7750.0
Position:20
Profit:1250.0
```

在本例中，定义了一个名为 TradingStrategy 的类，用于实现金融交易策略的开发。该类包含以下几个方法。

　　__init__()方法：用于初始化交易策略的基本参数，包括交易标的、初始资金、当前仓位和当前收益。

　　buy()方法：用于买入交易标的，根据当前资金和成交价格计算买入数量，并更新当前仓位和资金。

　　sell()方法：用于卖出交易标的，根据当前持仓和成交价格计算卖出数量，并更新当前仓位、资金和收益。

　　report()方法：用于报告当前交易策略的基本参数，包括交易标的、当前资金、当前仓位和当前收益。

　　利用上述类，创建了一个名为 strategy 的交易策略对象，用于模拟 001 股票的交易。然后，执行了一次买入操作和一次卖出操作，并通过 report()方法报告了当前的交易情况。

习题 9

一、填空题

1. Python 类定义的语法结构是_____。
2. 在 Python 类中，定义实例属性的语法是_____。
3. 在类中定义方法的语法是_____。
4. Python 类定义中，self 的含义是_____。
5. Python 类的构造函数名称是_____。
6. Python 继承的语法结构是_____。
7. 在 Python 中，super()方法的作用是_____。
8. Python 类中的私有属性或方法的命名通常以_____开头。
9. Python 类的公有属性或方法可以直接通过_____进行访问。
10. 如果想要在外部直接访问 Python 类的私有属性或方法，是_____。

二、编程题

1. 设计一个银行账户类，要求有账户名、账户余额（默认值为 0），余额为私有实例属性；账户具备存、取和查看账户余额的功能。账户为 001 的客户，原有余额 10000 元，存了 8000 元，又支取了 9000 元，在屏幕上显示其余额。

2. 创建一个名为"CheckingAccount"的类，继承 Account 类。在该类中，重写 withdraw()方法，以确保不能提取超过当前余额的资金。

习题9

第 10 章

异 常

异常是程序运行过程中出现的错误情况。异常处理是一种用于捕获和处理程序运行过程中出现错误情况的重要编程技术。异常处理机制可以捕获并处理程序运行过程中出现的错误，以保证程序运行的正确性和健壮性。

10.1 异常介绍

异常处理可以帮助识别和定位程序中的错误。当程序出现异常时，Python 解释器会显示出错误消息，指示发生异常的位置和类型。通过这些信息，可以快速定位并修改程序中的错误，提高代码的开发效率。

在进行金融数据分析的过程中，异常处理可以帮助处理各种数据异常情况，例如，数据缺失、数据格式错误等。例如，分析一支股票的价格数据时，如果某些日期的价格数据缺失，不进行异常处理，程序可能会因为缺失数据而不能正确地反映股票交易的情况，不能获得可信的分析结果。通过使用异常处理机制，可以在遇到缺失数据时，捕获异常并进行相应的处理，如跳过该日期的数据或者使用其他方法填充缺失值，保证分析结果的可信度，增加程序运行的健壮性。

此外，异常处理还可以提高程序的可读性和可维护性。通过合理地使用异常处理，可以将程序的主要逻辑与错误处理逻辑分离，使代码更加清晰和易于理解。

10.1.1 程序异常

程序异常是指在程序运行过程中出现的一些错误情况，例如，用户输入错误、文件读写错误、网络连接中断等。当程序遇到异常时，会抛出一个异常对象，并停止当前程序的执行过程，转而执行异常处理流程，避免程序终止执行。

与程序错误不同，程序异常通常是可以预料到的，而程序错误则通常是由于编程错误或处理逻辑不正确等原因导致的。程序错误通常会导致程序不能运行或产生错误的结果，需要通过调试等方法来进行修改；而程序异常则可以通过异常处理机制来进行处理，以避免程序崩溃或产生不可预料的结果。

异常和程序错误是两种不同的错误类型，它们之间有以下区别：

（1）发生时间不同。

程序编译错误在编译阶段就会发生，而异常则是在程序运行时才会发生。

（2）错误类型不同。

程序编译错误通常是由于语法错误、类型错误、命名错误等引起的，而异常则是由于程序运行过程中出现的一些意外情况引起的，例如，用户输入错误、文件读写错误、网络连接中断等。

（3）处理方式不同。

程序编译错误需要在代码编辑阶段进行修改，而异常可以通过异常处理机制来进行处理，以保证程序的正确性和稳定性。

（4）异常类型不同。

Python 一般有内置异常、自定义异常两种异常类型。而程序编译错误通常是由于代码语法或逻辑错误引起的。

（5）错误提示不同。

程序错误通常会产生一些错误提示信息，例如，指出错误代码的位置及产生错误的可能原因，而异常则可以通过自定义异常类型来提供更加详细和准确的错误提示信息。

10.1.2　Python 异常的分类

Python 异常通常可以分为以下两类。

（1）内置异常。

Python 内置了许多异常类型，如 TypeError、ValueError、IOError 等，用于表示程序运行过程中常见（或容易出现）的错误情况。

（2）自定义异常。

程序员可以根据需求自定义异常类型，用于提供程序运行过程中可能出现的各种情况（如除数为零、数组越界、文件读写错误、网络连接中断等）的解决办法，更好地适应业务需求中的各种突发场景，满足用户需求，增强代码的健壮性。

【例 10-1】　内置异常的示例。

参考源码如下。

```python
#假设有一个列表存放股票价格
stockPrices = [100, 110, 90, 120, 130]
#假设要计算股票价格的平均值
try:
    avgPrice = sum(stockPrices) / len(stockPrices)
except ZeroDivisionError:
    print("Error: the list is empty.")
else:
    print(f"The average stock price is {avgPrice:.2f}.")
```

执行结果：

```
The average stock price is 110.00.
```

在本例中，使用了内置函数 sum() 和 len() 来计算股票价格的平均值。由于代码执行时可能会抛出 ZeroDivisionError 异常，使用 try…except 语句来捕获出现的异常，并在发生异常时输出错误信息。如果没有发生异常，则使用 else 语句输出计算结果。这个示例可以用于计算股票价格的平均值，并处理列表为空的情况。处理源码如下。

参考源码如下。

```python
#假设有一个列表存放股票价格
stockPrices = []
#假设要计算股票价格的平均值
```

```
try:
    avgPrice = sum(stockPrices) / len(stockPrices)
except ZeroDivisionError:
    print("Error: the list is empty.")
else:
    print(f"The average stock price is {avgPrice:.2f}.")
```

执行结果:

```
Error: the list is empty.
```

【例10-2】 自定义异常的示例1。

参考源码如下。

```
#假设有一个银行账户类
class BankAccount:
    def __init__(self, balance):
        self.balance = balance

    def withdraw(self, amount):
        if amount > self.balance:
            raise InsufficientFundsError("Insufficient funds.")
        self.balance -= amount

#自定义异常类
class InsufficientFundsError(Exception):
    pass
#假设有一个银行账户
account = BankAccount(1000)
#假设要取款5000元
try:
    account.withdraw(500)
except InsufficientFundsError as e:
    print(e)
else:
    print(f"成功支取:{ account.balance}.")
```

执行结果:

```
Insufficient funds.
```

在本例中,定义了一个银行账户类BankAccount,其中,withdraw()方法可能会抛出自定义的InsufficientFundsError异常。在取款时,使用了try…except语句来捕获可能出现的InsufficientFundsError异常,并在发生异常时输出错误信息。如果没有发生异常,则使用else语句输出取款成功的信息。可以用于模拟银行账户的取款操作,并处理余额不足的情况。

【例10-3】 自定义异常的示例2。

参考源码如下。

```
#计算复利
def compoundInterest(principal, rate, time):
    if time <= 0:
        raise ValueError("Time must be positive.")
    return principal * (1 + rate) ** time

#计算1000元本金、3%年利率、-2年后的复利
try:
```

```
        result = compoundInterest(1000, 0.03, -2)
except ValueError as e:
        print(e)
else:
        print(f"The compound interest is {result:.2f}.")
```

执行结果:

```
Time must be positive.
```

在本例中,定义了一个计算复利的函数 compoundInterest(),其中,如果时间小于或等于 0,则抛出 ValueError 异常。在计算复利时,使用了 try…except 语句来捕获这个异常,并在发生异常时输出错误信息。如果没有发生异常,则使用 else 语句输出计算结果。这个示例可以用于计算复利,并处理时间为负数的情况。

【例 10-4】 自定义异常的示例 3。

参考源码如下。

```
#读取一个 CSV 文件并计算其中某一列的平均值
import csv
#CSV 文件中第二列是股票价格
filename = "stockPrices.csv"
with open(filename, "r",encoding = 'UTF-8') as f:
        reader = csv.reader(f)
        next(reader)                        #跳过表头
        stockPrices = []
        for row in reader:
            try:
                price = float(row[1])
            except ValueError:
                continue                    #忽略非法数据
            stockPrices.append(price)
avgPrice = sum(stockPrices) / len(stockPrices)
print(f"The average stock price is {avgPrice:.2f}.")
```

执行结果:

```
The average stock price is 104.67.
```

在本例中,使用了 Python 内置的 CSV 模块读取一个 CSV 文件,并计算其中某一列的平均值。由于 CSV 文件中可能包含非法数据,如字符串或空值,使用了 try…except 语句来捕获转换为浮点数时可能抛出的 ValueError 异常,并忽略这些非法数据。如果没有发生异常,则使用 else 语句输出计算结果。这个示例可以用于读取 CSV 文件并处理其中包含非法数据的情况。

10.2 Python 异常的处理方式

Python 程序异常是程序中的一种特殊事件,影响程序的正常执行流程。Python 异常处理通过 try…except 语句实现。在 try 语句中编写可能会抛出异常的代码块,在 except 语句中编写处理异常的代码块。当 try 语句中的语句代码抛出异常时,程序会跳转到对应的 except 语句块执行,从而保证程序不会崩溃或产生不可预料的结果。

Python 异常的处理方式可以分为以下几种。

1. try…except 语句

try…except 语句是 Python 中用于捕获异常并进行处理的基本结构。
基本语法如下。

```
try:
    #可能会抛出异常的代码
except ExceptionType1:
    #处理 ExceptionType1 类型的异常
except ExceptionType2:
    #处理 ExceptionType2 类型的异常
```

try…except 语句的作用是在程序运行过程中,对可能会抛出异常的代码进行监测,当发生异常时,根据异常类型选择相应的处理方式。通过使用 try…except 语句,可以提高程序的健壮性和可靠性。

try…except 语句的执行过程如下。

(1) 执行 try 块中的代码块,如果没有发生异常,则跳过所有 except 块,直接执行 try…except 后面的代码。

(2) 如果发生了某种类型的异常,那么程序会跳转到相应的 except 代码块中,并执行该块中的语句。如果没有匹配到任何一个 except 块,则继续向上抛出异常,直到被捕获或程序非正常终止。

【例 10-5】 try…except 语句检查输入错误的示例。
参考源码如下。

```
try:
    amount = float(input("请输入存款金额："))
    interestRate = float(input("请输入年利率："))
    years = int(input("请输入存款年限："))
    totalAmount = amount * (1 + interestRate) ** years
    print("总金额为：", totalAmount)

except ValueError:
    print("输入无效,请输入有效的数字.")

except Exception as e:
    print("发生了一个错误：", str(e))
```

2. try…except…else 语句

Python 用于捕获异常并进行处理的结构,该结构还支持在没有发生异常时执行一些额外的代码。其基本语法如下。

```
try:
    #可能会抛出异常的代码
except ExceptionType1:
    #处理 ExceptionType1 类型的异常
except ExceptionType2:
    #处理 ExceptionType2 类型的异常
else:
    #在没有发生异常时执行的代码
```

try…except…else 语句扩展了 try…except 语句的功能。如果没有发生异常,则执行 else 块中的代码。通过使用 try…except…else 语句,可以在处理异常的同时,执行一些额外的代码,提高程序的灵活性和可靠性。

try…except…else 语句的执行过程如下。

(1) 执行 try 块中的语句,如果没有发生异常,则跳过所有 except 块,直接执行 else 块中的代码块。

(2) 如果发生了某种类型的异常,那么程序会跳转到相应的 except 块中,并执行该块中的语句。如果没有匹配到任何一个 except 块,则继续向上抛出异常,直到被捕获或程序崩溃。

(3) 如果没有发生异常,则执行 else 块中的代码块。

【例 10-6】 try…except…else 语句避免程序无结果的示例。

参考源码如下。

```
try:
    amount = float(input("请输入存款金额: "))
    interestRate = float(input("请输入年利率: "))
    years = int(input("请输入存款年限: "))
    totalAmount = amount * (1 + interestRate) ** years

except ValueError:
    print("输入无效,请输入有效的数字。")

except Exception as e:
    print("发生了一个错误:", str(e))

else:
    print("总金额为: ", totalAmount)
```

在本例中,首先检查输入数据,如果不是数字,则输出"输入无效,请输入有效的数字。"或"发生了一个错误:'系统里其他内置异常'";否则在屏幕上显示总金额的值。

3. try…except…finally 语句

Python 用于捕获异常并进行处理的结构,支持在处理异常的同时,保证某些代码一定被执行,确保一些必要的工作可以完成。其基本语法如下。

```
try:
    #可能会抛出异常的代码
except ExceptionType1:
    #处理 ExceptionType1 类型的异常
except ExceptionType2:
    #处理 ExceptionType2 类型的异常
finally:
    #一定要执行的代码
```

try…except…finally 语句除了与 try…except 语句具有相同的功能外,还可确保无论是否发生异常,都会执行 finally 块中的代码,提高了程序的健壮性。

try…except…finally 语句的执行过程如下。

(1) 执行 try 块中的语句,如果没有发生异常,则跳过所有 except 块,直接执行 finally 块中的代码。

(2) 如果发生了某种类型的异常,那么程序会跳转到相应的 except 块中,并执行该块中的语句。如果没有匹配到任何一个 except 块,则继续向上抛出异常,直到被捕获或程序非正常终止。

(3) 最后,无论是否发生异常,都会执行 finally 块中的代码块,以确保某些功能一定要被执行。

【例10-7】 try…except…finally语句避免程序非正常终止的示例。

参考源码如下。

```
try:
    amount = float(input("请输入存款金额："))
    interestRate = float(input("请输入年利率："))
    years = int(input("请输入存款年限："))
    totalAmount = amount * (1 + interestRate) ** years
    print("总金额为：", total_amount)

except ValueError:
    print("输入无效,请输入有效的数字。")

except Exception as e:
    print("发生了一个错误：", str(e))

finally:
    print("程序执行完毕！")
```

在本例中，使用try…except…finally语句处理异常情况，避免程序崩溃。首先，检查输入数据，如果不是数字，则输出"输入无效,请输入有效的数字。"或"发生了一个错误：'系统里其他内置异常'"；但是无论是否发生异常，都在屏幕上显示"程序执行完毕！"。

4. raise 语句

使用raise语句可以抛出自定义的异常，以便更好地表示程序运行过程中出现的异常情况。raise语句是Python中用于抛出异常的结构，其基本语法如下。

```
raise ExceptionType("Error message")
```

通过使用raise语句，可以让程序在发生异常时，按照期望的方式进行处理，提高程序的灵活性和可靠性。

raise语句的执行过程如下。

（1）执行raise语句，抛出指定类型的异常，并附带错误信息。

（2）如果没有在当前函数中处理异常，则将异常向上抛出，直到被捕获或程序崩溃。

例10-2和例10-9用于说明raise语句的使用方法。

10.3 异常处理在金融场景中的应用

异常处理在金融场景的应用非常广泛。例如，在金融交易过程中，可能会遇到各种问题，如余额不足等，异常处理可以及时处理，保证交易正确执行；在处理金融数据时，异常处理可以检测无效或异常数据，确保数据的完整性和准确性；在风险控制方面，可以检测和应对可能出现的风险，采取不同的风险控制方法等。

【例10-8】 对例9-11的完善示例。

参考源码如下。

```
class Stock:
    def __init__(self, code, price,holdAmount):
        self.code = code
        self.price = price
        self.holdAmount = holdAmount
```

```python
    def buy(self, quantity):
        cost = self.price * quantity
        print(f"Bought {quantity} shares of {self.code} for {cost}")

    def sell(self, quantity):
        cost = self.price * quantity
        print(f"Sold {quantity} shares of {self.code} for {cost}")

    def getAmount(self):
        return self.holdAmount

    def getCode(self):
        return self.code

class StockTrade(Stock):
    def __init__(self, code, price, holdAmount, commission):
        super().__init__(code, price, holdAmount)
        self.commission = commission

    def buy(self, quantity):
        totalCost = self.price * quantity
        self.holdAmount += quantity
        cost = totalCost + self.commission
        print(f"Bought {quantity} shares of {self.code} for {cost}")

    def sell(self, quantity):
        if quantity > self.holdAmount:
            raise InsufficientAmountError("Insufficient Stock Amount.")
        self.holdAmount -= quantity
        totalCost = self.price * quantity
        cost = totalCost - self.commission

        print(f"Sold {quantity} shares of {self.code} for {cost}")

#自定义异常类
class InsufficientAmountError(Exception):
    pass
stockTrade1 = StockTrade('001',100.8,10,10)
try:
    stockTrade1.buy(10)
    stockTrade1.sell(25)
except InsufficientAmountError as e:
    print(e)
else:
    print(f"Hold {stockTrade1.getAmount()} shares of {stockTrade1.getCode()}")
finally:
    print("Transaction completed.")
```

执行结果：

```
Bought 10 shares of 001 for 1018.0
Insufficient Stock Amount.
Transaction completed.
```

在本例中，在 Stock 类中增加了一个持有股票数量的实例属性 holdAmount，两个方法 getAmount()和 getCode()；在 StockTrade 类的 sell()方法中，当股票卖出数量大于持有数量时，用 raise 主动抛出了一个自定义异常 InsufficientAmountError。在主程序中，使用 try…except…finally 语句来处理这个异常，并确保在处理异常的同时，输出一条"Transaction completed."的消息。如果没有发生异常,则使用 else 语句输出买卖信息及持有股票数量。

异常机制在使用过程中需要注意以下 5 点。

(1) 不要忽略异常。

在捕获异常时,不要简单地将其忽略,而应该对其进行适当的处理;否则,可能会导致程序出现未知的错误或行为异常。

(2) 不要捕获过于抽象的异常。

在捕获异常时,不要使用层次较高的异常类型,如 Exception 或 BaseException。这样可能不能准确捕获异常,导致不能准确定位。

(3) 尽可能精确地定义异常类型。

如果不确定可能会出现哪种异常,可以使用多个 except 块来处理不同类型的异常。

(4) 不要在循环中捕获异常。

在循环中捕获异常可能会导致程序变得非常慢,因为每次循环都需要进行异常处理。

(5) 在处理异常时,应该尽可能保持代码简洁和清晰。

过于复杂的异常处理代码可能会导致程序变得难以理解和维护。

*10.4 异常处理进阶

10.4.1 异常链:raise from 语句

异常链是指在 Python 中,一个异常可以引发另一个异常,从而形成一个异常链,其中每个异常都记录了前一个异常的信息。Python 可以使用 raise from 语句来创建和处理异常链。

raise from 语句的基本语法如下。

```
try:
    # 可能会抛出异常的代码
except ExceptionType1 as e:
    # 处理 ExceptionType1 类型的异常
    raise ExceptionType2("Error message") from e
```

raise from 语句的作用是在处理异常时,将前一个异常作为当前异常的原因,并将其记录在当前异常的 __cause__ 属性中。通过使用 raise from 语句,可以更好地追踪和调试异常,提高程序的可靠性和可维护性。

【例 10-9】 使用异常链和 raise from 语句的示例。

参考源码如下。

```
# 文件读取函数
def readFile(filename):
    try:
        with open("test.txt", "r") as f:
            content = f.read()
    except FileNotFoundError as e:
        raise ValueError("Invalid filename.") from e
    return content

# 读取一个不存在的文件
try:
    content = readFile("nonexistent.txt")
except ValueError as e:
    print(e)
    print(e.__cause__)
```

执行结果：

```
Invalid filename.
[Errno 2] No such file or directory: 'test.txt'
```

在本例中，定义了一个文件读取函数 readFile()，使用 try…except 语句捕获可能发生的文件不存在异常，并使用 raise from 语句将其转换为值错误异常。在主程序中，调用这个文件读取函数，并捕获可能发生的值错误异常。在输出错误信息时，还输出了前一个异常，以便更好地追踪和调试异常。

10.4.2 异常处理器 sys.excepthook()

异常处理器是指在 Python 中用于捕获和处理异常的函数。使用异常处理器，可以更好地控制程序的流程，提高程序的健壮性和可靠性。

除了内置的异常处理器外，Python 还提供了一个全局的异常处理器 sys.excepthook()，其作用是在程序中未被处理的异常发生时，打印异常信息并进行记录。sys.excepthook() 是一个函数，其基本语法如下。

```
import sys
def excepthook(type, value, traceback):
    #处理异常的代码
    pass

sys.excepthook = excepthook
```

sys.excepthook() 函数的作用是在程序中未被处理的异常发生时，调用指定的函数，并将异常的类型、值和追踪信息作为参数传递给该函数。通过使用 sys.excepthook() 函数，可以更好地追踪和调试异常，并记录程序运行过程中出现的异常情况，提高程序的可维护性。

【例 10-10】 用于说明 sys.excepthook() 函数作用的示例。

参考源码如下。

```
import sys
def excepthook(type, value, traceback):

    print("Unhandled exception:", type.__name__)
    print("Exception message:", value)
    print("Traceback information:")
    print(traceback)


sys.excepthook = excepthook

#自定义除法函数
def divide(x, y):
    return x / y

#除数为 0 的情况
result = divide(1, 0)
```

执行结果：(在 IDLE 中运行)

```
Unhandled exception: ZeroDivisionError
Exception message: division by zero
Traceback information:
< traceback object at 0x000002054C5F6400 >
```

在本例中,定义了一个除法函数 divide(),其中,除数为 0 时会抛出 ZeroDivisionError 异常。在主程序中调用这个除法函数,并捕获可能发生的未处理异常。在自定义的全局异常处理器中,输出了异常类型、异常信息和追踪信息,并将其记录下来。

10.4.3 上下文管理器:with 语句和 contextlib 模块

上下文管理器(Context Manager)指 Python 用于管理资源(文件、网络连接、锁等)的一种机制,提供了一种简洁且安全的方式来处理资源的打开、关闭和异常处理。上下文管理器可以在需要时分配资源,以及在使用完成后释放资源,使得代码更加可读、可维护,同时增强了程序的健壮性。

上下文管理器通过定义 __enter__() 和 __exit__() 两个特殊方法来实现资源的获取和释放。上下文管理器通常使用 with 语句进行调用,确保资源在使用完毕后能够被正确释放。

Python 上下文管理器可以使用 with 语句来进行管理。with 语句的基本语法如下。

```
with contextExpression as variable:
    # with 语句块
```

with 语句的作用是在执行 with 语句块之前,调用上下文管理器的 __enter__() 方法,以获取资源;在执行完 with 语句块后,调用上下文管理器的 __exit__() 方法,以释放资源。通过使用 with 语句,可以更好地管理资源,提高程序的可靠性和可维护性。

除了使用 with 语句外,Python 还提供了 contextlib 模块,其作用是简化上下文管理器的创建和使用。contextlib 模块提供了多种实用函数和装饰器,用于创建和处理上下文管理器。其中最常用的函数是 contextlib.contextmanager(),其基本语法如下。

```
from contextlib import contextmanager
@contextmanager
def my_context():
    # 获取资源的代码
    yield resource
    # 释放资源的代码
```

函数 contextlib.contextmanager() 的作用是将一个生成器函数转换为上下文管理器。在生成器函数中,使用 yield 语句将资源传递给 with 语句块,并在 yield 语句前后分别执行获取和释放资源的代码。通过使用 contextlib.contextmanager() 函数,可以更方便地创建和使用上下文管理器。

【例 10-11】 用于说明上下文管理器和 contextlib 模块作用示例。

参考源码如下。

```
import contextlib
# 定义全局变量 content
content = None
# 自定义一个文件读取函数
def readFile(filename):
    with open(filename, "r", encoding = 'UTF-8') as f:
        content = f.read()
    return content

# 读取一个不存在的文件
try:
    with contextlib.suppress(FileNotFoundError):
```

```
        # content = readFile("stockPrices.csv")
        content = readFile("stockPrices.txt")
except ValueError as e:
    print(e)
else:
    print(content)
```

执行结果:

```
None
```

当读取一个存在的文件时,会将其内容在屏幕上显示出来。

参考源码如下。

```
import contextlib
content = None
# 自定义一个文件读取函数
def readFile(filename):
    with open(filename, "r", encoding = 'UTF-8') as f:
        content = f.read()
    return content

# 读取一个存在的文件
try:
    with contextlib.suppress(FileNotFoundError):
        content = readFile("stockPrices.csv")
except ValueError as e:
    print(e)
else:
    print(content)
```

执行结果:

```
股票代码,收盘价,成交数量
'001',100.8,1000
'003',96.2,500
'002',117.0,300
'004',,200
```

在本例中,定义了一个文件读取函数 readFile(),其中,使用 with open()语句打开文件,并在文件读取完成后自动关闭文件。在主程序中,使用 with contextlib.suppress()语句捕获可能发生的文件不存在异常,并忽略该异常。

习题 10

一、填空题

1. Python 的异常处理是通过使用_____语句来实现的。
2. 使用_____语句可以捕获异常及发生异常时执行一些代码。
3. 使用_____语句可以让程序即使出现异常之后也能执行一些代码。
4. 在 except 块中,可以使用_____关键字来给异常对象指定一个变量名。
5. 使用_____可以抛出一个指定的异常。
6. 使用 try…except…else 结构时,其中_____只有在没有异常发生时才会执行。
7. 使用_____语句可以忽略一个异常,不对它进行处理。

8. _____ 可以用于上下文管理器,它隐式地使用 try…except…finally。

二、编程题

1. 编写一个程序,确保输入的交易金额是一个正数,并捕获可能出现的 ValueError。

2. 编写一个程序,模拟股票交易过程,并捕获尝试购买不存在的股票时可能出现的异常。提示:股票代码和股票价格可用字典表示。

3. 定义一个自定义异常类 InvalidInterestRateError,用于处理无效的利率输入。当计算利率(单利)时,当利率小于 0 或大于 10 时,提示"利率必须在 0~10%!"。

习题 10

第 11 章

Python文件操作

文件不仅可以记录人类的思想、知识和经验,还是交流、存储和传播信息的重要工具。文件操作是编程中常见的任务之一,无论是读取文件内容、写入文件数据还是对文件进行其他操作,Python都提供了许多用于处理文件的内置函数和模块。

11.1 文件与文件操作

文件是存储在存储介质上的数据的有组织的集合。文字、图表、图像、音频和视频等都是文件的形式。Python文件操作通常涉及打开文件、读取或写入文件内容以及关闭文件等概念。

11.1.1 文件内数据的组织形式

文件是记录数据的重要媒介,以多种形式存在,可以按照不同的组织形式来整理和分类。文件的组织形式是指将数据按照一定的规则和结构进行整理和分类的方式。可以根据不同的目的和需求,采用不同的组织形式。

(1) 从内容上看,文件组织形式包括时间顺序、空间顺序、逻辑顺序等。

① 时间顺序是指按照事件发生的先后顺序来组织文件。常用于历史记录、日志、股价等。通过按照时间顺序排列文件,可以清晰地了解事件的发展过程和变化。

② 空间顺序是指按照地理位置或空间关系来组织文件。常用于地图、导航等。通过按照空间顺序排列文件,可以方便地查找和理解地理信息。

③ 逻辑顺序是指按照事物的逻辑关系来组织文件。常用于论文、科学研究等。通过按照逻辑顺序排列文件,可以使读者更容易理解作者的思路。

(2) 从存储结构看,文件组织形式包括顺序结构、索引结构、链式结构等。

① 顺序结构是最简单的数据组织形式,数据按照其在文件中的顺序依次排列,逻辑上相邻的数据,在物理存储位置上也是相邻的。优点:简单直观,易于理解和编程处理;顺序访问效率高。缺点:随机访问效率低;插入和删除操作相对复杂。插入新数据时,可能需要移动大量后续数据以腾出空间;删除数据时,也可能需要前移数据,以保持数据的连续性。

② 索引结构通过建立索引来提高数据的访问效率。文件由数据文件和索引表两部分组成。数据文件存储实际的数据,索引表则记录数据的存储位置等关键信息。优点:提供了快速的随机访问能力;对于数据的插入和删除操作,相对顺序结构更容易处理。只需要在索引

表中进行相应的修改,而不需要大规模移动数据。缺点:占用额外的存储空间来存储索引表;索引的维护需要额外的开销。

③ 链式结构通过指针将数据连接起来。数据节点之间通过指针相连,每个数据节点包含数据本身以及指向下一个节点的指针。数据在物理存储上可以不连续,通过指针形成逻辑上的顺序。优点:插入和删除操作相对容易;可以充分利用分散的存储空间,适合存储动态变化的数据。缺点:只能顺序访问,随机访问效率低;指针及指针的维护增加了存储开销;如果指针损坏或错误,可能会导致整个链表的结构被破坏。

文件内数据的组织形式选择取决于具体的应用需求。顺序存储结构的文件适用于需要频繁进行顺序访问且数据量不大的应用;索引结构或链式结构的文件适用于需要高效随机访问和动态数据管理的应用。在实际的应用中,常常会根据不同的情况综合运用这些数据组织形式来提高数据的存储和访问效率。

11.1.2 文件的操作方法

文件操作是程序与外部文件进行交互的重要方式,允许程序读取外部文件的内容、将数据写入文件以及对文件进行修改和删除等操作。Python通过提供文件对象对文件进行操作。

Python文件对象常用的基本属性和方法,如表11-1和表11-2所示。

表11-1 文件对象的部分基本属性

属性	描述
file.closed	如果文件已关闭则返回True,否则返回False
file.mode	获得被打开文件的访问模式
file.name	获得文件名称

表11-2 文件对象的部分常用方法

方法	功能
file.close()	关闭文件。关闭文件后不能再进行读写操作
file.flush()	刷新文件内部缓冲,把内部缓冲区的数据立刻写入文件,而不是被动地等待输出缓冲区写入
file.fileno()	返回一个整型的文件描述符,可以用在如os模块的read()方法等一些底层操作上
file.isatty()	如果文件连接到一个终端设备则返回True,否则返回False
file.next()	返回文件下一行
file.read([size])	从文件读取由size指定字节的字符。如果未给定或为负数,则读取所有字符
file.readline([size])	读取整行内容,包括"\n"字符
file.readlines([sizeint])	读取所有行并返回列表。若给定sizeint>0,则是设置一次读多少字节
file.seek(offset[,whence])	设置文件当前位置
file.tell()	返回文件当前位置
file.truncate([size])	截取文件。截取的字节通过size指定,默认为当前文件位置
file.write(str)	将字符串写入文件,返回写入的字符长度
file.writelines(sequence)	向文件写入一个序列字符串列表,如果需要换行则加入每行的换行符

1. 打开文件

Python可以使用内置函数open()来打开文件,返回一个文件对象。open()函数语法如下。

fileObject = open(fileName[,accessMode][,buffering][,encoding = 'UTF-8'])

其中,

> fileName:是一个包含要访问的文件名称的字符串,该字符串包含文件所在的路径。
> accessMode:决定了打开文件的模式,如只读,写入和追加等。默认为只读。
> buffering:如果值被设为 0,则不会寄存;如果值取 1,则访问文件时会寄存行;如果值设为大于 1 的整数,表示这是用户指定的寄存区的缓冲大小;如果取负值,寄存区的缓冲大小则为系统默认。
> encoding:指定编码来打开文件。

金融数据存放在二进制文件中不常见,故本书只介绍打开文本文件的模式。常见的文件打开模式有读取模式('r')、写入模式('w')和追加模式('a')等,如表 11-3 所示。

表 11-3 常见的打开文本文件的模式

打开文本文件的模式	解 释 描 述
r	以只读方式打开文件,是打开文件的默认方式,文件的指针在文件开始
w	以写入方式打开文件。如果文件已存在,则删除文件内的内容,重新开始写入文件;如果文件不存在,则创建一个文件写入
a	以追加的方式打开文件。如果文件已存在,文件指针定位文件的结尾,新写入的内容放在原文件内容的后面;如果文件不存在,则创建一个文件写入
r+	以读写方式打开文件,文件的指针在文件的开始
w+	以读写方式打开文件。如果文件已存在,则删除文件内的内容,重新开始写入文件;如果文件不存在,则创建一个文件写入
a+	以读写方式打开文件。如果文件已存在,文件指针定位文件的结尾,新写入的内容放在原文件内容的后面;如果文件不存在,则创建一个文件写入

【例 11-1】 以读取模式打开一个在当前工作目录下的文件的示例。

参考源码如下。

```
file = open('example.txt', 'r')
# 后续操作
pass
```

2. 读取文件

常用的方法是使用文件对象的 read()方法来读取整个文件的内容,并将其作为一个字符串返回。

【例 11-2】 读取刚刚打开的文件内容的示例。

参考源码如下。

```
file = open('example.txt', 'r')
content = file.read()
print('content is {}'.format(content))
```

除了使用文件对象的 read()外,还可以使用 readline()方法逐行读取文件的内容,或使用 readlines()方法将文件的内容按行读取并返回一个包含各行内容的列表。

【例 11-3】 逐行读取文件的内容的示例。

参考源码如下。

```
file = open('example.txt', 'r')
line = file.readline()
while line:
    print('line is {}'.format(line))
    line = file.readline()
```

3. 文件写入操作

要写入文件,需要以写入模式打开文件,并使用文件对象的write()方法将数据写入文件。

【例11-4】 在文件中写入一行文本的示例。

参考源码如下。

```
file = open('example.txt', 'w')
file.write('Hello, world!')
```

在写入文件时,还可以使用文件对象的writelines()方法将多行文本一次性写入文件。

【例11-5】 一次性写入三行文本到文件中的示例。

参考源码如下。

```
lines = ['这是一本Python程序设计教材\n', '面向经管类学生\n', '所有例程在Python12.1下运行通过\n']
file.writelines(lines)
```

说明:\n是格式控制符,表示换行。注意:换行和回车的区别。

4. 关闭文件

在进行文件操作后,为了避免内存泄漏,应该在文件读写操作完成后使用文件对象的close()方法来关闭文件。

【例11-6】 关闭已打开的文件的示例。

参考源码如下。

```
file.close()
```

使用open()方法打开文件,若文件不存在,则会报FileNotFoundError错误。此时,对应的close()方法将不被执行。为正确地关闭文件,一般使用异常处理语句try…except…finally来实现。

Python引入了更为简洁的with open语句来打开文件。with语句(见10.4.3节)会在代码块结束后自动调用文件对象的close()方法关闭文件,无须显式调用close()方法。

【例11-7】 使用with语句来打开文件并读取其内容的示例。

参考源码如下。

```
with open('example.txt', 'r') as file:
    content = file.read()
    print(content)
```

with open语句打开文件,是推荐使用的方式。使用时,要注意文件对象后面的英文冒号和缩进。

5. 文件修改与删除

修改文件的内容,可以先读取文件的内容,然后对内容进行修改,最后将修改后的内容写入文件。

删除文件,可以使用os模块中的remove()函数。

【例11-8】 删除当前工作目录下名为example.txt的文件的示例。

参考源码如下。

```
import os
os.remove('example.txt')
```

Python 文件的操作是对文件进行读取、写入和修改等操作的过程。通过使用内置函数 open() 打开文件，可以使用文件对象的 read()、readline() 和 readlines() 方法来读取文件的内容，使用文件对象的 write() 和 writelines() 方法来写入文件，使用 os.remove() 函数来删除文件。为了避免内存泄漏，应该在操作完成后关闭文件，可以调用文件对象的 close() 方法或 with 语句来实现。

11.2 .csv 文件和 .txt 文件的读取与操作

.csv 文件和 .txt 文件是常见的文本文件格式，它们在数据处理和存储中起着重要的作用。

.csv 文件是一种以逗号作为字段分隔符的文本文件，它的主要作用是存储和交换大量结构化数据。.csv 文件通常由一行一行的记录组成，每行记录由多个字段（列）组成，字段之间使用逗号进行分隔。.csv 文件可以使用任何文本编辑器打开，也可以由 Excel 打开。

.txt 文件是一种纯文本文件，没有特定的结构或格式。.txt 文件可以包含任何类型的文本数据，如普通文本、代码、日志等。.txt 文件常用写字板或记事本打开。

.csv 文件和 .txt 文件在不同的应用场景中有着不同的作用。.csv 文件适用于需要存储和处理结构化数据，.csv 文件的通用性和易用性被广泛应用于数据交换、数据备份和数据导入导出等场景。

相比之下，.txt 文件的应用场景更加广泛。.txt 文件的简单性和通用性，使它可以用于存储各种类型的文本数据。例如，在程序开发中，.txt 文件常用于存储和共享代码片段、配置文件和日志信息。在网络通信中，.txt 文件可以用于存储和传输文本消息。

11.2.1 .csv 文件的操作

Python 对 csv 文件进行操作，通常有两种方式，一种是利用 csv 模块，另一种是利用 Pandas 模块。

1. 利用 csv 模块对 CSV 文件进行操作

首先需要导入 csv 模块。可以使用以下语句导入 csv 模块。

```
import csv
```

（1）读取 .csv 文件。

要读取 .csv 文件，可以使用 csv.reader() 函数。

【例 11-9】 读取 .csv 文件的示例。

参考源码如下。

```
import csv
with open("stockPrices.csv", "r",encoding = "UTF-8") as file:
    csvReader = csv.reader(file)
    for row in csv_reader:
        print(row)
```

运行结果：

```
['股票代码', '收盘价', '成交数量']
["'001'", '100.8', '1000']
["'003'", '96.2', '500']
["'002'", '117.0', '300']
["'004'", '', '200']
```

在本例中,使用 open()函数以读方式打开.csv 文件,将文件对象命名为 file。调用 csv.reader() 函数创建一个 CSV 读取器对象,并将其赋给 csvReader 变量。使用 for 循环遍历读取文件对象的每一行,并对每一行进行操作。

(2) 写入.csv 文件。

要写入.csv 文件,可以调用 csv.writer()函数。

【例 11-10】 写入.csv 文件的示例。

```
import csv
with open("stock.csv ", "w",encoding = "UTF - 8",newline = "") as file:
    csvWriter = csv.writer(file)
    csvWriter.writerow(["001", 9, 100])
    csvWriter.writerow(["002", 7, 200])
    csvWriter.writerow(["003", 6, 100])
```

在本例中,使用 open()函数以写方式打开.csv 文件,将文件对象命名为 file。调用 csv.writerow() 函数创建一个 CSV 写入器对象,并将其赋给 csvWriter 变量。调用 writerow()方法写入.csv 文件的每一行。

一个小技巧:打开文件时,加上 newline="",可以避免在 CSV 文件中出现空行。

【例 11-11】 读写.csv 文件的示例。

参考源码如下。

```
import csv
with open("stock.csv ", "w + ",encoding = "UTF - 8",newline = "") as file:
    csvWriter = csv.writer(file)
    csvWriter.writerow(["004", 5, 100])
    csvWriter.writerow(["005", 4, 200])
    csvWriter.writerow(["006", 3, 100])
    #返回文件的开始
    file.seek(0)
    csvReader = csv.reader(file)
    for row in csvReader:
        print(row)
```

运行结果:

```
['004', '5', '100']
['005', '4', '200']
['006', '3', '100']
```

在本例中,使用 open()函数以读写方式打开.csv 文件,将文件对象命名为 file。调用 csv.writerow()函数创建一个 CSV 写入器对象,并将其赋给 csvWriter 变量。调用 writerow()方法写入.csv 文件的每一行。

注意:以写或读写模式打开文件时,会覆盖原有文件内容,写完后,文件指针是指向文件末尾,需要将文件指针指向开始后,才能读取文件所有内容。

【例 11-12】 以追加模式读写.csv 文件的示例。

参考源码如下。

```
import csv
with open("stock.csv ", "a + ",encoding = "UTF - 8",newline = "") as file:
    csvWriter = csv.writer(file)
    csvWriter.writerow(["001", 5, 100])
    csvWriter.writerow(["002", 4, 200])
```

```
csvWriter.writerow(["003", 3, 100])
#返回文件的开始
file.seek(0)

csvReader = csv.reader(file)
for row in csvReader:
    print(row)
```

执行结果：

```
['004', '5', '100']
['005', '4', '200']
['006', '3', '100']
['001', '5', '100']
['002', '4', '200']
['003', '3', '100']
```

在本例中，使用 open() 函数以追加读写方式，打开 .csv 文件，将文件对象命名为 file。调用 csv.writerow() 函数创建一个 CSV 写入器对象，并将其赋给 csvWriter 变量。调用 writerow() 方法写入 .csv 文件的每一行。写入的内容添加到文件原有内容的后面。

默认情况下，csv 模块使用逗号作为字段之间的分隔符。但是，也可以使用其他字符作为分隔符。

【例 11-13】 使用其他分隔符的 .csv 文件打开示例。

参考源码如下。

```
import csv
with open("stock.csv", "r") as file:
    csvReader = csv.reader(file, delimiter = ";")
    for row in csvReader:
        print(row)
```

执行结果：

```
['001', '5', '100']
['002', '4', '200']
['003', '3', '100']
['004', '5', '100']
['005', '4', '200']
['006', '3', '100']
```

在本例中，将分隔符设置为分号。在 csv.reader() 函数中使用 delimiter 参数来指定分隔符。

有时，.csv 文件中的字段可能包含特殊字符，如逗号或换行符。为了正确处理这些特殊字符，可以使用引号。

【例 11-14】 数据使用引号的 .csv 文件打开示例。

参考源码如下。

```
import csv
with open('file.csv', 'w + ',newline = '') as file:
    csvWriter = csv.writer(file, quoting = csv.QUOTE_ALL)
    csvWriter.writerow(['column1', 'column2', 'column3'])
    csvWriter.writerow(['"value1"', '"value2"', '"value3"'])
```

```
        file.seek(0)
        csvReader = csv.reader(file)
        for row in csvReader:
            print(row)
```

执行结果:

```
['column1', 'column2', 'column3']
['"value1"', '"value2"', '"value3"']
```

在本例中,所有字段周围使用引号。将 quoting 参数设置为 csv.QUOTE_ALL(csv 模块中的一个常量(等于 0),表示 write 对象给所有字段值加引号),在 csv.writer 函数中使用 quoting 参数来指定引号的使用方式。

除了上述基本操作之外,csv 模块还提供了其他一些功能,如处理表头、跳过空行、读取特定列等。如果需要更多高级操作,可以查阅 csv 模块的官方文档。

2. 利用第三方 Pandas 模块进行 .csv 文件操作

首先要进行安装。安装 Pandas 的命令如下。

```
pip install pandas
```

可以使用以下语句导入 pandas 模块:

```
import pandas as pd
```

如果使用 Anaconda 中的各种开发环境,则无须安装。

本节仅介绍 Pandas 读取 .csv 文件的常用方法。

【例 11-15】 利用 Pandas 读取 .csv 文件的示例。

参考源码如下。

```
import pandas as pd
stockData = pd.read_csv("stock.csv")
print(stockData)
```

执行结果:

```
  股票代码;股票价格;成交量
0       001;5;100
1       002;4;200
2       003;3;100
3       004;5;100
4       005;4;200
5       006;3;100
```

在本例中,使用 Pandas 中的 read_csv() 函数打开 CSV 文件,并将其赋值给 stockData 数据框(DataFrame 是 Pandas 的一种数据结构)。使用 print() 函数将其在屏幕上显示出来。

11.2.2 .txt 文件的操作

本节将介绍 Python 中 .txt 文件的基本操作方法。

(1)创建一个 .txt 文件。

Python 可以使用内置的 open() 函数来创建一个新的 .txt 文件。使用 open() 函数时,需要指定文件的名称和打开模式。例如,要创建一个名为"example.txt"的 .txt 文件,可以使用以下代码。

```
file = open("example.txt", "w")
```

在本例中,"w"表示写入模式。这意味着可以向文件中写入数据。如果指定的文件不存在,Python将自动创建一个新的文件。如果文件已经存在,它会被覆盖。

(2) 写文件。

一旦创建了一个.txt文件,就可以调用文件对象的write()方法向文件中写入数据。例如,可以使用以下代码将一些字符串(文本)写入文件中。

```
file.write("Hello, world!")
```

在本例中,调用文件对象的write()方法将字符串"Hello,world!"写入文件中。

(3) 读文件。

除了写入数据,调用文件对象的read()方法可从.txt文件中读取数据。例如,可以使用以下代码读取文件中的内容。

```
content = file.read()
```

在本例中,调用文件对象的read()方法将文件中的内容读取到变量content中。

(4) 关闭文件。

在使用完TXT文件后,应该调用文件对象的close()方法关闭文件。这是一个必要的步骤,因为它确保文件在使用完毕后被正确关闭,释放系统资源。关闭文件的代码如下。

```
file.close()
```

(5) 其他方法。

除了调用文件对象的write()和read()方法,还可以使用其他方法来操作.txt文件。以下是一些常用的方法。

```
readline(): 用于逐行读取文件内容。
writelines(): 用于向文件中写入多行数据。
seek(): 用于移动文件指针的位置。
```

11.3 .csv文件和.txt文件在金融领域的应用

在金融领域中,数据的处理和分析是至关重要的,而Python提供了许多功能强大的库和模块,使得处理金融数据变得更加简单和高效。其中,.csv和.txt文件是金融数据中常用的数据格式之一。

【例11-16】从包含股票交易数据的.csv文件中读取数据,计算平均交易价格、最高交易价格的示例。文件名为sh.csv。

参考源码如下。

```python
import csv
#自定义一个读CSV文件的函数
def readCsvFile(filePath):
    with open(filePath, "r", encoding = "UTF-8") as file:
        reader = csv.reader(file)
        data = [row for row in reader]
    return data
```

```python
# 自定义一个分析操作 CSV 文件数据的函数
def analyzeStockData(data):
    prices = [float(row[3]) for row in data[1:]]    # 获取交易价格列表
    averagePrice = sum(prices) / len(prices)         # 计算平均交易价格
    maxPrice = max(prices)                           # 计算最高交易价格
    return averagePrice, maxPrice

filePath = "sh.csv"
data = readCsvFile(filePath)
averagePrice, maxPrice = analyzeStockData(data)
print(f"Average Price: {averagePrice:.2f}")
print(f"Max Price: {maxPrice}")
```

执行结果：

```
Average Price: 2650.58
Max Price: 2821.35
```

【例 11-17】 将例 11-16 的结果保存到一个 .csv 文件中并读出的示例。

参考源码如下。

```python
import csv
# 自定义一个读 CSV 文件的函数
def readCsvFile(filePath):
    with open(filePath, "r", encoding = "UTF-8") as file:
        reader = csv.reader(file)
        data = [row for row in reader]
    return data

# 自定义一个分析操作 .csv 文件数据的函数
def analyzeStockData(data):
    prices = [float(row[3]) for row in data[1:]]    # 获取交易价格列表
    averagePrice = sum(prices) / len(prices)         # 计算平均交易价格
    maxPrice = max(prices)                           # 计算最高交易价格
    return averagePrice, maxPrice

# 自定义一个写 .csv 文件的函数
def writeCsvFile(filePath, data):
    with open(filePath, 'w', newline = '', encoding = "UTF-8") as file:
        writer = csv.writer(file)
        writer.writerows(data)

# 自定义一个读取并在屏幕上显示 .csv 文件内容的函数
def printCsvFile(filePath):
    with open(filePath, "r", encoding = "UTF-8") as file:
        reader = csv.reader(file)
        for row in reader:
            print(row)

# 计算平均价格和找出最高价
filePath = "sh.csv"
data = readCsvFile(filePath)
averagePrice, maxPrice = analyzeStockData(data)

# 将计算结果存入 .csv 文件中
filePath = "shResult.csv"
data = [['平均价格', '最高价'], [round(averagePrice,2), maxPrice]]
```

```
writeCsvFile(filePath, data)
# 从刚存入数据的.csv文件中读出数据
printCsvFile(filePath)
```

执行结果：

```
['平均价格', '最高价']
['2650.58', '2821.35']
```

【例11-18】 一个包含股票代码的.txt文件，每行一支股票代码。可以使用Python的open()函数来打开该文件，使用readlines()方法读取文件中的所有行的示例。

参考源码如下。

```
# 自定义一个使用readlines()方法读取.txt文件内容的函数
def readTxtFile(filePath):
    with open(filePath, 'r') as file:
        data = file.readlines()
    return data

filePath = 'stockCodes.txt'
data = readTxtFile(file_path)
print(data)
```

【例11-19】 将数据保存到一个.txt文件中。利用Python的open()函数来创建一个.txt文件，使用write()方法将数据写入其中的示例。

参考源码如下。

```
# 自定义一个使用readlines()方法读取.txt文件内容的函数
def readTxtFile(filePath):
    with open(filePath, 'r') as file:
        data = file.readlines()
    return data


# 自定义一个将数据写入TXT文件的函数
def writeTxtFile(filePath, data):
    with open(filePath, 'w') as file:
        file.write(data)

filePath = 'result.txt'
data = 'This is the result of data processing.'
# 将data写入文件result.txt
writeTxtFile(filePath, data)
# 从文件result.txt中读出数据
print(readTxtFile(filePath))
```

执行结果：

```
['This is the result of data processing.']
```

【例11-20】 编写一个简单的程序，计算存款利息，并将结果输出到文件中。

参考源码如下。

```
principal = float(input("请输入存款金额："))
period = int(input("请输入存款期限(月)："))
rate = 0.03
```

```
name, id_card, phone = input("请输入您的姓名、身份证号、手机号(用空格隔开): ").split()
interest = principal * rate * period / 12
with open("interest.txt", "w") as f:
    print("姓名: " + name, file = f)
    print("身份证号: " + id_card, file = f)
    print("手机号: " + phone, file = f)
    print("存款金额: " + str(principal), file = f)
    print("存款期限(月): " + str(period), file = f)
    print("存款利息: " + str(interest), file = f)
print("您好," + name + "!您的存款利息为: " + str(interest))
```

在本例中,计算存款利息,并将结果输出到文件 interest.txt 中。程序使用 with 语句打开文件,并使用 print()函数将结果依次输出到文件中。注意:这里需要将数字转换成字符串才能输出。程序还会在屏幕上输出问候语和计算结果。

使用和操作.csv 和.txt 文件时需要注意一些关键事项,以确保数据的准确性和完整性。

(1) 显式地打开和关闭文件。

在使用 Python 进行文件操作之前,必须调用内置函数 open()打开文件。在打开文件时,需要指定文件的路径和打开模式。打开的文件会占用系统资源,如果不及时关闭文件,可能会导致资源泄露和程序异常。推荐使用 with 语句来自动关闭文件,以避免内存泄漏。

(2) 正确设置文件编码的格式。

为了正确读取和写入文件内容,确保使用正确的编码方式。在打开文件时,可以使用 encoding 参数指定文件的编码方式打开文件。常见的编码方式包括 UTF-8、GBK 等。如果不指定编码方式,默认使用系统的默认编码方式。在读取文件内容时,可以使用 decode()函数将字节流解码为字符串。在写入文件内容时,可以使用 encode()函数将字符串编码为字节流。

(3) 导入 csv 模块处理.csv 文件。

在处理 CSV 文件时,可以使用 Python 的 csv 模块来读取和写入文件。在读取和写入 CSV 文件时,还可以指定分隔符和引号字符,以适应不同的数据格式。

(4) .txt 文件的处理。

在处理.txt 文件时,可以使用 Python 的文件操作方法来读取和写入文件。使用 read()方法可以读取整个.txt 文件,而使用 write()方法可以将内容写入.txt 文件。

(5) 考虑文件操作的异常处理。

在使用和操作.csv 和.txt 文件时,可能会遇到一些异常情况,如文件不存在、权限错误等。为了确保程序的稳定性,应该使用异常处理机制来捕获和处理这些异常。可以使用 try…except…finally 语句来捕获异常,并在出现异常时执行相应的处理逻辑。

通常在进行文件操作时,使用 try…except 语句来捕获异常,并在 except 块中处理异常情况。常见的文件操作异常包括 FileNotFoundError、PermissionError 等。

习题 11

一、填空题

1. 使用内置的 open()函数打开文件时,可以指定模式('r','w','a','r+','w+','a+')。如果不指定模式,默认为_____。

2. 使用文件对象的_____方法来读取文件内容。

3. 使用文件对象的_____方法来写入文件内容。

4. 使用文件对象的_____方法来关闭文件。

5. 使用上下文管理关键字_____可以自动管理文件对象,不论何种原因结束该关键字中的语句块,都能保证文件被正确关闭。

6. 使用文件对象的_____方法来刷新文件内部缓冲区。

7. 使用文件对象的_____方法来截断文件。

8. 使用文件对象的_____属性来获取或设置文件的字符编码。

9. 使用文件对象的_____属性来获取文件名称。

10. 使用文件对象的_____属性来判断文件是否已经关闭。

二、编程题

1. 编写一个向.txt文件写数据的函数writeToTxtFile(fileName,encode,content),其中,fileName是文件名,encode是文件编码,content是要向文件写入的内容。

2. 编写一个读取.txt文件的函数readTxtFile(fileName,encode),其中,fileName是文件名,encode是文件编码。

3. 编写一个读取.txt文件每一行(显示行号)的函数readTxtFileLine(fileName,encode),其中,fileName是文件名,encode是文件编码。

4. 编写一个向.csv文件写数据的函数writeToCsvFile(fileName,encode,content),其中,fileName是文件名,encode是文件编码,content是要向文件写入的内容。

5. 编写一个读取.csv文件的函数readTxtFile(fileName,encode),其中,fileName是文件名,encode是文件编码。

习题11

第12章

Python数据分析可视化简介

数据可视化在现代数据分析领域中扮演着重要的角色,具有广泛的应用场景。Python数据分析可视化是指利用Python编程语言进行数据分析,通过Python的各种可视化工具将分析结果以图表、图形等形式展示出来的过程。

12.1 可视化的概念

可视化是指使用图形、图表、图像等可视元素来呈现数据和信息的过程。通过将抽象的数据转换为图形,以便人们能够发现其中的模式、趋势和联系。

可视化的主要目的是通过视觉手段来传达信息,帮助人们更好地理解和分析数据。可视化不仅是将数据简单地呈现出来,还需要考虑如何选择合适的图形形式、设计有效的视觉元素,以及如何通过交互和动态效果来帮助人们从数据中获取新的信息。

Python数据分析可视化可以帮助人们通过将数据以图表、图形等形式展示出来,直观地观察和分析数据的特征、趋势和关系,理解和解释数据及发现数据中隐藏的信息;较直观地观察到数据中的模式,发现数据背后的规律和机制。

可视化图形常用于趋势分析(含模式发现)、数据对比、数据组成、数据分布及联系(如关联性)等方面,以下是一些常用图形的概述。

(1)折线图。

折线图通常沿横轴标记类别,沿纵轴标记数值。用于展示数据随时间变化的趋势,常用于股票价格、气温变化等时间序列数据的可视化。例如,折线图可以用于展示股票价格的走势、利率的变化、经济指标的趋势等,帮助分析师和投资者了解市场的动态。

(2)条形图(柱状图)。

条形图以宽度相等的条形长度的差异显示统计指标数值大小的一种图形,它通常显示多个项目之间的比较情况。在条形图中,通常沿纵轴标记类别,沿横轴标记数值。

柱状图是以宽度相等的柱形高度的差异显示统计指标数值大小的一种图形,用于显示一段时间内的数据变化或显示各项之间的比较情况。与条形图不同的是,在柱状图中,通常沿横轴组织类别,沿纵轴组织数值。可认为是条形图的坐标轴的转置。用于比较不同类别之间的数据。例如,柱状图可以用于比较不同产品的销售额、不同地区的经济增长率等,帮助决策者做出合理的决策。

(3)散点图。

散点图将数据显示为一组点,用两组数据构成多个坐标点,通过观察坐标点的分布,判断两变量之间是否存在某种关联或总结坐标点的分布模式。用于展示两个变量之间的关系,常用于探索变量之间的关联性和趋势。例如,散点图可以用于探索变量之间的关联性,如股票收益率与利率之间的关系,帮助分析师发现潜在的投资机会。

(4) 饼图。

饼图以一个完整的圆表示数据对象的全体,其中,扇形面积表示各个组成部分。饼图常用于描述百分比构成,其中每一个扇形代表一类数据所占的比例。饼图用于展示不同类别之间的占比关系,常用于展示不同产品的市场份额、不同行业的市场占比等。例如,饼图可以用于展示不同投资组合的资产配置比例、不同行业的市场份额等,帮助投资者进行资产配置和风险管理。

(5) 箱线图。

箱线图利用数据的统计量描述数据的一种图形。一般包括上界、上四分位数、中位数、下四分位数、下界和异常值这6个统计量,提供有关数据位置和分散情况的关键信息。箱线图用于展示数据的分布情况和离群值,常用于比较不同组数据的中位数、四分位数等。例如,箱线图可以用于比较不同组数据的分布情况和离群值,如不同基金的收益率分布,帮助投资者评估风险和收益的平衡。

(6) 热力图。

热力图通过颜色的深浅表示数据的分布,颜色越浅数据越大,可以容易分辨出数据的分布情况。热力图用于展示数据的热度和相关性,常用于展示地理数据的热度分布、变量之间的相关性矩阵等。例如,热力图可以用于展示地理数据的热度分布,如房价的热度分布、股票市场的热度分布等,帮助投资者找到潜在的投资机会。

(7) 雷达图(也称戴布拉图、蜘蛛网图)。

雷达图将多个维度的数据映射到坐标轴上,这些坐标轴起始于同一个圆心点,通常结束于圆周边缘,将同一组的点使用线连接起来即成为雷达图。在坐标轴设置恰当的情况下,雷达图所围面积能表现出一些信息量。雷达图将纵向和横向的分析比较方法结合起来,可以展示出数据集中各个变量的权重高低情况,非常适用于展示性能数据。

(8) 面积图。

面积图类似于折线图,但可以用于展示多个类别之间的堆积关系,通常用于时间序列数据。面积图不仅更加强调峰值和谷底,还强调了高峰和低谷的持续时间。高峰持续时间越长,线下面积就越大。

总之,不同的可视化图形适用于不同的数据类型和分析目的,在金融领域中可以帮助分析师和投资者更好地理解和解释数据,做出合理的决策。

12.2 Python 可视化库 Matplotlib

Matplotlib 是一个非常成熟的 Python 可视化库,已经有 20 多年的历史。经过多年的发展,Matplotlib 现在已经成为 Python 生态系统中重要的基础可视化工具。构建了一个庞大的社区,提供了大量的教程、示例和插件,帮助用户更好地学习和使用这个库。在 Python 数据科学和机器学习社区中得到了广泛的应用。

除了 Matplotlib 本身的发展,一些基于 Matplotlib 的扩展库也在不断发展。例如,Seaborn 是一个基于 Matplotlib 的高级数据可视化库,提供了更多的统计图表和美学风格;Pandas 也提供了一些常用图形绘制方法;Plotly 作为一个交互式可视化库,可以生成漂亮的 Web 应用程序和可嵌入的图形。

Matplotlib 的主要组件如下。

(1) Figure。

表示整个图形窗口,可以包含多个子图。

(2) Axes。

表示子图,包含坐标轴和数据绘图区域。

(3) Axis。

表示坐标轴,包含刻度、刻度标签和坐标轴标签等。

(4) Artist。

表示图形中的各种元素,如线条、文本、图例等。

Matplotlib 的语法结构非常灵活,可以通过调用各种函数和方法来创建、修改和定制各种图形。Matplotlib 支持多种输出格式,如图片文件、PDF 文件、SVG 文件等。

12.2.1 Matplotlib 简介

Matplotlib 是一个 Python 的绘图库,用于生成各种类型的静态、动态、交互式的数据可视化图表。它是 Python 中最流行的绘图库之一,被广泛应用于数据分析、机器学习、科学计算、金融分析等领域。

Matplotlib 的发展历程可以追溯到 2003 年,由 John D. Hunte 在 2003 年创建,最初是为 Python 提供类似于 MATLAB 的绘图功能,在 Python 中创建类似于 MATLAB 的图形。

最初版本的 Matplotlib 只是一个简单的绘图库。随着 Matplotlib 不断发展壮大,引入了更多的绘图类型和功能。2007 年,Matplotlib 0.91 引入了 3D 绘图功能,可以可视化三维数据。同时,Matplotlib 还增加了更多的输出格式,如 PDF、SVG 等,可以方便地将图形嵌入文档或网页中。2011 年,Matplotlib 1.0 发布,引入了更好的图形风格和更高效的渲染引擎。2013 年,Matplotlib 1.3 发布,引入了交互式绘图功能。

目前,最新版本是 Matplotlib 3.x 系列,引入了更多的功能,包括文本渲染、坐标轴控制和颜色映射等。

总之,Matplotlib 是一个经过多年发展和改进的成熟可视化库,在 Python 数据科学和机器学习社区中得到了广泛应用。Matplotlib 具有如下主要特点。

(1) 兼容性强。

Matplotlib 可以在各种操作系统和 Python 环境下运行,包括 Windows、Linux、macOS 等。

(2) 灵活性高。

Matplotlib 提供了丰富的绘图功能和可自定义的样式选项,满足各种不同的绘图需求。

(3) 易于使用。

Matplotlib 具有简单易懂的 API 和丰富的文档,用户可以快速上手,并且可以根据需要进行深入学习。

(4) 可扩展性强。

Matplotlib 可以与其他 Python 库和工具集成使用,如 NumPy、Pandas、SciPy 等,可以轻松实现复杂的数据可视化任务。

Matplotlib 主要应用于以下几个领域。

(1) 数据分析。

Matplotlib 可以用于生成各种类型的数据可视化图表,如线图、散点图、柱状图、饼图等,帮助用户更好地理解数据。

（2）科学计算。

Matplotlib 可以用于绘制科学计算的结果，如函数图、等高线图、3D 图等。

（3）金融数据分析。

Matplotlib 可以用于生成股票价格走势图、K 线图等金融分析图表，帮助投资者进行决策。

（4）机器学习。

Matplotlib 可以用于绘制训练过程中的损失函数曲线、分类边界等，帮助用户选择模型参数（如 K-means 中的 k 值）、评估模型的性能和表现。

总之，Matplotlib 是一个功能强大、易于使用、兼容性广泛的 Python 绘图库，可以满足各种不同领域的数据可视化需求。

12.2.2　Matplotlib 安装

Matplotlib 是一个 Python 库，可以通过 pip 包管理器进行安装。以下是 Matplotlib 的安装和配置步骤。

（1）安装 Python。

Matplotlib 是一个 Python 库，因此需要先安装 Python。可以从 Python 官网下载安装程序，然后按照提示进行安装。

（2）安装 pip。

pip 是 Python 的包管理器，用于安装和管理 Python 库。在安装 Python 时，通常会自动安装 pip。如果没有安装 pip，可以先下载安装脚本进行安装。

（3）安装 Matplotlib。

使用 pip 安装 Matplotlib 非常简单，在命令行中运行以下命令即可。

```
pip install matplotlib
```

将自动下载和安装最新版本的 Matplotlib 库。如果需要安装特定版本的 Matplotlib，可以在命令中指定版本号，例如：

```
pip install matplotlib==3.8.3
```

注：在安装 Anaconda 时，已自动安装了 matploylib 库，不需要重新安装；且 Anaconda 在其环境中，还会提示新版本的更新提示，由使用者自主选择是否更新。

12.2.3　基本绘图

在 Matplotlib 中，图形（类 matplotlib.pyplot.figure 的一个实例）可以被认为是一个包括所有维度、图像、文本和标签对象的容器。

维度（类 matplotlib.pyplot.axes 的一个实例）就是看到的图像，一个有边界的格子包括刻度和标签及画在上面的图表元素。

通常使用变量名 fig 来标识图形对象，以及变量名 ax 来标识维度变量。一旦创建了维度，就可以使用 ax.plot() 方法将数据绘制在图表上。

如果使用 pylab 接口（MATLAB 风格的接口），该接口在后台会自动创建 figure 和 axes 的对象，无须显式地定义图形对象及其维度变量。

Matplotlib 提供了许多用于绘图的函数,这里列举一些常用的函数及其参数说明。

1. plot()函数绘制折线图

函数原型如下。

```
matplotlib.pyplot.plot(*args, scalex=True, scaley=True, data=None, **kwargs)
```

plot()函数常用参数,如表12-1所示。

表12-1　plot()函数常用参数

参数名称	说　　明
args	前两个参数 x,y,可接收 array,表示 x 轴和 y 轴对应的数据。无默认值 第三个参数 color,接收特定 str,表示指定线条的颜色。默认为蓝色
kwargs	linestyle:接收特定 str,表示指定线条类型。默认为实线"-" linewidth:线条宽度,默认为 1 marker:接收特定 str,表示绘制的点的类型。无默认值 alpha:接收 0~1 的 float,表示点的透明度。无默认值

2. scatter()函数绘制散点图

函数原型如下。

```
matplotlib.pyplot.scatter(x, y, s=None, c=None, marker=None, cmap=None, norm=None, vmin=None, vmax=None, alpha=None, linewidths=None, *, edgecolors=None, plotnonfinite=False, data=None, **kwargs)
```

scatter()函数常用参数,如表12-2所示。

表12-2　scatter()函数常用参数

参数名称	说　　明
x,y	接收 array,表示 x 轴和 y 轴对应的数据。无默认值
s	接收数值或一维的 array。表示指定点的大小,若传入一维 array,则表示每个点的大小。无默认值
c	接收颜色或一维的 array。表示指定点的颜色,若传入一维 array,则表示每个点的颜色。无默认值
marker	接收特定 str,表示绘制的点的类型。无默认值
alpha	接收 0~1 的 float,表示点的透明度。无默认值

3. bar()函数绘制柱状图

函数原型如下。

```
matplotlib.pyplot.bar(x, height, width=0.8, bottom=None, *, align='center', data=None, **kwargs)
```

bar()函数常用参数,如表12-3所示。

表12-3　bar()函数常用参数

参数名称	说　　明
x	接收 array,表示 x 轴的位置序列。无默认值
height	接收 array,表示 x 轴所代表数据的数量(柱的高度)。无默认值
bottom	用来指定每个柱底部边框的 y 坐标
width	接收值为 0~1 的 float 型数据,表示指定直方图宽度。默认为 0.8

参数名称	说　　明
color	接收特定 str 或包含颜色字符串的 array，表示颜色。无默认值
edgecolor	柱子边框颜色

4. pie()函数绘制饼图

函数原型如下。

```
matplotlib.pyplot.pie(x,explode = None,labels = None,colors = None,autopct = None,pctdistance = 0.6,shadow = False,labeldistance = 1.1,startangle = 0,radius = 1,counterclock = True,wedgeprops = None,textprops = None,cent er = (0,0),frame = False,rotatelabels = False, *,normalize = True,hatch = None,data = None)
```

pie()函数常用参数，如表 12-4 所示。

表 12-4　pie()函数常用参数

参数名称	说　　明
x	接收 array，表示用于绘制撒的数据。无默认值
explode	接收 array，表示指定每一项距离饼图圆心为 n 个半径。无默认值
labels	接收 array，表示指定每一项的名称。无默认值
colors	接收特定 str 或包含颜色字符串的 array，表示饼图颜色。无默认值
autopct	接收特定 str，表示指定数值的显示方式。无默认值
pctdistance	接收 float，表示指定每一项的比例和距离饼图圆心 n 个半径。默认为 0.6
labeldistance	接收 float，表示指定每一项的名称和距离饼图圆心 n 个半径。默认为 1.1
radius	接收 float，表示饼图的半径。默认为 1
shadow	是否显示阴影，默认为 False

5. imshow()函数绘制热力图

函数原型如下。

```
matplotlib.pyplot.imshow(X,cmap = None,norm = None, *,aspect = None,interpolation = None,alpha = None,vmin = None,vmax = None,origin = None,extent = None,interpolation_stage = None,filternorm = True,filterrad = 4.0,resample = None,url = None,data = None, **kwargs)
```

imshow()函数常用参数，如表 12-5 所示。

表 12-5　imshow()函数常用参数

参数名称	说　　明
X	表示要显示的图像数据。它应该是一个二维或三维的数组
cmap	热力图颜色映射，默认为热度图
interpolation	插值方法，默认为最近邻插值
aspect	纵横比，默认为 'auto'
vmin,vmax	用于设置数据的显示范围

6. boxplot()函数绘制箱线图

函数原型如下。

```
matplotlib.pyplot.boxplot(x,notch = None,sym = None,vert = None,whis = None,positions = None,widths = None,patch_artist = None,bootstrap = None,usermedians = None,conf_intervals = None,meanline = None,showmeans = None,showcaps = None,showbox = None,showfliers = None,boxprops = None,labels = None,flierprops = None,medianprops = None,meanprops = None,capprops = None,whiskerprops = None,manage_ticks = True,autorange = False,zorder = None,capwidths = None, *,data = None)
```

boxplot()函数常用参数,如表 12-6 所示。

表 12-6　boxplot()函数常用参数说明

参 数 名 称	说　　　　明
x	接收 array,表示用于绘制箱线图的数据。无默认值
notch	接收 bool,表示中间箱体是否有缺口。无默认值
sym	接收特定 str,指定异常点形状。无默认值
vert	接收 bool,表示图形是纵向或横向。无默认值
positions	接收 array,表示图形位置。无默认值
widths	接收 scalar 或 array,表示每个箱体的宽度。无默认值
labels	接收 array,指定每一个箱线图的标签。无默认值
meanline	接收 bool,表示是否显示均值线。默认为 False

7. hist()函数绘制直方图

函数原型如下。

```
matplotlib.pyplot.hist(x, bins = None, range = None, density = False, weights = None, cumulative = False, bottom = None, histtype = 'bar', align = 'mid', orientation = 'vertical', rwidth = None, log = False, color = None, label = None, stacked = False, *, data = None, ** kwargs)
```

hist()函数的常用参数,如表 12-7 所示。

表 12-7　hist()函数常用参数说明

参数名称	说　　　　明
x	接收 array 或序列,表示用于直方图的数据。无默认值
bins	接收整数、序列或字符串,表示直方图的柱数,可选项,默认为 10
density	接收 bool,默认值为 False。如果为 True,则绘制并返回概率密度
range	接收 tuple 或 None,默认值为 None。条柱的下限和上限范围。忽略下异常值和上异常值。如果未提供,则范围为(x.min(),x.max())。如果 bins 是序列,则范围不起作用。如果 bins 是序列或指定了范围,则自动缩放基于指定的 bin 范围,而不是 x 的范围
bottom	接收 array、scalar 或 None,默认值为 None。每个箱底部的位置,即从底部到底部绘制箱 + hist(x, bins)。如果是标量,则每个箱的底部移动相同的量。如果是数组,则每个箱子是独立移动的,底部的长度必须与箱子的数量相匹配。如果为 None,则默认为 0
histtype	取值范围为{'bar', 'barstacked', 'step', 'stepfilled'},默认值为'bar'。表示要绘制的直方图的类型。"条形图"是传统的条形直方图。如果给定多个数据,则条形并排排列。'barstacked'是一种条形直方图,其中多个数据相互堆叠。'step'生成一个默认情况下未填充的折线图。'stepfilled'生成一个默认填充的线图
facecolor	直方图的颜色

虽然大多数的 plt()函数都可以直接转换为 ax 的方法进行调用,但是并不是所有的命令都能应用这种情况。特别是用于设置极值、标签和标题的函数都有一定的改变。表 12-8 列出了部分 Matplotlib 绘图相关 MATLAB 风格的函数与功能相同的对象方法。

表 12-8　部分 Matplotlib 绘图相关 MATLAB 风格的函数与功能相同的对象方法

功 能 说 明	MATLAB 风格的函数	对 象 方 法
设置 x 轴标签	plt.xlabel()	ax.set_xlabel()
设置 y 轴标签	plt.ylabel()	ax.set_ylabel()
设置 x 轴刻度	plt.xlim()	ax.set_xlim()
设置 y 轴刻度	plt.ylim()	ax.set_ylim()

续表

功 能 说 明	MATLAB 风格的函数	对 象 方 法
设置图形标题	plt.title()	ax.set_title()
设置图形图例	plt.legend()	ax.legend()

在面向对象接口中,与其逐个调用上面的方法来设置属性,更常见的是使用 ax.set()方法来一次性设置所有的属性。

```
ax = plt.axes()
ax.plot(x, fun(x))                              #绘制折线图
ax.set(xlim = (0, 10), ylim = (0,10),           #设置 x 和 y 轴的取值范围
       xlabel = 'x', ylabel = 'fun(x)',         #设置 x 和 y 轴的名称
       title = 'A Simple Plot for fun(x)');     #设置图形的标题
```

使用 Matplotlib 进行绘图通常需要以下步骤。

(1) 导入 Matplotlib 库。

在 Python 脚本中,首先需要导入 Matplotlib 库中的子模块 pyplot。通常使用以下语句进行导入。

```
import matplotlib.pyplot as plt
```

说明:导入 Matplotlib 的 pyplot 模块,并将其命名为 plt,以便后续使用。

(2) 准备数据。

在绘制图形之前,需要准备好要绘制的数据。例如,可以使用 NumPy 库生成一些随机数据。

```
import numpy as np
x = np.linspace(0, 10, 100)         #生成一个 0~10 的有 100 个元素的等差数列组成数组
y = np.sin(x)                       #生成一个具有 100 个元素的数组
```

这将生成一个包含 100 个点的 x 坐标数组和一个对应的 y 坐标数组,用于绘制正弦函数。

(3) 绘制图形。

使用 Matplotlib 的绘图函数进行绘制。例如,可以使用 plot()函数绘制折线图:

```
plt.plot(x, y)
```

这将在当前图形窗口中绘制一个正弦函数的折线图。

(4) 添加标签和标题。

可以使用 xlabel()、ylabel()和 title()函数添加轴标签和图形标题。例如:

```
plt.xlabel('x')
plt.ylabel('y')
plt.title('Sine Function')
```

(5) 显示图形。

最后,使用 show()函数显示图形。例如:

```
plt.show()
```

这将在新窗口中显示绘制的图形。

除了上述步骤外,Matplotlib 还提供了许多其他的绘图函数和选项,帮助用户创建各种类型的图形。例如,使用 scatter()函数绘制散点图,使用 bar()函数绘制柱状图,使用 pie()函数

绘制饼图等。此外，Matplotlib还支持各种样式和颜色选项，帮助用户自定义图形的外观。

通过 Matplotlib 用户可以轻松地将数据可视化，创建各种类型的常用基本数据分析图形，如折线图、散点图、柱状图、饼图等，以更好地理解和分析数据。

【例 12-1】 绘制一个股票价格走势的折线图的示例。

参考源码如下。

```python
import matplotlib.pyplot as plt
filePath = "stockData.txt"
data = []

with open(filePath, "r", encoding = "UTF-8") as file:
    lines = file.readlines()
    lines = lines[1:]
    for line in lines:
        line = line.strip().split(",")
        date = line[0]
        value = float(line[1])
        data.append((date, value))

dates = [item[0] for item in data]
values = [item[1] for item in data]
fig = plt.figure()              # 创建图形
ax = plt.axes()                 # 创建维度
ax.plot(dates, values)
# 使用 pylab 接口(MATLAB 风格的接口)
# plt.plot(dates, values)

plt.xlabel("Date")
plt.ylabel("closePrice")
plt.title("Stock Data")
plt.show()
```

运行结果如图 12-1 所示。

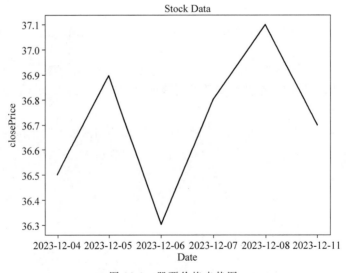

图 12-1　股票价格走势图

在本例中，导入 matplotlib.pyplot 模块，并将日期和数值分别存储在 dates 和 values 列表中；然后，调用 plot() 函数绘制折线图，将日期和数值作为参数传递给该函数；调用 xlabel() 方法设置 x 轴标签为"Date"，调用 ylabel() 函数设置 y 轴标签为"closePrice"，调用 title() 函数设置图表标题为"Stock Data";最后,调用 show()函数显示图形。

注意:axes 对象的使用。

【例 12-2】 绘制一个股票收益率与成交量的关系散点图的示例。

参考源码如下。

```python
import matplotlib.pyplot as plt
# 读取股票数据
filePath = "stockData.txt"
data = []
prePrice = 0
with open(filePath,"r",encoding = 'utf-8') as file:
    lines = file.readlines()
    lines = lines[1:]
    i = 0
    for line in lines:
        line = line.strip().split(",")
        price = float(line[1])

        amount = float(line[2])
        if i!= 0:
            rate = (price - prePrice)/prePrice
            data.append((rate, amount))
        i += 1
        prePrice = price
Amount = [item[1] for item in data]
rate = [item[0] for item in data]
# 绘制散点图
plt.scatter(rate, Amount)
# 添加标签和标题
plt.xlabel('rate')
plt.ylabel('Amount')
plt.title('Relationship between Return and Volume')
# 显示图形
plt.show()
```

运行结果如图 12-2 所示。

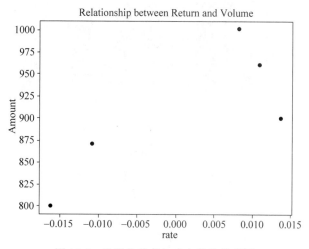

图 12-2 股票收益率与成交量的关系图

在本例中,导入 matplotlib.pyplot 模块,在循环语句中计算出股票每日的收益率,并将收益率和成交量分别存储在收益率和成交量列表 data 中。调用 scatter()函数绘制散点图,将收益率和成交量作为参数传递给该函数。调用 xlabel()函数设置 x 轴标签为"rate",调用 ylabel()

函数设置 y 轴标签为"Amount",调用 title()函数设置图表标题为"Relationship between Return and Volume"。最后,调用 show()方法显示图形。

注意:使用 pylab 接口(MATLAB 风格的接口)plt 对象的使用。

【例 12-3】 绘制一个股票不同时间的成交量的情况的柱状图的示例。

参考源码如下。

```python
import matplotlib.pyplot as plt
filePath = "stockData.txt"
data = []

with open(filePath, "r") as file:
    lines = file.readlines()[1:]
    for line in lines:
        line = line.strip().split(",")
        date = line[0]
        amount = float(line[2])
        data.append((date, amount))

dates = [item[0] for item in data]
Amounts = [item[1] for item in data]
plt.bar(dates, Amounts)
plt.xlabel("Date")
plt.ylabel("Amount")
plt.title("Financial Data")
plt.show()
```

运行结果如图 12-3 所示。

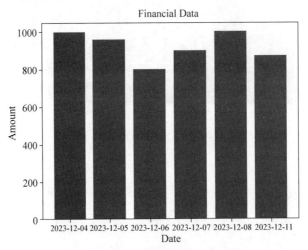

图 12-3 股票不同时间的成交量图

在本例中,导入 matplotlib.pyplot 模块,通过循环语句取出日期和相应的成交量,分别存储在 dates 和 values 列表中。调用 bar()函数绘制柱状图,将日期和数值作为参数传递给该函数。调用 xlabel()函数设置 x 轴标签为"Date",调用 ylabel()函数设置 y 轴标签为"Amount",调用 title()函数设置图表标题为"Financial Data"。最后,调用 show()函数显示图形。

【例 12-4】 绘制一个不同投资组合的饼图的示例。

参考源码如下。

```python
import matplotlib.pyplot as plt
#定义投资组合
labels = ['Stocks', 'Bonds', 'Real Estate', 'Commodities']
```

```
values = [40, 30, 20, 10]
#绘制饼图
plt.pie(values, explode = (0,0.05,0,0), autopct = '%.2f%%', labels = labels)
#添加标题
plt.title('Investment Portfolio')
#显示图形
plt.show()
```

运行结果如图 12-4 所示。

图 12-4 投资组合的配置图

在本例中,导入 matplotlib.pyplot 模块,通过两个列表分别给出了占比值和标签值,关键字参数 explode 规定了各值离圆心的距离,逆时针计算,第二个占比偏离圆心;关键字参数 autopct 规定各占比显示的精度与形式。调用 pie() 函数绘制饼图。最后,调用 show() 函数显示图形。

【例 12-5】 绘制一个展示股票收盘价的分布情况的直方图的示例。

参考源码如下。

```
import matplotlib.pyplot as plt
import numpy as np
#生成随机数据
closingPrices = np.random.randint(100, 200, size = 100)

fig, ax = plt.subplots(figsize = (10, 8))
ax.hist(closingPrices, bins = 20)
ax.set_title('Closing Prices')
plt.show()
```

运行结果如图 12-5 所示。

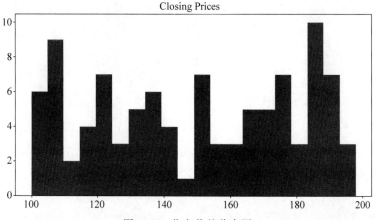

图 12-5 收盘价的分布图

在本例中,导入 matplotlib.pyplot 模块,通过 NumPy 的 random 模块中的 randin() 函数随机生成了 100 个收盘价。调用 hist() 函数绘制直方图。最后,调用 show() 函数显示图形。

【例 12-6】 绘制一个展示股票收盘价的分布情况的箱线图的示例。

参考源码如下。

```
import matplotlib.pyplot as plt
import numpy as np
#生成随机数据
closingPrices = np.random.randint(100, 200, size = 100)
#绘制箱线图
fig, ax = plt.subplots(figsize = (10, 8))
ax.boxplot(closingPrices)
ax.set_title('Closing Prices')
plt.show()
```

执行结果如图 12-6 所示。

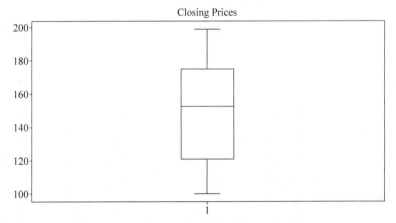

图 12-6　股票收盘价箱线图

在本例中,导入 matplotlib.pyplot 模块,通过 NumPy 的 random 模块中的 randin() 函数随机生成了 100 个收盘价。调用 boxplot() 函数绘制箱线图。最后,调用 show() 函数显示图形。

【例 12-7】 绘制一个展示不同行业的市值排名情况条形图的示例。

参考源码如下。

```
import numpy as np
import matplotlib.pyplot as plt
#生成随机数据
industryNames = ['Technology', 'Finance', 'Healthcare', 'Retail']
marketCaps = np.random.randint(1000000, 10000000, size = 4)
#绘制条形图
fig, ax = plt.subplots(figsize = (10, 8))
ax.barh(industryNames, marketCaps)
ax.set_title('Market Caps by Industry')
ax.set_ylabel('Industry')
ax.set_xlabel('Market Cap')
plt.show()
```

执行结果如图 12-7 所示。

在本例中,导入 matplotlib.pyplot 模块,通过 NumPy 的 random 模块中的 randint() 函数随机生成了 4 个市值。调用 barh() 函数绘制条形图。最后,调用 show() 函数显示图形。

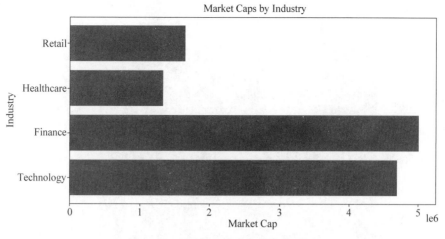

图 12-7 不同行业的市值排名情况图

【例 12-8】 绘制一个不同日期债券收益率的热力图示例。

参考源码如下。

```python
import numpy as np
import matplotlib.pyplot as plt

# 随机生成一个5×5的收益率矩阵
returns = np.random.randn(5, 5)
# 设置行标签和列标签
rowLabels = ['Bond1', 'Bond2', 'Bond3', 'Bond4', 'Bond5']
columnLabels = ['Day 1', 'Day 2', 'Day 3', 'Day 4', 'Day 5']

fig, ax = plt.subplots()
# 绘制热力图
im = ax.imshow(returns, cmap='coolwarm')
# 设置行和列的刻度
ax.set_xticks(np.arange(len(columnLabels)))
ax.set_yticks(np.arange(len(rowLabels)))
ax.set_xticklabels(columnLabels)
ax.set_yticklabels(rowLabels)

# 在热力图上显示数值
for i in range(len(rowLabels)):
    for j in range(len(columnLabels)):
        text = ax.text(j, i, f'{returns[i, j]:.2f}', ha='center', va='center', color='w')
# 添加颜色条
cbar = ax.figure.colorbar(im, ax=ax)
# 设置图表标题
plt.title('Bond Returns')
# 显示图表
plt.show()
```

运行结果如图 12-8 所示。

在本例中，导入 matplotlib.pyplot 模块，通过 NumPy 的 random 模块中的 randint() 随机生成了 5 支债券在 5 天的收益率值。使用 imshow() 方法绘制热力图。最后，使用 show() 方法显示图形。热力图中每个方格的颜色表示对应位置上的收益率值，颜色越深表示收益率越低，颜色越浅表示收益率越高。颜色条可以帮助理解颜色的含义。可以根据实际需要，替换 returns 变量的收益率矩阵数据，以及调整行标签和列标签的内容和顺序。

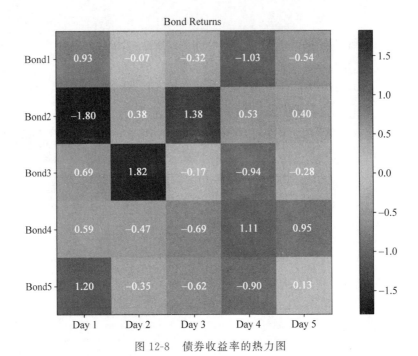

图 12-8 债券收益率的热力图

12.2.4 高级绘图

Matplotlib 高级绘图是在前面基础图形的基础上，提供了更加复杂、更加灵活的绘图功能，可以实现更加高级的数据可视化。

Matplotlib 高级绘图包括以下内容。

1．子图和坐标轴

Matplotlib 允许用户在同一个图中绘制多个子图，并且可以自定义每个子图的坐标轴。这样可以在同一个图中展示多个数据集，或者对同一个数据集从不同角度（方面）进行展示。构建子图的常用方法是调用 plt.axes() 函数。

2．三维绘图

除了能绘制平面图外，Matplotlib 还提供了绘制三维图的功能。

3．动画和交互式绘图

Matplotlib 提供了创建动画和交互式绘图的功能，让用户更加直观地理解数据。

4．样式

Matplotlib 提供了各种自定义选项，可以调整线条、颜色、字体等细节，以及添加标签、注释等样式元素，使图形更加美观、易读。

以下是六个与金融场景相关的例程，演示如何使用 Matplotlib 绘制子图、3D 图、动图、雷达图和小提琴图。

【例 12-9】 绘制两个子图，一个是收盘价的折线图，另一个是成交量的条形图的示例。

参考源码如下。

```
import matplotlib.pyplot as plt
import numpy as np
#生成随机数据
```

```
closingPrices = np.random.randint(100, 200, size = 100)
volumes = np.random.randint(1000, 5000, size = 100)
#绘制子图
fig, axs = plt.subplots(2, 1, figsize = (10, 8))
axs[0].plot(closingPrices)
axs[0].set_title('Closing Prices')
axs[1].bar(range(len(volumes)), volumes)
axs[1].set_title('Volumes')
plt.show()
```

执行结果如图12-9所示。

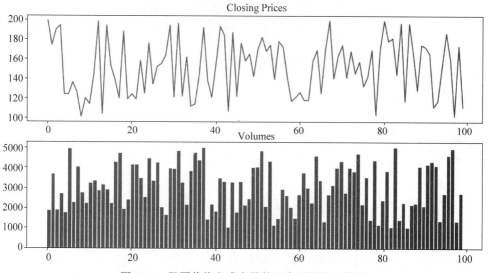

图12-9 股票价格和成交量的两个子图的示例图

【例12-10】 展示不同指标对股票投资的影响的雷达图示例。

参考源码如下。

```
import matplotlib.pyplot as plt
import numpy as np
#指标名称
indicators = ['ROE', 'EPS', 'P/E', 'P/B', 'Dividend Yield']
indicators = np.array(indicators)
#指标得分
scores = [8, 7, 6, 9, 5]
#绘制雷达图
fig = plt.figure(figsize = (10, 8))
ax = fig.add_subplot(111, polar = True)
theta = np.linspace(0, 2 * np.pi, len(indicators), endpoint = False)
theta = np.concatenate((theta,[theta[0]]))
scores = np.concatenate((scores,[scores[0]]))
ax.plot(theta, scores)
ax.fill(theta, scores, alpha = 0.8)
label = np.concatenate((indicators,[indicators[0]]))  #对标签数据进行封闭
ax.set_thetagrids(theta * 180/np.pi, label)
ax.set_title('Investment Indicators')
plt.show()
```

执行结果如图12-10所示。

【例12-11】 展示不同行业的股票收益率分布情况的小提琴图示例。

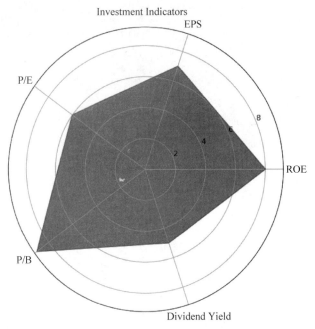

图 12-10　不同指标对股票投资的雷达图

参考源码如下。

```
import matplotlib.pyplot as plt
import numpy as np
#行业名称
industries = ['Technology', 'Finance', 'Healthcare', 'Energy']
#行业收益率数据
techReturns = np.random.normal(0.05, 0.02, size=100)
financeReturns = np.random.normal(0.03, 0.01, size=100)
healthcareReturns = np.random.normal(0.02, 0.01, size=100)
energyReturns = np.random.normal(0.01, 0.005, size=100)
#绘制小提琴图
fig, ax = plt.subplots(figsize=(10, 8))
data = [techReturns, financeReturns, healthcareReturns, energyReturns]
ax.violinplot(data)
ax.set_xticks(range(1,len(industries) + 1))
ax.set_xticklabels(industries)
ax.set_title('Stock Returns by Industry')
plt.show()
```

执行结果如图 12-11 所示。

【例 12-12】 股票收盘价的变化动画效果的示例。

参考源码如下。

```
import matplotlib.pyplot as plt
import numpy as np
from matplotlib.animation import FuncAnimation
#生成随机数据
closingPrices = np.random.randint(100, 200, size=100)
x = range(100)
#绘制动画
fig, ax = plt.subplots(figsize=(10, 8))
line, = ax.plot(closingPrices)
```

```
def update(i):
    line.set_data(x[:i],closingPrices[:i])
    return line,
ani = FuncAnimation(fig, update, frames = len(closingPrices), interval = 50, blit = True)
ani.save('ani.gif',writer = 'pillow')  #将图保存在工作目录下
plt.show()
```

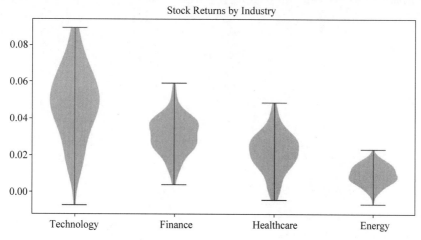

图 12-11　不同行业的股票收益率分布情况图

执行结果如图 12-12 所示。

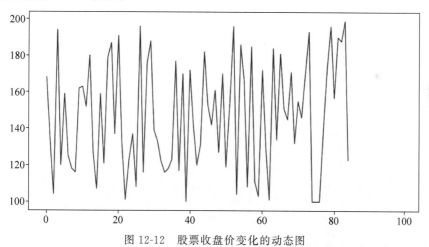

图 12-12　股票收盘价变化的动态图

【例 12-13】　股票收盘价、成交量和市值之间的关系的三维散点图示例。
参考源码如下。

```
import matplotlib.pyplot as plt
import numpy as np
#生成随机数据
closingPrices = np.random.randint(100, 200, size = 100)
volumes = np.random.randint(1000, 5000, size = 100)
marketCaps = np.random.randint(1000000, 10000000, size = 100)
#绘制 3D 图
fig = plt.figure(figsize = (10, 8))
ax = fig.add_subplot(111, projection = '3d')
```

```
fig.add_axes(ax)                          #python3.10 以上
ax.scatter(closingPrices, volumes, marketCaps, c = 'b')
ax.set_xlabel('Closing Prices')
ax.set_ylabel('Volumes')
ax.set_zlabel('Market Caps')
plt.show()
```

执行结果如图 12-13 所示。

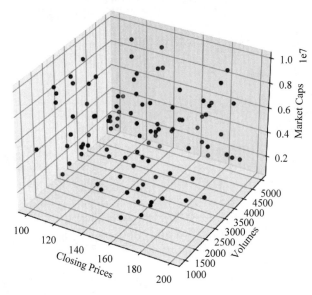

图 12-13 股票收盘价、成交量和市值之间的关系 3D 散点图 1

另一种方式是利用 mpl_toolkits 库中的 Axes3D 类绘制 3D 图。

参考源码如下。

```
import matplotlib.pyplot as plt
import numpy as np
from mpl_toolkits.mplot3d import Axes3D
#生成随机数据
closingPrices = np.random.randint(100, 200, size = 100)
volumes = np.random.randint(1000, 5000, size = 100)
marketCaps = np.random.randint(1000000, 10000000, size = 100)
#绘制 3D 图
fig = plt.figure(figsize = (10, 8))
ax = Axes3D(fig)
fig.add_axes(ax)
ax.scatter(closingPrices, volumes, marketCaps, c = 'r')
ax.set_xlabel('Closing Prices')
ax.set_ylabel('Volumes')
ax.set_zlabel('Market Caps')
plt.show()
```

执行结果如图 12-14 所示。

注意：执行这个示例时，要在系统里先安装好 mpl_toolkits 库，可使用如下命令。

```
pip install mpl_toolkits
```

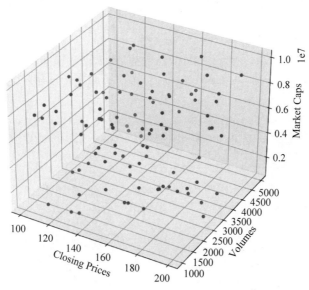

图 12-14　股票收盘价、成交量和市值之间的关系 3D 散点图 2

12.2.5　文字与注释

Matplotlib 通过 pyplot 子模块中的 text()函数和 annotate()函数分别对生成的图中实现添加文字和注释的功能。

(1) Matplotlib.pyplot 中 text()函数提供了在图中添加文字的功能。函数原型如下。

```
matplotlib.pyplot.text(x,y,s,fontdict = None, ** kwargs)
```

text()函数常用参数，如表 12-9 所示。

表 12-9　text()函数常用参数

参 数 名 称	说　　明
x,y	float 数据，放置文本的位置。默认情况下，它以数据坐标表示。可以使用变换参数更改坐标系
s	string 数据，放置文本内容

(2) Matplotlib.pyplot 中的 annotate()函数提供了在图中添加注释说明的功能。函数原型如下。

```
matplotlib.pyplot.annotate(text,xy,xytext = None,xycoords = 'data',textcoords = None,arrowprops = None,annotation_clip = None, ** kwargs)
```

annotate()函数常用参数，如表 12-10 所示。

表 12-10　annotate()函数常用参数

参 数 名 称	说　　明
text	string 数据，注释说明的文本内容
xy	(float,float)数据，要注释说明的点(x,y)。坐标系由 xycoords 确定
xycoords	默认值为'data'，给出 xy 的坐标系
arrowprops	在 xy 和 xytext 之间绘制一个箭头

例如，

```
plt.annotate('这是一个示例注释',xy=(0,1),xytext=(-2,22),arrowprops={'headwidth':10,
'facecolor':'r'})
```

【例 12-14】 添加标题和标签，展示股票收盘价的变化情况的折线图示例。

参考源码如下。

```
import matplotlib.pyplot as plt
import pandas as pd
import numpy as np
# 生成随机数据
closingPrices = np.random.randint(100, 200, size=100)
dates = pd.date_range('2023-07-01', periods=100)

# 绘制折线图
fig, ax = plt.subplots(figsize=(10, 8))
ax.plot(dates, closingPrices)
# 给图添加标题
# 方式一
# ax.set_title('Closing Prices')
"""
# 方式二
plt.title('Closing Prices')
"""
# 设置 x 轴和 y 轴的标签
"""
# 方式一
ax.set_xlabel('Date')
ax.set_ylabel('Price')
"""
# 方式二
plt.xlable('Date')
plt.ylabe('Price')

plt.show()
```

运行结果如图 12-15 所示。

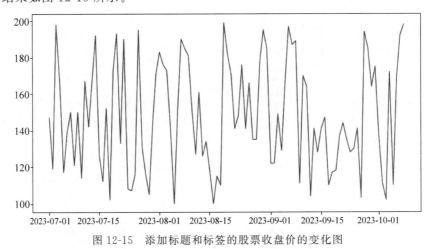

图 12-15 添加标题和标签的股票收盘价的变化图

【例 12-15】 添加注释，展示股票收盘价和成交量之间的关系散点图示例。标识出成交量最大的 10 个点的位置和收盘价。

参考源码如下。

```python
import matplotlib.pyplot as plt
import pandas as pd
import numpy as np
#解决中文显示方式一
import matplotlib as mpl
mpl.rcParams['font.family'] = 'SimHei'
plt.rcParams['axes.unicode_minus'] = False        #解决坐标轴负数的负号显示问题

#生成随机数据
closingPrices = np.random.randint(100, 200, size = 100)
volumes       = np.random.randint(1000, 5000, size = 100)
data = [x for x in zip(closingPrices,volumes)]

data = sorted(data,key = lambda x:x[1],reverse = True)
#绘制散点图
fig, ax = plt.subplots(figsize = (10, 8))
ax.scatter(closingPrices, volumes)
ax.set_title('Closing Prices vs. Volumes')
ax.set_xlabel('Closing Prices')
ax.set_ylabel('Volumes')
#添加注释,给成交量最大的10个点标记

for i in range(1,11):
    #不同点的标记内容
    stri = "成交量第" + str(i) + "名,收盘价:" + str(data[i][0])
    ax.annotate(stri, (data[i][0], data[i][1]))
plt.show()
```

运行结果如图 12-16 所示。

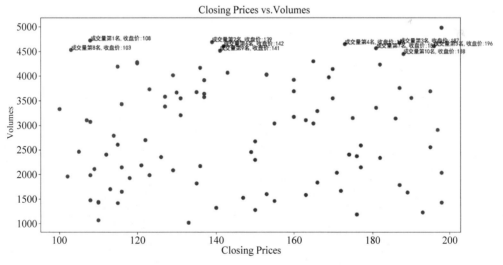

图 12-16　添加了注释的散点图(标出了成交量最大的 10 个点的信息)

12.2.6　自定义样式

Matplotlib 还提供了许多函数,帮助用户对创建的各种类型的图形的形状、颜色、布局等进行自定义样式设置。常用的自定义参数包括颜色、改变线条的样式等,常用的函数包括网格显示、图例显示、调整坐标轴的范围、日期自适应显示、添加双坐标轴等。

1. 常用的自定义参数

1)改变图形的颜色

通过设定 plot()函数中的 color 关键字参数的值来实现。如果没有指定颜色,Matplotlib 会在一组默认颜色值中循环使用来绘制每一条线条。color 常用的取值如表 12-11 所示。

表 12-11 color 参数常用的取值

color 取值	含 义	color 取值	含 义
'r'	红色(red)	'c'	青色(cyan)
'y'	黄色(yellow)	'm'	品红色(magenta)
'b'	蓝色(blue)	'k'	黑色(black)
'g'	绿色(green)	'w'	白色(white)

2)改变线形

通过设定 plot()函数中的 linestyle 关键字参数的值来实现。linestyle 常用的取值如表 12-12 所示。

表 12-12 linestyle 参数常用的取值

linestyle 取值	含 义	linestyle 取值	含 义
'-'	实线(solid line)	' '	无线条,只显示标记
'--'	虚线(dashed)	'None'	无线条,不显示标记
'-.'	点画线(dash and dot)	' '	无线条,不显示标记
':'	点线(dotted lines)		

3)改变线条的样式

通过设定 plot()函数中的 mark 关键字参数的值来实现。marker 常用的取值如表 12-13 所示。

表 12-13 marker 参数常用的取值

marker 取值	含 义	marker 取值	含 义
'.'	点(point marker)	's'	正方形(square marker)
','	像素点(pixel marker)	'p'	五边星(pentagon marker)
'o'	圆形(circle marker)	'*'	星型(star marker)
'v'	朝下三角形(triangle_down marker)	'h'	1号六角形(hexagon1 marker)
'^'	朝上三角形(triangle_up marker)	'H'	2号六角形(hexagon2 marker)
'<'	朝左三角形(triangle_left marker)	'+'	+号标记(plus marker)
'>'	朝右三角形(triangle_right marker)	'x'	x号标记(x marker)
'1'	三边向下(tri_down marker)	'D'	菱形(diamond marker)
'2'	三边向上(tri_up marker)	'd'	小型菱形(thin_diamond marker)
'3'	三边向左(tri_left marker)	'|'	垂直线形(vline marker)
'4'	三边向右(tri_right marker)	'_'	水平线形(hline marker)

【例 12-16】 自定义颜色和线型,展示股票收盘价的变化情况的折线图示例。

参考源码如下。

```
import matplotlib.pyplot as plt
import numpy as np
import pandas as pd
#生成随机数据
closingPrices = np.random.randint(100, 200, size = 100)
```

```
dates = pd.date_range('2023-07-01', periods = 100)
# 自定义颜色和线型
lineColor = 'r'
lineStyle = '--'
# 绘制折线图
fig, ax = plt.subplots(figsize = (10, 8))
ax.plot(dates, closingPrices, color = lineColor, linestyle = lineStyle)
ax.set_title('Closing Prices')
ax.set_xlabel('Date')
ax.set_ylabel('Price')
plt.show()
```

运行结果如图 12-17 所示。

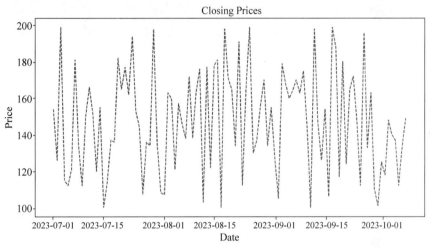

图 12-17　自定义颜色和线型绘制一个折线图

【例 12-17】　自定义字体,展示不同行业的市值排名情况的条形图示例。参考源码如下。

```
import matplotlib.pyplot as plt
import numpy as np
# 解决中文显示问题
import matplotlib as mpl
mpl.rcParams['font.family'] = 'SimHei'
plt.rcParams['axes.unicode_minus'] = False

# 生成随机数据
industryNames = ['科技', '金融', '健康', '零售']
marketCaps = np.random.randint(1000000, 10000000, size = 4)
# 自定义字体
fontFamily = 'SimHei'
fontSize = 18
# 绘制条形图
fig, ax = plt.subplots(figsize = (10, 8))
ax.bar(industryNames, marketCaps)
ax.set_title('行业市值', fontfamily = fontFamily, fontsize = fontSize)
ax.set_xlabel('行业', fontfamily = fontFamily, fontsize = fontSize)
ax.set_ylabel('市值', fontfamily = fontFamily, fontsize = fontSize)
plt.show()
```

运行结果如图 12-18 所示。

【例 12-18】　自定义标记符号,展示股票收盘价和成交量之间的关系的散点图示例。

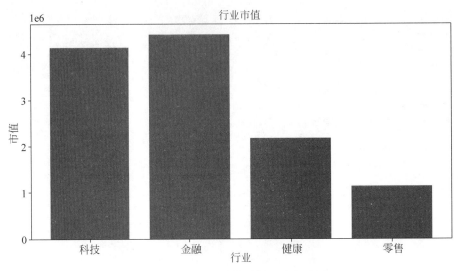

图 12-18　自定义字体绘制一个条形图

参考源码如下。

```python
import matplotlib.pyplot as plt
import numpy as np
#解决中文显示问题
import matplotlib as mpl
mpl.rcParams['font.family'] = 'SimHei'
plt.rcParams['axes.unicode_minus'] = False

#生成随机数据
closingPrices = np.random.randint(100, 200, size = 100)
volumes = np.random.randint(1000, 5000, size = 100)
#自定义标记符号
markerStyle = '^'
#绘制散点图
fig, ax = plt.subplots(figsize = (10, 8))
ax.scatter(closingPrices, volumes, marker = markerStyle)
ax.set_title('收盘价与成交量')
ax.set_xlabel('收盘价')
ax.set_ylabel('成交量')
plt.show()
```

执行结果如图 12-19 所示。

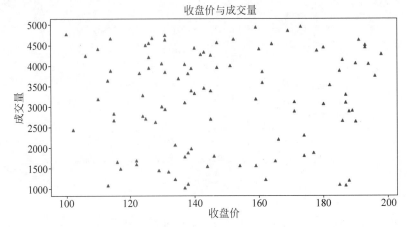

图 12-19　自定义标记符号绘制一个散点图

2. 常用的部分函数

1) 显示网格

plt.grid()函数可以用来设置背景图为网格。函数原型如下。

```
matplotlib.pyplot.grid(visible = None, which = 'major', axis = 'both', ** kwargs)
```

【例 12-19】 生成图形背景微网格线的示例。

参考源码如下。

```
import matplotlib.pyplot as plt
#中文显示方式
import matplotlib as mpl
mpl.rcParams['font.family'] = 'SimHei'
plt.rcParams['axes.unicode_minus'] = False

fig = plt.figure()  #创建图形
plt.xlim(0, 18)
plt.ylim(0, 9)
plt.grid()
plt.title("背景为网格的图")
plt.show()
```

执行结果如图 12-20 所示。

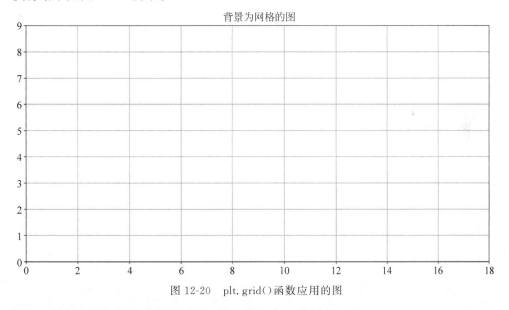

图 12-20　plt.grid()函数应用的图

【例 12-20】 添加网格线的折线图，基于例 12-16 的示例。

```
#绘制折线图
import matplotlib.pyplot as plt
import numpy as np
import pandas as pd
#生成随机数据
closingPrices = np.random.randint(100, 200, size = 100)
dates = pd.date_range('2023 - 07 - 01', periods = 100)
#自定义颜色和线型
lineColor = 'r'
lineStyle = '--'
#绘制折线图
```

```
fig, ax = plt.subplots(figsize = (10, 8))
ax.plot(dates, closingPrices, color = lineColor, linestyle = lineStyle)
ax.set_title('Closing Prices')
ax.set_xlabel('Date')
ax.set_ylabel('Price')
#添加网格线
ax.grid()
plt.show()
```

运行结果如图 12-21 所示。

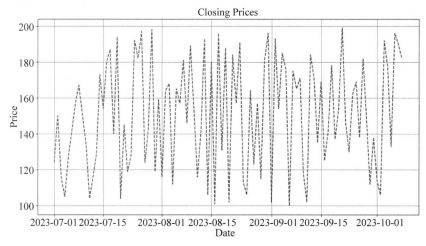

图 12-21　添加网格线绘制一个折线图

2）添加图例

通过 plt.legend()函数的关键参数的值可以设置图例及位置。函数原型如下。

```
matplotlib.pyplot.legend( * args, ** kwargs)
```

其中，

```
图例位置 loc 参数:取值{0:'best',1:'upper right',2: 'upper left',3: 'lower left', 4: 'lower right',5:
'right',6: 'center left',plt.legend(loc = 'lower left'), 7: 'center right',8: 'lower center',9:
'upper center',10: 'center'}
图例字体大小 fontsize:取值{int or float or {'xx - small', 'x - small', 'small', 'medium', 'large',
'x - large', 'xx - large'}}
图例边框参数 frameon,edgecolor 及背景参数 facecolor:
plt.legend(loc = 'best',frameon = False)           #去掉图例边框
plt.legend(loc = 'best',edgecolor = 'blue')        #设置图例边框颜色
plt.legend(loc = 'best',facecolor = 'blue')        #设置图例背景颜色,若无边框,参数无效
```

设置图例标题：

```
plt.legend(loc = 'best',title = 'figure 1 legend')    #去掉图例边框
```

【例 12-21】 添加图例,展示两支股票收盘价变化情况趋势图的示例。

参考源码如下。

```
import matplotlib.pyplot as plt
#收盘价数据
stock1Close = [100,102,101,99,97,96,98,97,96,97]
stock2Close = [120,118,117,119,123,125,124,123,124,123]
```

```
#日期数据
dates = ['05 - 20','05 - 21','05 - 22','05 - 23','05 - 24','05 - 27','05 - 28','05 - 29','05 - 30',
'05 - 31']
#绘制收盘价走势图
plt.plot(dates, stock1Close, label = 'Stock 1')
plt.plot(dates, stock2Close, label = 'Stock 2')
#添加标题和标签
plt.title('Stock Price')
plt.xlabel('Date')
plt.ylabel('Closing Price')
#添加图例
plt.legend()
#显示图形
plt.show()
```

执行结果如图12-22所示。

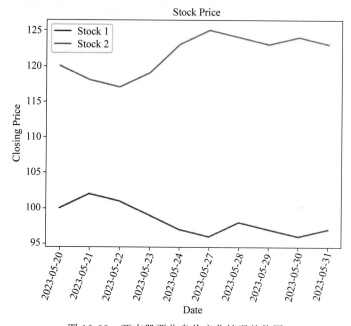

图12-22 两支股票收盘价变化情况趋势图

3) 创建子图

用户可以使用subplot()函数创建多个子图,见例12-9。函数原型如下。

```
matplotlib.pyplot.subplot(nrows, ncols, index, ** kwargs)
```

其中,

nrows, ncols, index: 使用三个整数或者三个独立的整数来描述子图的位置信息。如果三个整数是行数、列数和索引值,子图将分布在行列的索引位置上。索引从1开始,从右上角增加到右下角。

调整坐标轴的范围:plt.xlim()和plt.ylim()函数可以设置坐标轴的刻度。

```
matplotlib.pyplot.xlim( * args, ** kwargs)
```

xlim:对应参数有xmin和xmax,分别能调整最大值和最小值。

```
matplotlib.pyplot.ylim( * args, ** kwargs)
```

同xlim用法。

某些情况下,如果希望将坐标轴反向(即大数在前,小数在后),可以通过上面的函数实现,将参数顺序颠倒即可。

相关的函数还有 plt.axis()。函数原型如下。

```
matplotlib.pyplot.axis(arg = None, /, * , emit = True, ** kwargs)
```

这个函数可以在一个函数调用中就完成 x 轴和 y 轴范围的设置,传递一个[xmin,xmax,ymin,ymax]的列表参数即可。plt.axis()函数不仅能设置范围,还能将坐标轴压缩到刚好足够绘制折线图像的大小,如 plt.axis('tight');。通过设置'equal'参数可设置 x 轴与 y 轴使用相同的长度单位:plt.axis('equal')。

plt.axis([0,5,0,10]),表示 x 轴的取值范围从 0 到 5,y 取值范围从 0 到 10。

4) 日期自适应显示

调用 plt.gcf().autofmt_xdate()将自动调整日期在图形中的显示角度。

【例 12-22】 日期显示自动调整的示例。

参考源码如下。

```
import numpy as np
import pandas as pd
import matplotlib.pyplot as plt

x = pd.date_range('2024/02/21', periods = 30)
y = np.random.randint(0,28,30)
plt.plot(x,y)
# 根据图形自动调整日期显示的角度
plt.gcf().autofmt_xdate()
plt.show()
```

运行结果如图 12-23 所示。

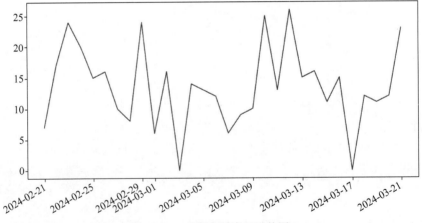

图 12-23 日期自适应显示的图

5) 添加双坐标轴

使用 plt.twinx()创建双坐标轴图。函数原型如下。

```
matplotlib.pyplot.twinx(ax = None)
```

生成并返回共享 x 轴的第二个轴,其刻度将位于右侧。

```
matplotlib.pyplot.twiny(ax = None)
```

生成并返回共享 y 轴的第二个轴,其刻度将位于顶部。

【例12-23】 绘制一个展示不同时间段内的股票收盘价和成交量情况双轴图的示例。
参考源码如下。

```python
import matplotlib.pyplot as plt
import numpy as np
import pandas as pd
# 生成随机数据
closingPrices = np.random.randint(100, 200, size = 100)
volumes = np.random.randint(1000, 5000, size = 100)
dates = pd.date_range('2023-07-01', periods = 100)
# 绘制双轴图
fig, ax1 = plt.subplots(figsize = (10, 8))
ax1.plot(dates, closingPrices, 'b-')
ax1.set_xlabel('Date')
ax1.set_ylabel('Closing Price', color = 'b')
ax1.tick_params('y', colors = 'b')
ax2 = ax1.twinx()
ax2.plot(dates, volumes, 'r-')
ax2.set_ylabel('Volume', color = 'r')
ax2.tick_params('y', colors = 'r')
plt.show()
```

执行结果如图12-24所示。

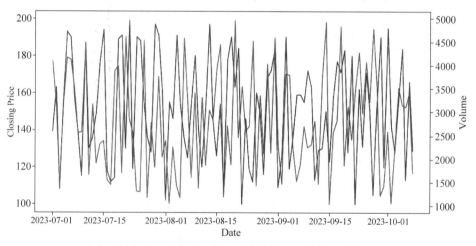

图12-24　同时表现收盘价变化和成交量的双轴图

12.2.7　常见问题与解决方法

在使用Matplotlib时,可能会遇到的一些问题及其解决方法如下。

1. 中文乱码问题

在图表中使用中文时,可能会出现中文乱码的问题,这是因为Matplotlib默认使用英文字体,需要设置中文字体。在Windows系统中,解决方法是在代码中添加以下两行。

```python
plt.rcParams['font.sans-serif'] = ['SimHei']     # 设置中文字体为黑体
plt.rcParams['axes.unicode_minus'] = False       # 解决负号显示不正常的问题
```

如果是在Mac系统中,通常要安装相应的字库,才可以正确显示中文。

2. 图表显示不全问题

有时候图表显示不全,可能是因为图表太大,超出了窗口范围。解决方法是设置图表的大

小,例如:

```
fig, ax = plt.subplots(figsize = (10, 8))
```

3. 坐标轴刻度问题

有时候坐标轴的刻度不够清晰,或者不符合要求,解决方法是使用 set_xticks()和 set_yticks()方法设置坐标轴刻度,例如:

```
ax.set_xticks(range(10))
ax.set_yticks([0, 50, 100, 150])
```

4. 图例显示问题

有时候图例显示不全或者位置不合适,解决方法是使用 legend()方法设置图例的位置和样式,例如:

```
ax.legend(loc = 'upper right', fontsize = 12)
```

5. 线条颜色和样式问题

有时候需要自定义线条的颜色和样式,如虚线、点线等,解决方法是在 plot()方法中设置 color 和 linestyle 参数,例如:

```
ax.plot(x, y, color = 'red', linestyle = '--')
```

6. 多个子图显示问题

有时候需要在同一个窗口中显示多个子图,但是子图之间的间距太大或者排版不合适,解决方法是使用 subplots_adjust()方法调整子图之间的间距和位置,例如:

```
fig.subplots_adjust(hspace = 0.5, wspace = 0.3, left = 0.1, right = 0.9, top = 0.9, bottom = 0.1)
```

7. 饼图标签重叠问题

在绘制饼图时,如果标签重叠在一起,可能会影响阅读体验。解决方法是使用 pie()方法的 autopct 参数设置标签格式,并使用 textprops 参数设置标签样式,例如:

```
labels = ['A', 'B', 'C', 'D']
sizes = [15, 30, 45, 10]
colors = ['red', 'green', 'blue', 'yellow']
fig, ax = plt.subplots()
ax.pie(sizes, labels = labels, colors = colors, autopct = '%1.1f%%', textprops = {'fontsize': 14})
```

8. 柱状图宽度问题

在绘制柱状图时,如果柱子太细或者太宽,可能会影响阅读体验。解决方法是使用 bar()方法的 width 参数设置柱子宽度,例如:

```
x = ['A', 'B', 'C', 'D']
y = [10, 20, 30, 40]
fig, ax = plt.subplots()
ax.bar(x, y, width = 0.5)
```

9. 其他问题

如果遇到其他问题,可以查看 Matplotlib 的官方文档,或者在 Stack Overflow 等网站上搜索解决方法。

12.3 金融场景下数据分析可视化图的实现

可视化是金融数据分析中不可或缺的一部分。通过使用 Python 编程语言和相关的库，可以轻松地处理金融数据并将其可视化，以便更好地理解和分析数据。

无论是展示股票价格走势、收益率分布还是金融指标相关性，这些可视化图形都可以帮助金融从业者更好地理解和分析金融数据。因此，Python 数据分析可视化是金融从业者不可或缺的工具之一。

【例 12-24】 展示某支股票的价格走势及收益率相关图的示例。

参考源码如下。

```python
import pandas as pd
import numpy as np
import matplotlib.pyplot as plt
import seaborn as sns
from matplotlib.dates import DateFormatter

# 处理中文字体问题
plt.rcParams['font.sans-serif'] = ['SimHei']
plt.rcParams['axes.unicode_minus'] = False

# 汇顶科技(603160)的相关数据
stockData = pd.read_excel("汇顶科技股票数据.xlsx", 'sheet1', parse_dates=['交易日期'])

# 获取最大值和最小值
maxPrice = np.max(stockData['日收盘价'])
minPrice = np.min(stockData['日收盘价'])
# 汇顶科技(603160)日收盘价的时间序列图
plt.figure(figsize=(10, 9))
plt.plot(stockData['交易日期'], stockData['日收盘价'], label='日收盘价')
plt.xlabel('时间')
plt.ylabel('日收盘价')
# 标注最大值和最小值的位置
plt.annotate('最大值' + str(maxPrice), xy=(stockData['交易日期'].iloc[np.argmax(stockData['日收盘价'])], maxPrice), xytext=(20, 10),
             textcoords='offset points', arrowprops={'arrowstyle': '->', 'color': 'red'},
             fontsize=15)
plt.annotate('最小值' + str(minPrice), xy=(stockData['交易日期'].iloc[np.argmin(stockData['日收盘价'])], minPrice), xytext=(10, 60),
             textcoords='offset points', arrowprops={'arrowstyle': '->', 'color': 'red'},
             fontsize=15)
# 设置 X 轴刻度标签为日期
dateFormat = DateFormatter("%Y-%m-%d")
plt.gca().xaxis.set_major_formatter(dateFormat)
plt.legend()
plt.title('汇顶科技(603160)日收盘价的时间序列图')
plt.tight_layout()
plt.show()

# 计算日度收益率
stockData['日度收益率'] = stockData['日收盘价'].pct_change()

# 绘制日度收益直方图
```

```
plt.figure(figsize = (10, 9))
sns.histplot(stockData['日度收益率'], bins = 70, kde = True)
plt.xlabel('日度收益率')
plt.ylabel('频数')
plt.title('汇顶科技(603160)日度收益直方图')
plt.show()

# 分析股票收益分布特征
print('日收盘价的描述性统计: ')
print(stockData['日收盘价'].describe())
print('日度收益率的描述性统计: ')
print(stockData['日度收益率'].describe())
print('日度收益率的偏度: ', stockData['日度收益率'].skew())
print('日度收益率的峰度: ', stockData['日度收益率'].kurtosis())
```

运行结果如图 12-25 和图 12-26 所示。

```
日收盘价的描述性统计:
count    1214.000000
mean      122.152825
std        68.699721
min        44.660000
25%        60.620000
50%       107.380000
75%       165.630000
max       373.280000
Name: 日收盘价, dtype: float64
日度收益率的描述性统计:
count    1213.000000
mean        0.000227
std         0.028495
min        -0.100016
25%        -0.014779
50%        -0.000602
75%         0.012985
max         0.100097
Name: 日度收益率, dtype: float64
日度收益率的偏度: 0.23766939659057754
日度收益率的峰度: 2.1775050225892705
```

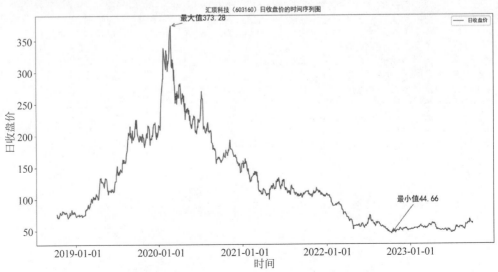

图 12-25　汇顶科技(603160)日收盘价的时间序列图

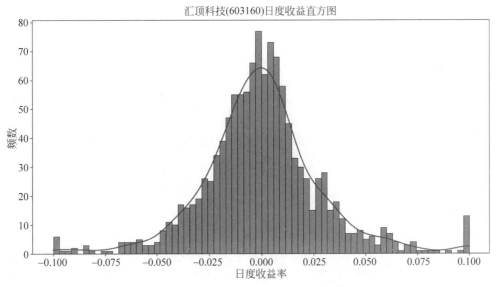

图 12-26　汇顶科技(603160)日收益率图

在本例中，通过使用第三方包 Pandas 读取汇顶科技股票的数据(Excel 文件)，通过使用 Pandas 的相关对象和函数，对数据进行处理，计算出日收益率，使用了第三方包 Seaborn，绘制带密度曲线的股票日收益率直方图。使用 matplotlib.pyplot 库，对股票的价格走势进行了图示，并标出了收盘价的最高值、最低值及相应的位置。

【例 12-25】　根据股票数据文件，绘制不同年份正收益和负收益股票数量的饼图和折线图的示例。

参考源码如下。

```
import pandas as pd
import numpy as np
import matplotlib.pyplot as plt

# 处理图表内嵌中文字问题
plt.rcParams['font.sans-serif'] = ['SimHei']
plt.rcParams['axes.unicode_minus'] = False

data = pd.read_csv('例 25 股票数据文件.csv')
data1 = data.copy()

# 删除 Yretwd 字段缺失值
data1 = data1[~data1.Yretwd.isna()]
data1 = data1.reset_index(drop = True)
# 将缺失值和无穷大值用 0 代替
data1 = data1.fillna(0)
data1 = data1.replace([np.inf, - np.inf], 0)

# 存在收益为 0 的个体，在此处不考虑，只考虑正收益和负收益
data1 = data1[~(data1.Yretwd == 0)]
data1['label'] = np.where(data1.Yretwd > 0,1,0)


posYield = data1[data1['label'] == 1].groupby('Date').Stkcd.count()
negYield = data1[data1['label'] == 0].groupby('Date').Stkcd.count()
# 年份向后推移一年
posYield.index = list(map((lambda x:int(x[:4]) + 1),posYield.index.tolist()))
```

```python
negYield.index = list(map((lambda x:int(x[:4])+1),negYield.index.tolist()))

#不同年份正收益/负收益的股票数量饼图
plt.figure(figsize = (10,9))
ax1 = plt.subplot(1,2,1)
plt.pie(x = posYield.values,                              #绘图数据
        labels = posYield.index.tolist(),                 #添加标签
        autopct = '%.2f%%',                               #设置百分比的格式,这里保留两位小数
        pctdistance = 0.8,                                #设置百分比标签与圆心的距离
        labeldistance = 1.1,                              #设置标签与圆心的距离
        startangle = 180,                                 #设置饼图的初始角度
        radius = 1.2,                                     #设置饼图的半径
        counterclock = False,                             #是否逆时针,这里设置为顺时针方向
        wedgeprops = {'linewidth':1.5,'edgecolor':'green'},#设置饼图内外边界的属性值
        textprops = {'fontsize':16,'color':'black'},      #设置文本标签的属性值
        )

#添加图标题
plt.title('正收益股票数量',fontsize = 16,loc = 'left')

ax2 = plt.subplot(1,2,2)
plt.pie(x = negYield.values,                              #绘图数据
        labels = negYield.index.tolist(),                 #添加标签
        autopct = '%.2f%%',                               #设置百分比的格式,这里保留两位小数
        pctdistance = 0.8,                                #设置百分比标签与圆心的距离
        labeldistance = 1.1,                              #设置标签与圆心的距离
        startangle = 180,                                 #设置饼图的初始角度
        radius = 1.2,                                     #设置饼图的半径
        counterclock = False,                             #是否逆时针,这里设置为顺时针方向
        wedgeprops = {'linewidth':1.5,'edgecolor':'green'},#设置饼图内外边界的属性值
        textprops = {'fontsize':16,'color':'black'},      #设置文本标签的属性值
        )
plt.title('负收益股票数量',fontsize = 16,loc = 'left')

#显示图形
plt.show()

#不同年份正收益/负收益的股票数量饼图,使用Pandas的绘图函数plot()
plt.figure(figsize = (10,9))
ax1 = plt.subplot(1,2,1)
posYield.plot(kind = 'pie',ax = ax1)
plt.title('不同年份正收益的股票数量饼图',fontsize = 16)
ax2 = plt.subplot(1,2,2)
negYield.plot(kind = 'pie',ax = ax2)
plt.title('不同年份负收益的股票数量饼图',fontsize = 16)
plt.show()

#正收益/负收益的股票数量时间序列图,使用Pandas的绘图函数plot()
plt.figure(figsize = (10,9))
ax1 = plt.subplot(1,2,1)
posYield.plot(kind = 'line',ax = ax1,color = 'mediumaquamarine')
plt.title('不同年份正收益的股票数量时间序列图',fontsize = 16)
ax2 = plt.subplot(1,2,2)
negYield.plot(kind = 'line',ax = ax2,color = 'mediumaquamarine')
plt.title('不同年份负收益的股票数量时间序列图',fontsize = 16)
plt.show()
```

运行结果如图 12-27～图 12-29 所示。

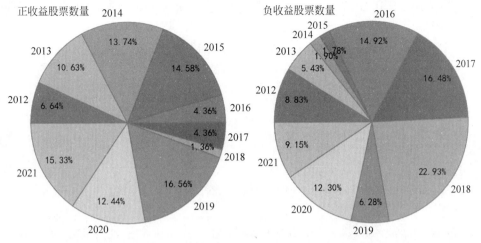

图 12-27　股票收益比不同年份的分类饼图 1

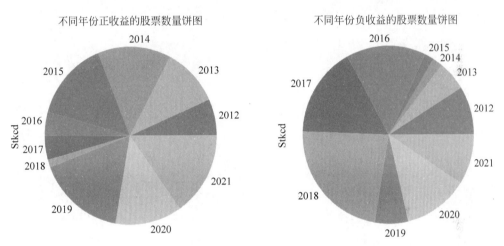

图 12-28　股票收益比不同年份的分类饼图 2

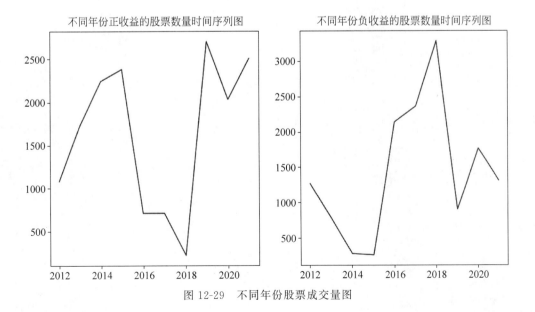

图 12-29　不同年份股票成交量图

在本例中,通过使用第三方包 Pandas 读取股票的数据(CSV 文件),通过使用 Pandas 的相关对象和函数,对数据进行预处理,使用了第三方包 Pandas 和 matplotlib.pyplot 库,对股票的正负收益率的数量及不同年份分布的情况进行了图示。

【例 12-26】 对三大股票指数进行可视化分析的示例。

参考源码如下。

```python
import numpy as np
import pandas as pd
import matplotlib.pyplot as plt
from pylab import mpl
import scipy as sci
mpl.rcParams['font.sans-serif'] = ['FangSong']      #仿宋字体
mpl.rcParams['axes.unicode_minus'] = False          #图像中正常显示负号

stockIndexData = pd.read_excel(r'上证综指、深圳成指与沪深300指数的日度行情.xlsx',sheet_name
    = 'Sheet1', header = 0, index_col = 0)
vowCount = stockIndexData.shape[0]
#画出三个指数的时间序列图
plt.figure(figsize = (10,9))
plt.plot(stockIndexData['上证综指'],'r-',label = '上证综指收盘价',lw = 1.8)
plt.plot(stockIndexData['深圳成指'],'b-',label = u'深证成指收盘价',lw = 1.8)
plt.plot(stockIndexData['沪深300指数'],'y-',label = u'沪深300指数收盘价',lw = 1.8)
plt.xticks(fontsize = 16, rotation = 60)
plt.xticks(np.arange(0,vowCount, step = 30))          #以30天为间隔
plt.xlabel(u'日期',fontsize = 16)
plt.yticks(fontsize = 6)
plt.ylabel(u'价格',fontsize = 16)
plt.legend(loc = 0,fontsize = 16)
plt.title(u'三个指数收盘价的时间序列图',fontsize = 25)
plt.grid()
plt.show()
#分析三个指数之间的相关关系
import seaborn as sns
#计算三个指数的日度收益率
stockIndexData['上证综指日度收益'] = stockIndexData['上证综指'].pct_change()
stockIndexData['深圳成指日度收益'] = stockIndexData['深圳成指'].pct_change()
stockIndexData['沪深300指数日度收益'] = stockIndexData['沪深300指数'].pct_change()
stockIndexData.fillna(0, inplace = True)              #用0替代表格中缺失值
dataIndex = pd.DataFrame()
dataIndex['pctSH'] = stockIndexData['上证综指日度收益']
dataIndex['pctSZ'] = stockIndexData['深圳成指日度收益']
dataIndex['pctHS'] = stockIndexData['沪深300指数日度收益']

#画出三个指数每日收益的相关矩阵图
plt.figure(figsize = (10,9))
plt.title(u'三个指数每日收益相关矩阵',y = 1.05,size = 16)
sns.heatmap(dataIndex.corr(),linewidths = 0.1,vmax = 1.0, square = True, linecolor = 'white',annot
    = True,annot_kws = {'size':20,'weight':'bold','color':'white'})

#画出三个指数的日度收益分布图
#上证综指日度收益分布图
plt.figure(figsize = (10,9))

stockIndexData['上证综指日度收益'].plot(kind = 'kde',label = '密度图')
plt.hist(stockIndexData['上证综指日度收益'],label = u'上证综指日度收益',bins = 20,facecolor =
    'r',edgecolor = 'b')
```

```
plt.xticks(fontsize = 16)
plt.xlabel(u'样本值',fontsize = 16)
plt.yticks(fontsize = 16)
plt.ylabel(u'频数',fontsize = 16)
plt.legend(loc = 0,fontsize = 16)
plt.title(u'上证综指日度收益分布图',fontsize = 25)
plt.grid()
plt.show()

#深圳成指日度收益分布图
plt.figure(figsize = (10,9))
stockIndexData['深圳成指日度收益'].plot(kind = 'kde',label = '密度图')
plt.hist(stockIndexData['深圳成指日度收益'],label = u'深圳成指日度收益',bins = 20,facecolor = 'y',edgecolor = 'b')
plt.xticks(fontsize = 16)
plt.xlabel(u'样本值',fontsize = 16)
plt.yticks(fontsize = 16)
plt.ylabel(u'频数',fontsize = 16)
plt.legend(loc = 0,fontsize = 16)
plt.title(u'深圳成指日度收益分布图',fontsize = 25)
plt.grid()
plt.show()

#沪深300指数日度收益分布图
plt.figure(figsize = (10,9))
stockIndexData['沪深300指数日度收益'].plot(kind = 'kde',label = '密度图')
plt.hist(stockIndexData['沪深300指数日度收益'],label = u'沪深300指数日度收益',bins = 20,facecolor = 'g',edgecolor = 'b')
plt.xticks(fontsize = 16)
plt.xlabel(u'样本值',fontsize = 16)
plt.yticks(fontsize = 16)
plt.ylabel(u'频数',fontsize = 16)
plt.legend(loc = 0,fontsize = 16)
plt.title(u'沪深300指数日度收益分布图',fontsize = 25)
plt.grid()
plt.show()
```

运行结果如图12-30～图12-34所示。

图12-30 三个指数收盘价的时间序列图

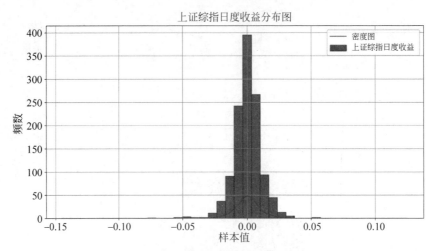

图 12-31　上证综指日收益分布图

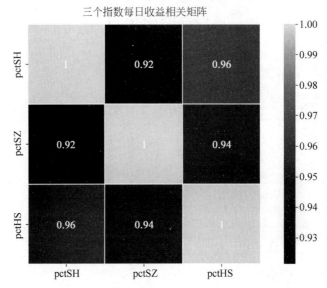

图 12-32　三个指数相关性的热力图表达图

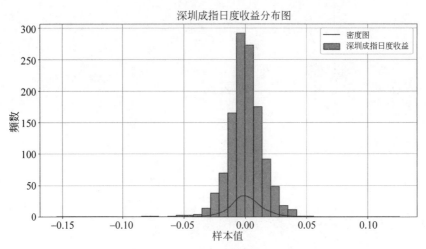

图 12-33　深圳成指日收益分布图

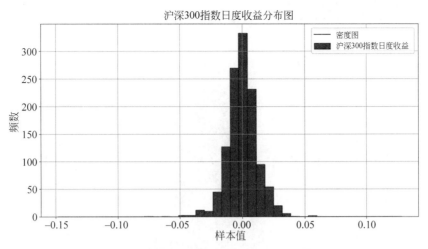

图 12-34　沪深 300 指数日收益分布图

在本例中,通过使用第三方包 Pandas 读取股票指数的日度行情数据(Excel 文件),通过使用 Pandas 的相关对象和函数,对数据进行预处理,使用了第三方库 Seaborns 绘制了三大股指相关性的热力图,使用 matplotlib.pyplot 库对股指趋势和股指日收益率,绘制了折线图和直方图及密度图。

通过第三方库 akshare,可以线上获取指定股票的交易数据,进行可视化分析。

【例 12-27】　通过使用第三方库 akshare 绘制日收益率的示例。

参考源码如下。

```
import akshare as ak
import matplotlib.pyplot as plt
plt.rcParams['font.sans-serif'] = ['SimHei']          # 设置中文字体为黑体
plt.rcParams['axes.unicode_minus'] = False            # 解决负号显示不正常的问题
# 获取股票日线行情数据
stockData = ak.stock_zh_a_daily(symbol = "sh600036", start_date = "2021-01-01", end_date = "2024-03-31")
# 获得日收益率
stockReturn = stockData["close"].pct_change()
# 日收益率的统计描述
returnReport = stockReturn.describe()
fig = plt.figure(figsize = (10, 8))
# 绘制收益率分布图
plt.hist(stockReturn.dropna(), bins = 60, alpha = 0.8)
plt.xlabel("日收益")
plt.ylabel("频数")
plt.title("股票收益率分布图")
plt.show()
# 显示收益率报告
print(returnReport)print(returnReport)
```

运行结果如图 12-35 所示。

```
count    784.000000
mean      -0.000186
std        0.019425
min       -0.086353
25%       -0.011107
50%       -0.001528
75%        0.009505
max        0.090738
```

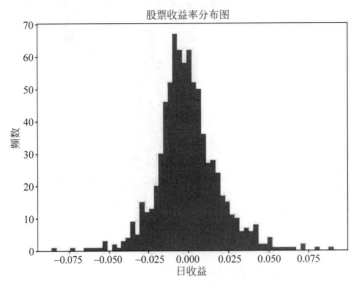

图 12-35　股票收益率分布图

在本例中,通过第三方库 akshare 从网上获取了招商银行 20210101 到 20240331 的股票日交易信息,用 Matplotlib 绘制日收益率分布图。

【例 12-28】　通过使用第三方库 akshare 绘制收盘价趋势图的示例。

参考源码:

```
import akshare as ak
import matplotlib.pyplot as plt
plt.rcParams['font.sans-serif'] = ['SimHei']     #设置中文字体为黑体
plt.rcParams['axes.unicode_minus'] = False       #解决负号显示不正常的问题
#获取股票日线行情数据
stockData = ak.stock_zh_a_daily(symbol = "sh600036", start_date = "2021-01-01", end_date = "2024-03-31")
plt.plot(stockData["date"], stockData["close"])
plt.xlabel("日期")
plt.ylabel("收盘价")
plt.title("股票收盘价趋势图")
#根据图形,自动调整日期显示的角度
plt.gcf().autofmt_xdate()
plt.show()
```

运行结果如图 12-36 所示。

在本例中,通过第三方库 akshare 从网上获取了招商银行 20210101 到 20240331 的股票日交易信息,用 Matplotlib 绘制股票收盘价趋势图。

使用和操作 Matplotlib 时的注意事项如下。

(1) 在开始使用 Matplotlib 之前,应该了解它的基本概念和结构。Matplotlib 由三个层次组成:pyplot 层、Artist 层和 Backend 层。了解这些层次的关系和功能可以帮助我们更好地理解和操作 Matplotlib。

① pyplot 层是 Matplotlib 的高级接口,它提供了简单而直观的绘图函数。通常使用 import matplotlib.pyplot as plt 来导入 pyplot 模块,并使用 plt 来调用其中的函数。

② Artist 层。Artist 是 Matplotlib 中的基本绘图对象,包括 Figure、Axes、Axis 等。通过操作这些对象,可以创建和修改图形。

③ Backend 层。Backend 是 Matplotlib 的绘图引擎,负责将图形渲染到屏幕或保存到文

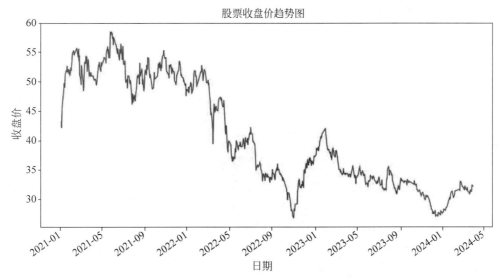

图 12-36　股票收盘价趋势图

件中。Matplotlib 支持多种不同的 Backend，可以根据需要选择合适的 Backend。

（2）设置图形样式和布局。在使用 Matplotlib 绘图时，可以通过设置图形样式和布局来使图形更加美观和易读。以下是一些常用的设置方法。

① 设置图形大小。可以使用 plt.figure(figsize=(width,height)) 来设置图形的大小，其中，width 和 height 分别表示图形的宽度和高度。

② 设置坐标轴范围。可以使用 plt.xlim(xmin,xmax) 和 plt.ylim(ymin,ymax) 来设置坐标轴的范围，以便更好地展示数据。

③ 设置标题和标签。可以使用 plt.title()、plt.xlabel() 和 plt.ylabel() 来设置图形的标题和坐标轴标签，以提供更多的信息。

④ 设置图例。如果在图形中使用了多个数据系列，可以使用 plt.legend() 来设置图例，以更好地理解图形。

（3）处理多个子图和轴。Matplotlib 允许在一个图形中创建多个子图和轴。以下是一些处理多个子图和轴的方法。

① 创建子图。可以使用 plt.subplot() 来创建一个包含多个子图的图形。例如，plt.subplot(3,3,1) 将创建一个 3×3 的图形，并将当前子图设为第一个子图。

② 创建轴。轴是图形中的一个独立区域，可以在一个图形中创建多个轴，并在每个轴上绘制不同的数据。可以使用 plt.axes() 来创建一个轴对象，并使用该对象来绘制数据。

③ 调整子图和轴的布局。Matplotlib 提供了一些方法来调整子图和轴的布局。例如，可以使用 plt.subplots_adjust() 来调整子图之间的间距和位置。

（4）保存和分享图形。当完成一个图形的绘制后，可以将其保存为图片文件，以便与他人分享或在其他地方使用。以下是一些保存和分享图形的方法。

① 保存为图片。可以使用 plt.savefig() 将图形保存为图片文件。例如，plt.savefig("figure.png") 将当前图形保存为名为"figure.png"的图片文件。

② 导出为矢量图。除了保存为位图文件，Matplotlib 还支持将图形导出为矢量图文件，如 PDF、SVG 等。可以使用 plt.savefig("figure.pdf") 将图形保存为 PDF 文件。

③ 分享图形。如果希望与他人分享图形，可以将其保存为图片文件，并通过电子邮件、社

交媒体等方式分享给他人。

习题 12

一、填空题

1. Matplotlib 是一个用于创建_____图表的 Python 库。
2. pyplot 是 Matplotlib 中的一个模块，它提供了类似于 MATLAB 的绘图框架，可以通过 import _____ as plt 来导入。
3. 在 Matplotlib 中绘制图，要调用_____函数来显示图表。
4. figure() 函数用于创建一个新的_____对象。
5. plt.plot() 函数用于绘制_____图。
6. plt.scatter() 函数用于绘制_____图。
7. plt.bar() 函数用于绘制_____图。
8. plt.hist() 函数用于绘制数据的_____。
9. plt.pie() 函数用于绘制_____图。
10. plt.xlabel() 函数用于设置图表的_____。
11. plt.ylabel() 函数用于设置图表的_____。
12. plt.title() 函数用于设置图表的_____。
13. plt.legend() 函数用于添加图表的_____。
14. plt.grid() 函数用于_____图表的网格线。
15. plt.xticks() 函数用于设置图表的_____刻度。
16. plt.yticks() 函数用于设置图表的_____刻度。
17. plt.xlim() 函数用于设置图表的_____轴范围。
18. plt.ylim() 函数用于设置图表的_____轴范围。
19. plt.subplot(nrows,ncols) 函数用于创建一个_____布局的子图。
20. plt.text() 函数用于在图表中添加_____。

二、编程题

1. 将例 12-1 的 X 轴、Y 轴和图形标题改成中文显示。
2. 采集自选的一支股票数据，复现例 12-24。尝试说明各图形的作用。

习题 12

参 考 文 献

［1］ 王彦超,林东杰,马云飙,等.财经大数据分析:以 Python 为工具[M].北京:高等教育出版社,2024.
［2］ 翟世臣,张良均.Python 数据分析与挖掘实战[M].北京:人民邮电出版社,2022.
［3］ 董卫军.Python 程序设计与应用:面向数据分析与可视化[M].北京:电子工业出版社,2022.
［4］ 何伟,张良均.Python 商务数据分析与实战[M].北京:人民邮电出版社,2022.
［5］ 董付国.Python 数据分析、挖掘与可视化(慕课版)[M].北京:人民邮电出版社,2020.
［6］ Matthes E.Python 编程:从入门到实践[M].袁国忠,译.北京:人民邮电出版社,2016.
［7］ 裘宗燕.从问题到程序:用 Python 学编程和计算[M].北京:机械工业出版社,2018.

图书资源支持

感谢您一直以来对清华版图书的支持和爱护。为了配合本书的使用,本书提供配套的资源,有需求的读者请扫描下方的"书圈"微信公众号二维码,在图书专区下载,也可以拨打电话或发送电子邮件咨询。

如果您在使用本书的过程中遇到了什么问题,或者有相关图书出版计划,也请您发邮件告诉我们,以便我们更好地为您服务。

我们的联系方式:

清华大学出版社计算机与信息分社网站:https://www.shuimushuhui.com/

地　　址:北京市海淀区双清路学研大厦 A 座 714

邮　　编:100084

电　　话:010-83470236　010-83470237

客服邮箱:2301891038@qq.com

QQ:2301891038(请写明您的单位和姓名)

资源下载:关注公众号"书圈"下载配套资源。

书圈

清华计算机学堂

观看课程直播